中国海洋浮游水母的物种多样性及其种类鉴定研究

下

Studies on the Species Diversity and Identification of the Pelagic Medusae from China Seas

许振祖　郑连明　陈小银
/
著

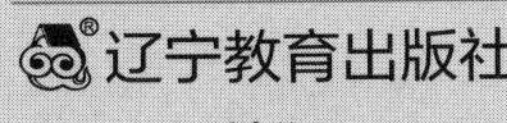
辽宁教育出版社
·沈阳·

第 5 章
中国海洋浮游水母种类图像检索 *

Chapter 5
Pictorial Key to the Pelagic Medusae from China Seas

* 许振祖、陈小银、郑连明编著。首次发表。

5.1 自育水母纲

5.1.1 筐水母亚纲

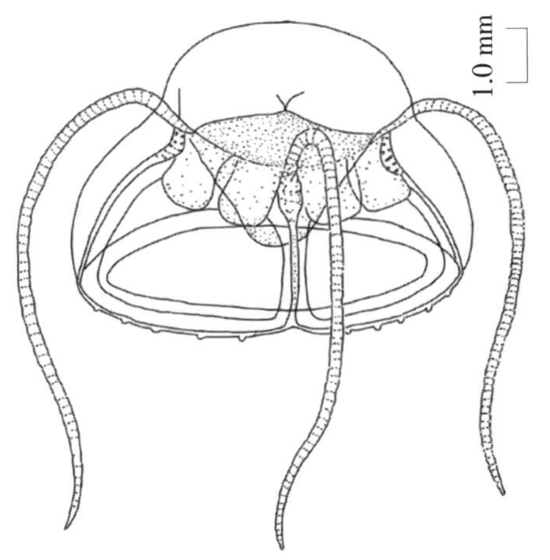

图 5.1 四手间囊水母 ***Aegina citrea***
（仿许振祖、张金标，1978）

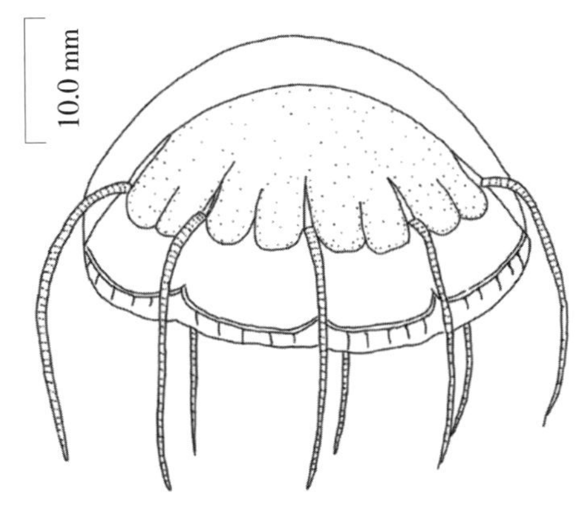

图 5.2 八手拟间囊水母 ***Aeginura grimaldii***
（仿黎爱、陈清潮，1991）

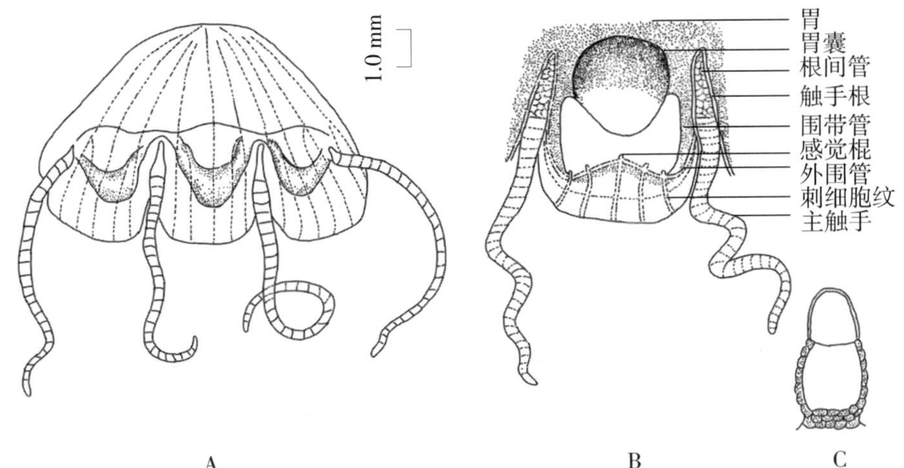

图 5.3 多刺纹水母 ***Otoporpa polystriata***
（仿许振祖、张金标，1978）
A. 侧面观；B. 缘垂口面观；C. 感觉棍

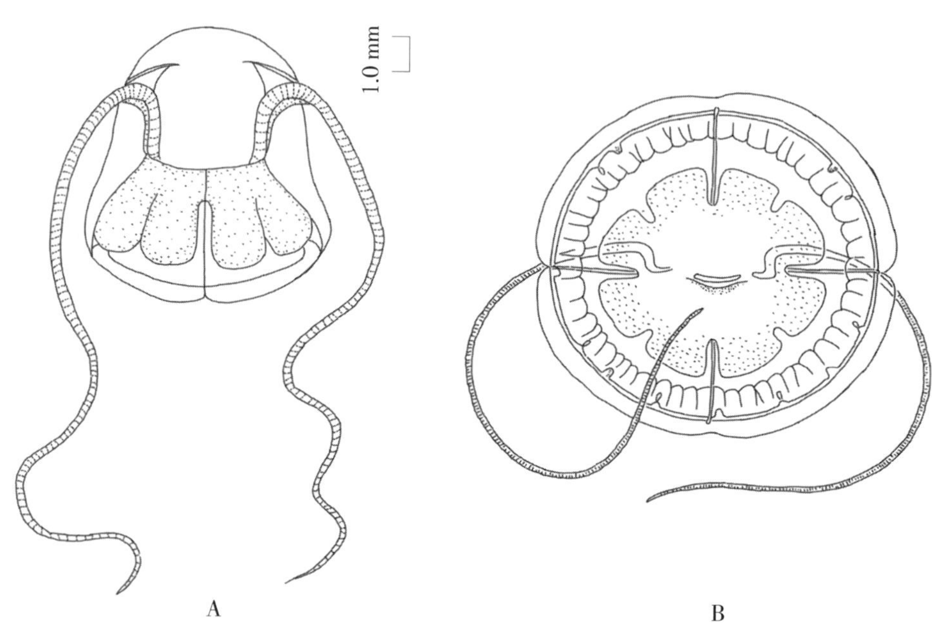

图 5.4 两手筐水母 ***Solmundella bitentaculata***
A. 侧面观（仿丘书院，1954）；B. 口面观（仿 Mayer，1910）

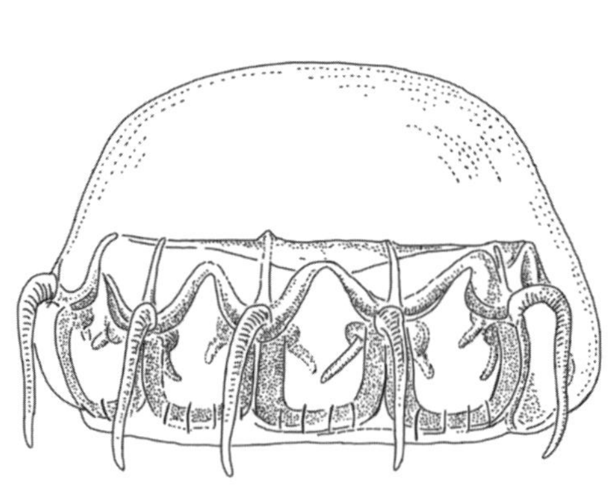

图 5.5 果状摇篮水母 ***Cunina frugifera***
（仿 Kramp，1948）

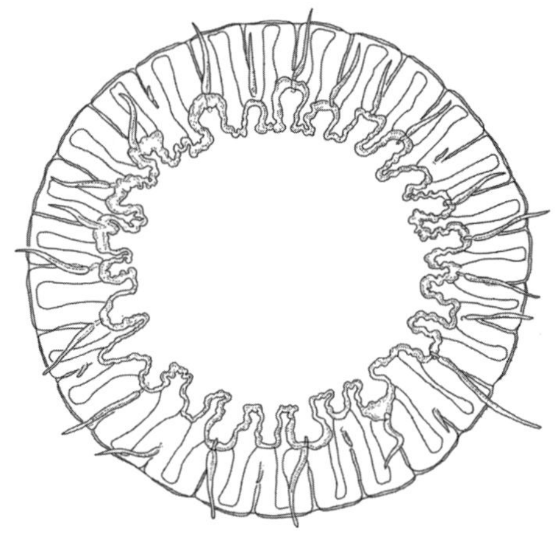

图 5.6 倍摇篮水母 ***Cunina duplicata***
（仿 Kramp，1968）

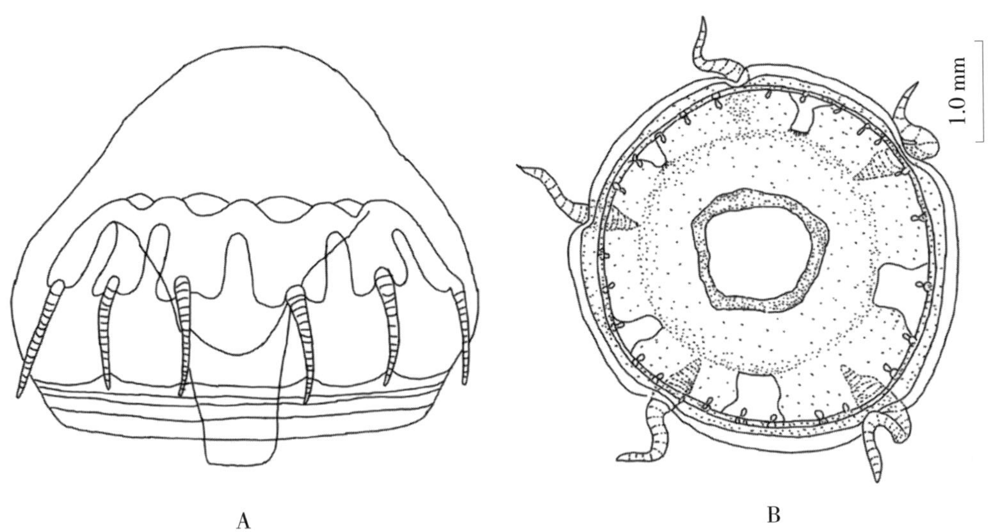

图 5.7 吻摇篮水母 ***Cunina proboscidea***
（仿 Bouillon，1987）

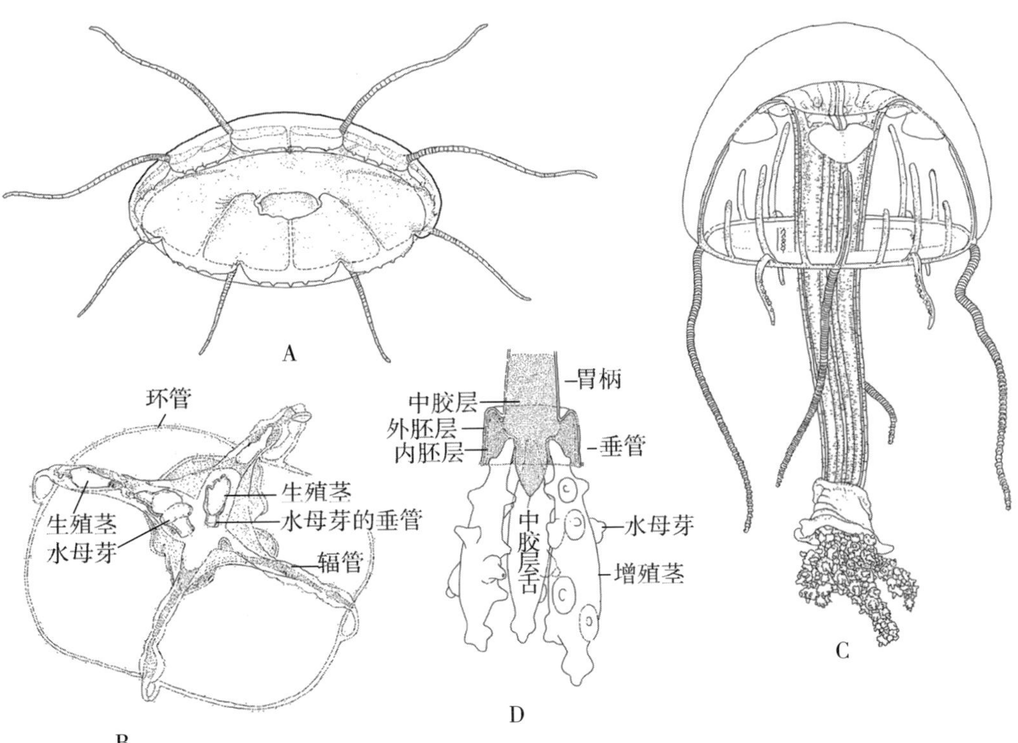

图 5.8 八囊摇篮水母 ***Cunina octonaria***
（A ~ D 仿 Bouillon，1987）
A. 水母体；B. 寄生在波状感棒水母胃腔；C，D. 寄生在四叶小舌水母垂管末端

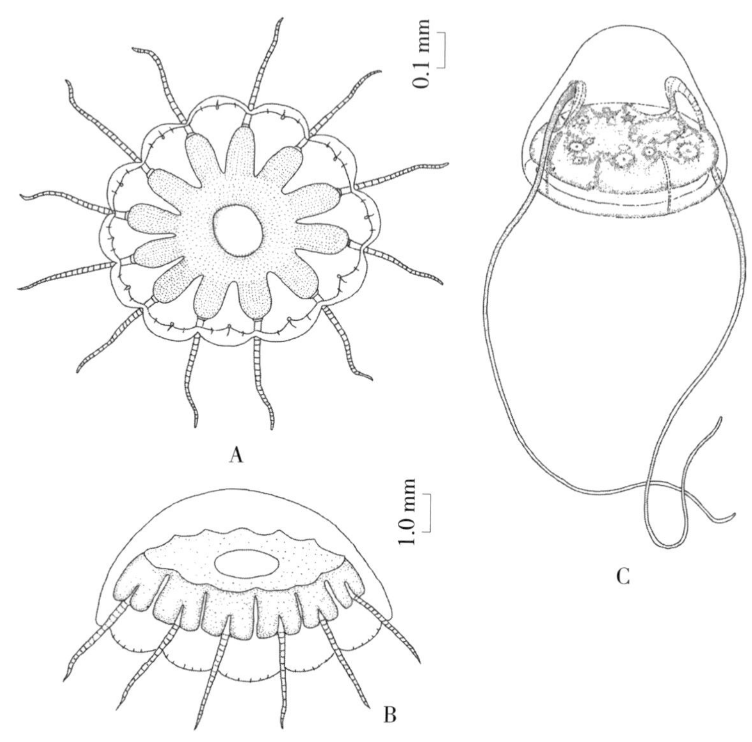

图 5.9　异摇篮水母 ***Cunina peregrine***

A. 幼体口面观（仿黎爱韶、陈清潮，1991a）；B. 成体侧面观（仿许振祖、吴慧端）；
C. 两手筐水母宿主（仿 Bouillon，1987）

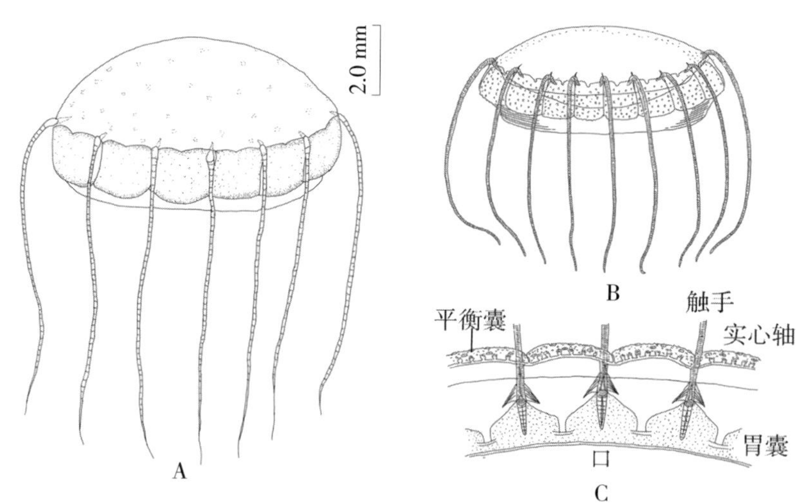

图 5.10　漂白嗜阳水母 ***Solmissus albescens***

（A 仿许振祖、黄加祺等，2019；B ~ C 仿 Mayer，1910）
A. 发育不完全水母体（采自台湾浅滩）；B. 发育完全水母体（采自意大利南部）；C. 伞缘，部分较大

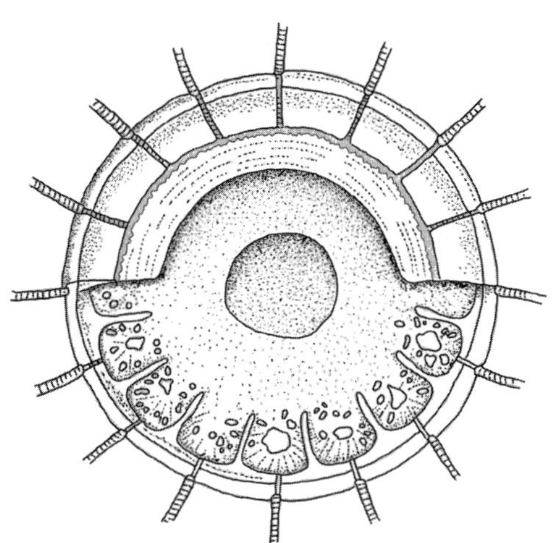

图 5.11　马氏嗜阳水母 ***Solmissus marshalli***
（仿 Bigelow，1909）

图 5.12　三叶坚固水母 ***Pegantha triloba***
（A 仿黎爱韶、陈清潮，1991a；B 仿 Bigelow，1909）

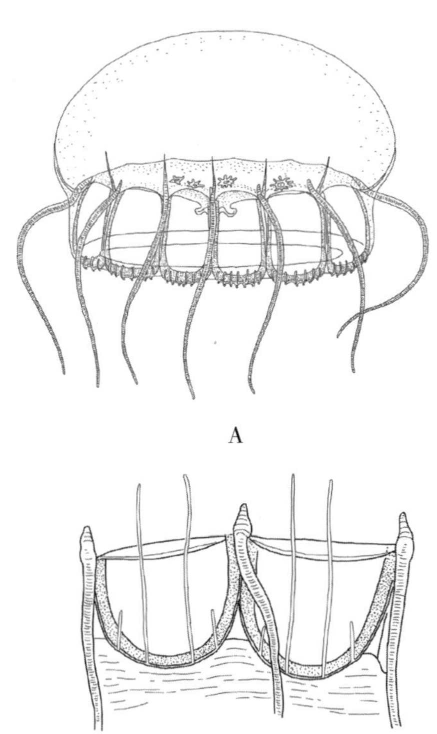

图 5.13　锈色坚固水母 ***Pegantha rubiginosa***
A. 水母体（仿 Mayer，1910）；
B. 缘瓣与感觉棒（仿 Kramp，1959b）

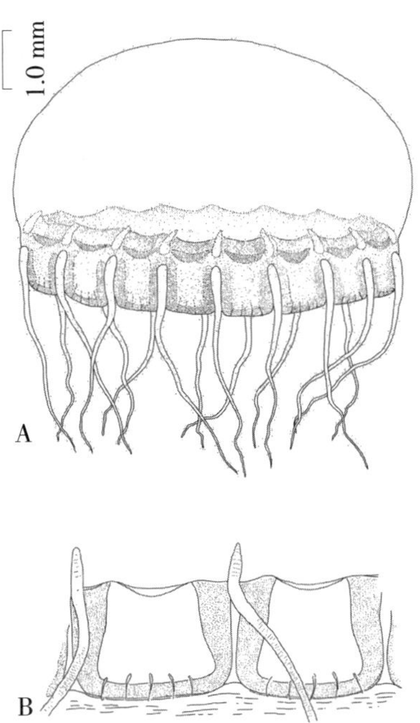

图 5.14　坚固水母 ***Pegantha martagon***
A. 水母体（仿 Pagès et al.，1992）；
B. 伞缘局部（仿 Kramp，1959b）

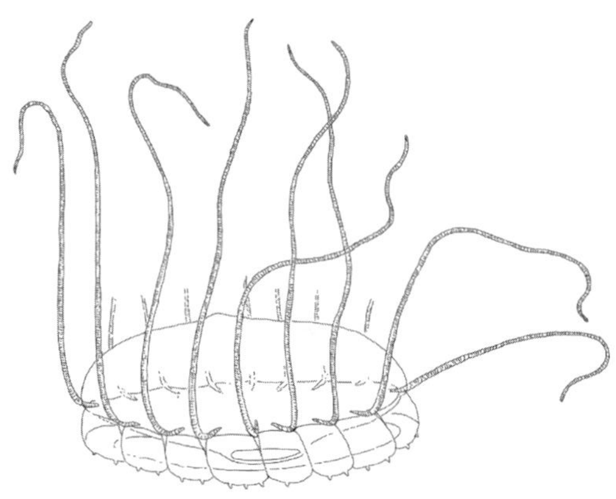

图 5.15　黄色太阳水母 ***Solmaria flavescens***
（仿 Mayer，1910）

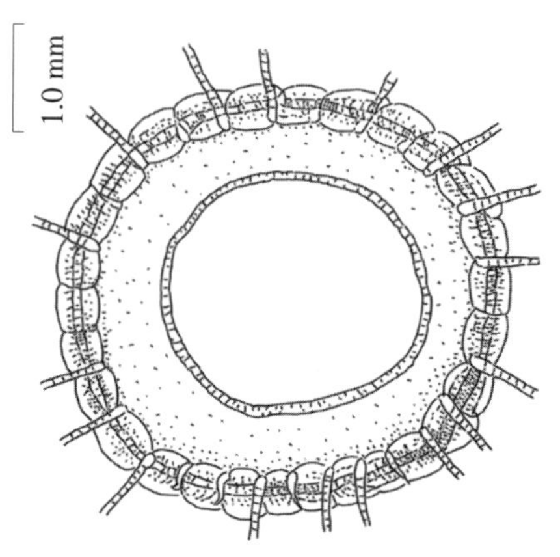

图 5.17　玫瑰太阳水母 ***Solmaria rhodoloma***
（仿许振祖等，2006）

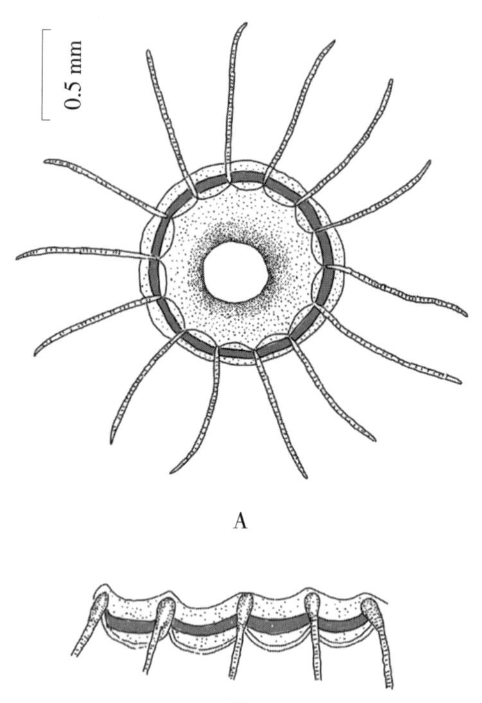

图 5.16　太阳水母 ***Solmaria leucostyla***
（仿许振祖、张金标，1964）
A. 口面观；B. 伞缘局部

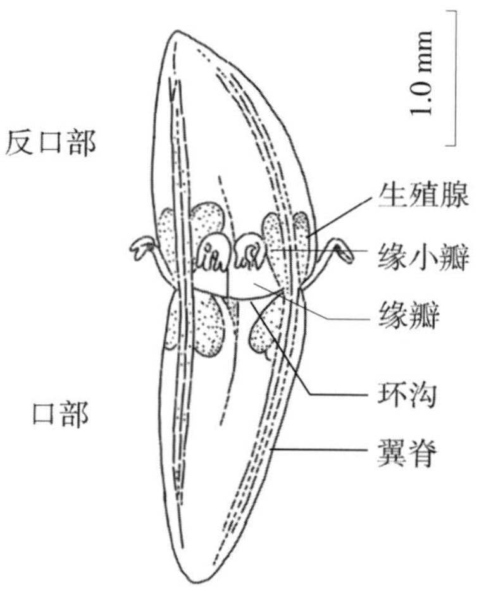

图 5.18　四脊翼水母 ***Tetraplatia volitans***
（仿林茂、张金标，1988）

5.1.2 硬水母亚纲

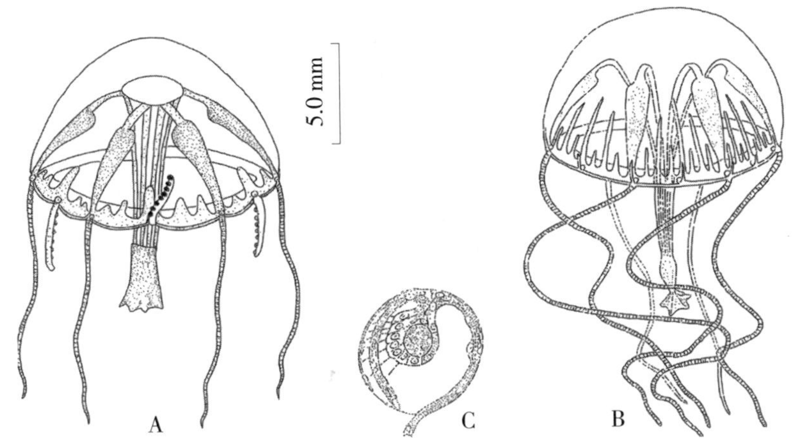

图 5.19 枝管怪水母 ***Geryonia proboscidalis***
（A 仿许振祖，1965；B ~ C 仿 Bouillon et al.，2004）
A. 幼体；B. 成体；C. 平衡囊

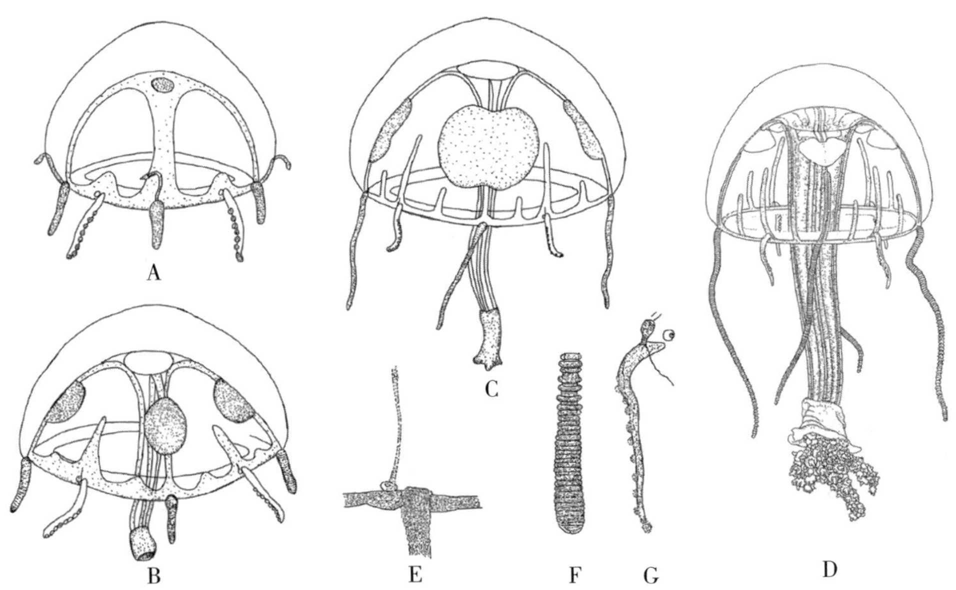

图 5.20 四叶小舌水母 ***Liriope tetraphylla***
（A ~ C 仿许振祖等，2014；D 仿 Bouillon，1987；E ~ G 仿 Russell，1953）
A，B. 水母幼体（A 1.7 mm，B 5.5 mm）；C. 水母成体（9.0 mm）侧面观；
D. 被八囊摇篮水母寄生的成熟水母体；E. 间辐实心缘触手基部，示向心管和平衡囊；
F. 空心主辐触手末端；G. 实心缘触手侧面观，示平衡囊和伞缘刺胞环

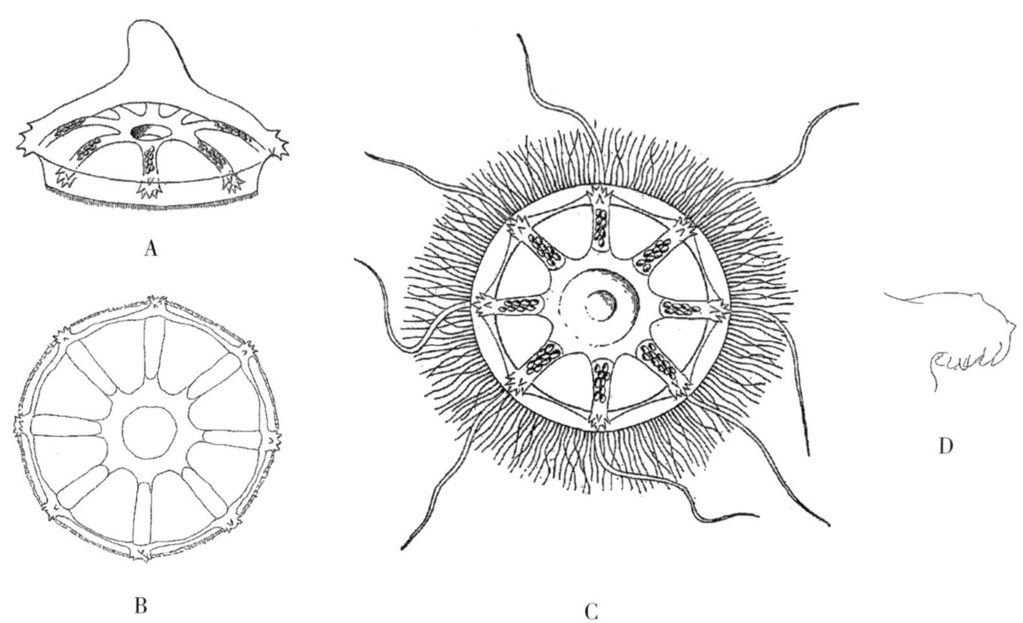

图 5.21　微小海棘水母 ***Halicreas minimum***
（A，C 仿 Mayer，1910；B，D 仿 Russell，1953）
A ~ C. 水母体；D. 外伞乳突侧面观

图 5.22　角海盔水母 ***Haliscera conica***
（仿 Mayer，1910）

图 5.24　马氏海生水母 ***Halitrephes maasi***
（仿 Kramp，1959a）

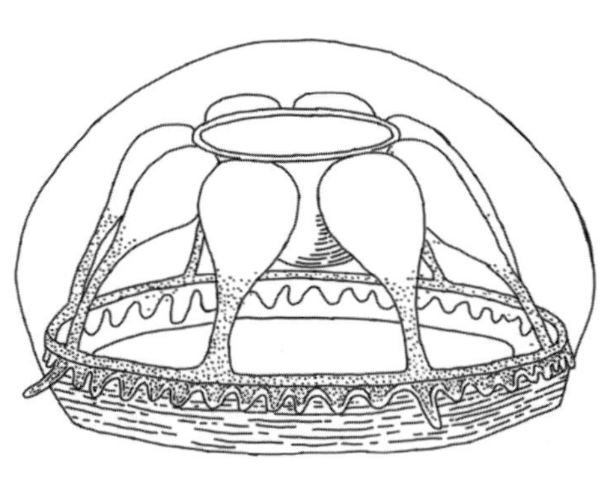

图 5.23　深水海盔水母 ***Haliscera racovitzae***
（仿 Mayer，1910）
A. 侧面观；B. 口面观

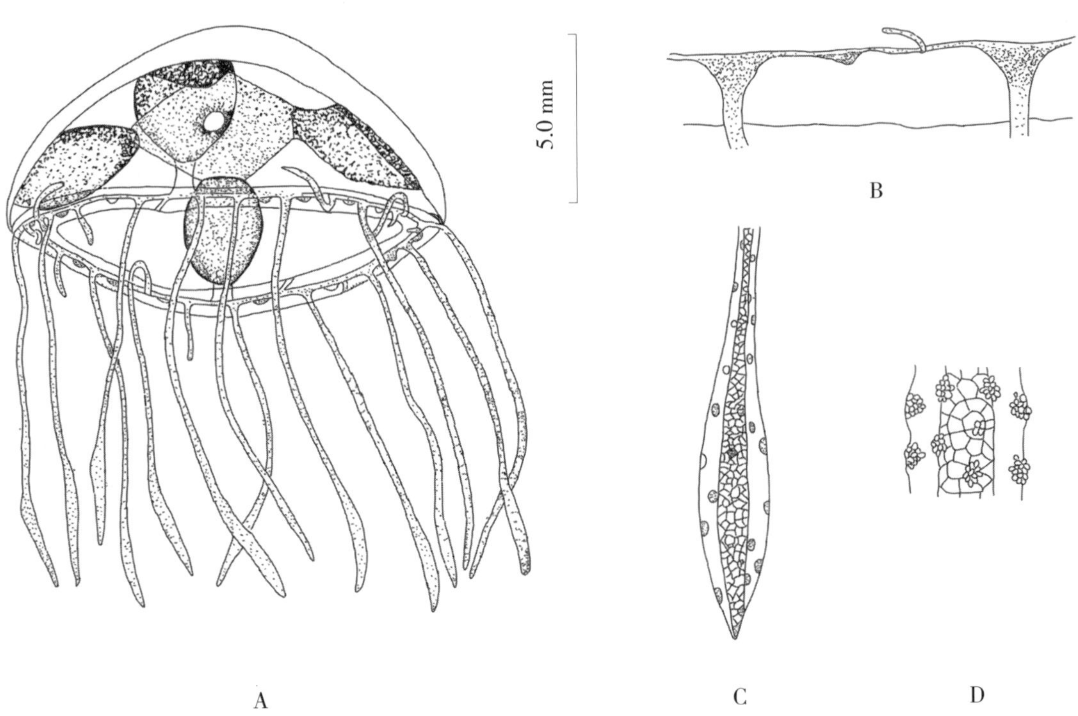

图 5.25　烟台异手水母 ***Varitentaculata yantaiensis***
（仿和振武，1980）
A. 水母体侧面观；B. 缘膜局部，示平衡囊和微小触手；
C. 大触手远端部分；D. 大触手部分，示刺丝囊疣

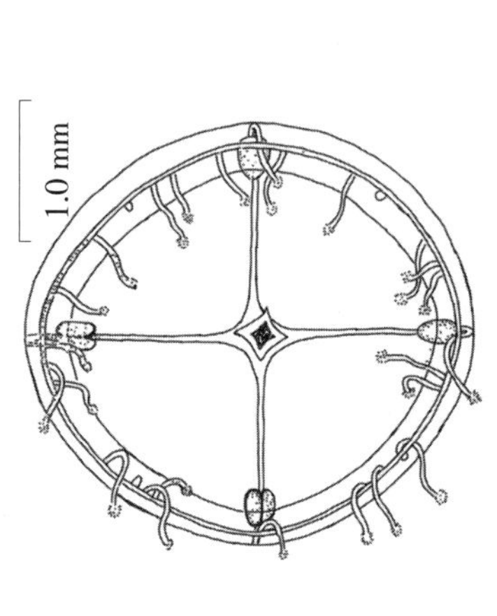

图 5.26 异距小帽水母
Petasiella asymmetrica
（仿许振祖、张金标，1981）

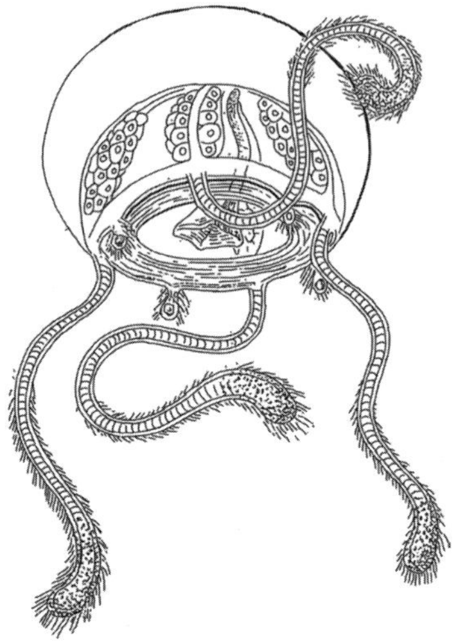

图 5.27 阿达拟小帽水母
Petasus atavus
（仿 Haeckel，1879）

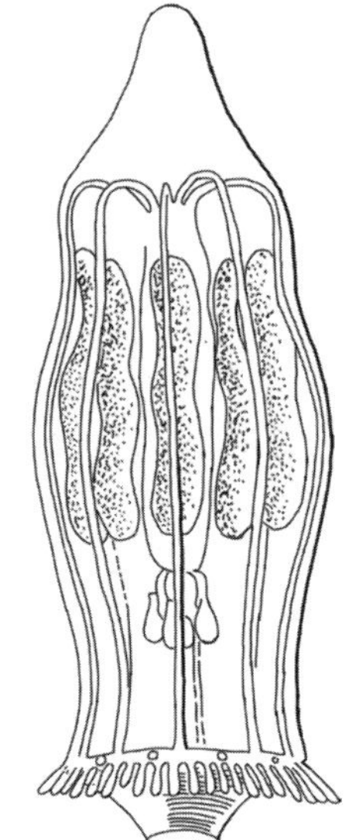

图 5.28 高华丽水母
Aglantha elata
（仿 Mayer，1910）

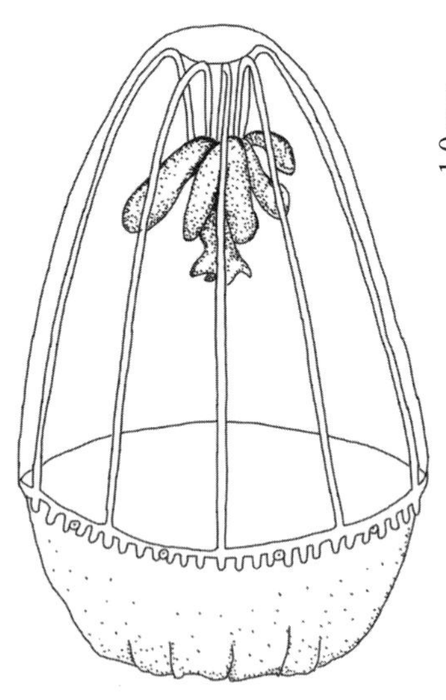

图 5.29 半口壮丽水母
Aglaura hemistoma
（仿许振祖等，2014）

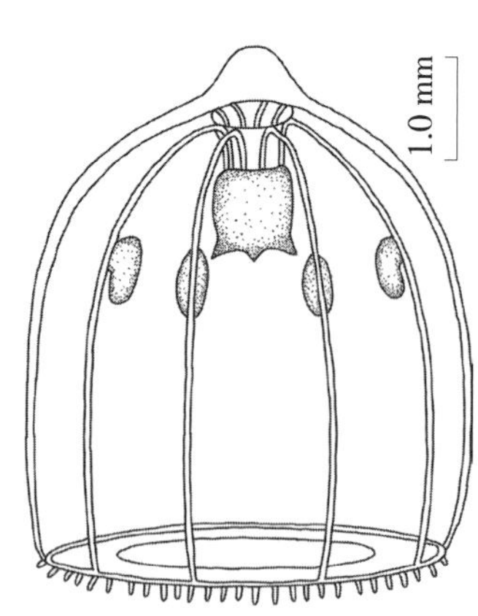

图 5.30 顶突瓮水母
Amphogona apicata
（仿许振祖、张金标，1981）

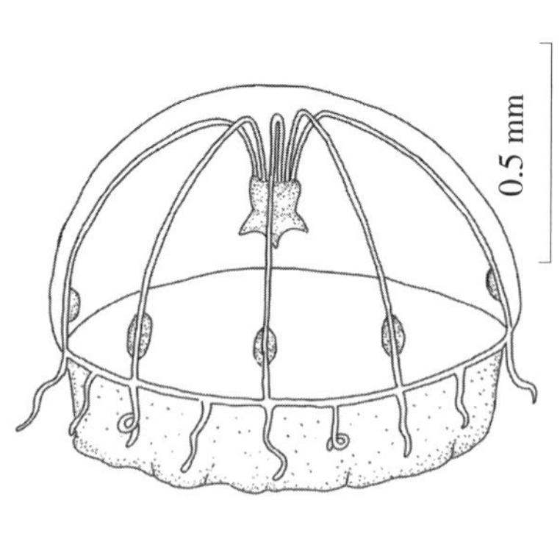

图 5.31 微小瓮水母
Amphogona pusilla
（仿 Kramp，1968）

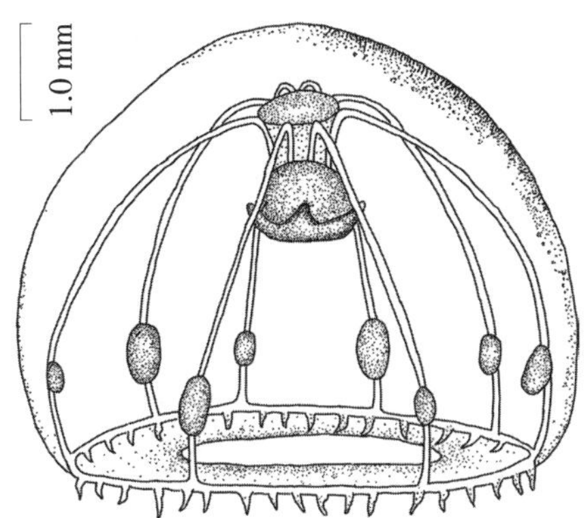

图 5.32　异腺瓮水母 ***Amphogona apsteini***
（仿许振祖，1965）

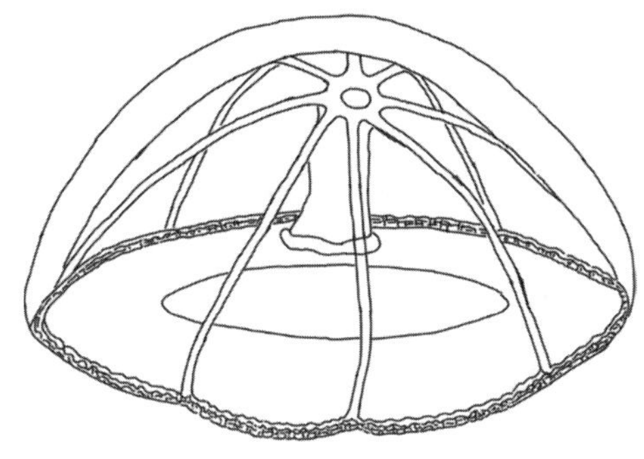

图 5.33　南极多手水母 ***Arctapodema antarctica***
（仿 Vanhöffen，1912）

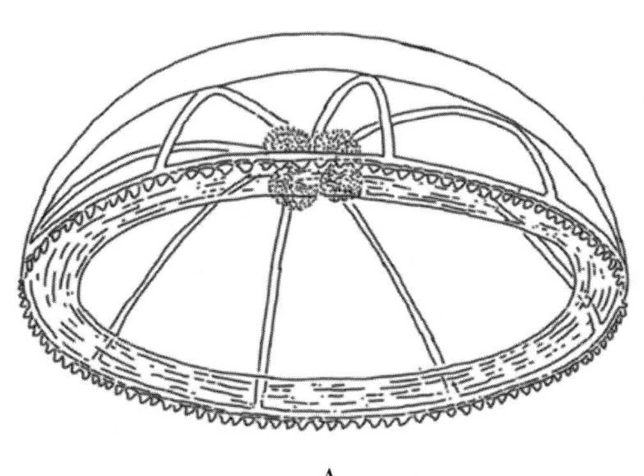

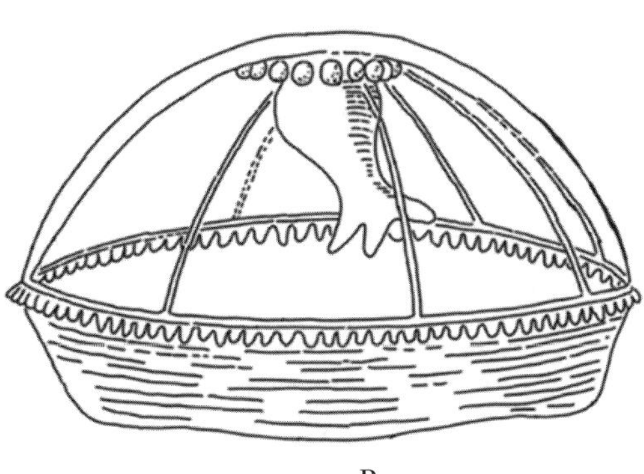

图 5.34　多手水母 ***Arctapodema ampla***
（A 仿 Kramp，1959b；B 仿 Mayer，1910）

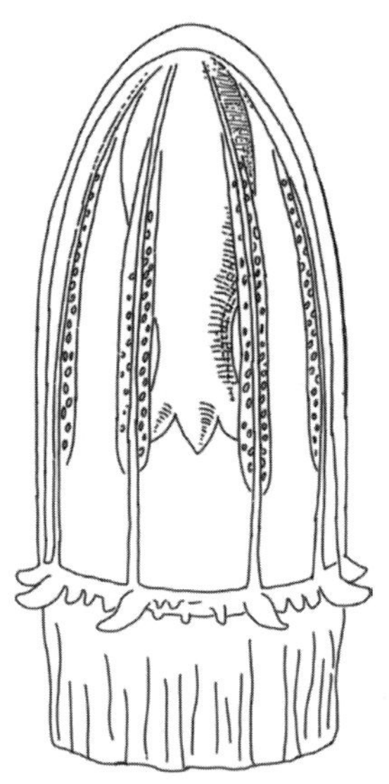

图 5.35 红色短手水母 ***Colobonema igneum***
（仿 Kramp，1968）

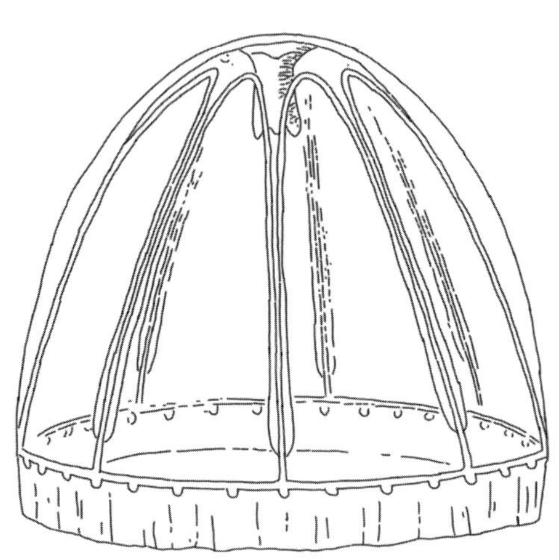

图 5.36 虹彩短手水母 ***Colobonema sericeum***
（仿 Vanhöffen，1902）

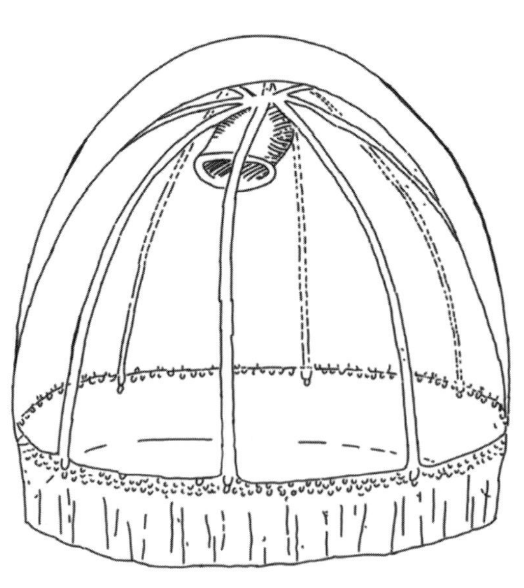

A

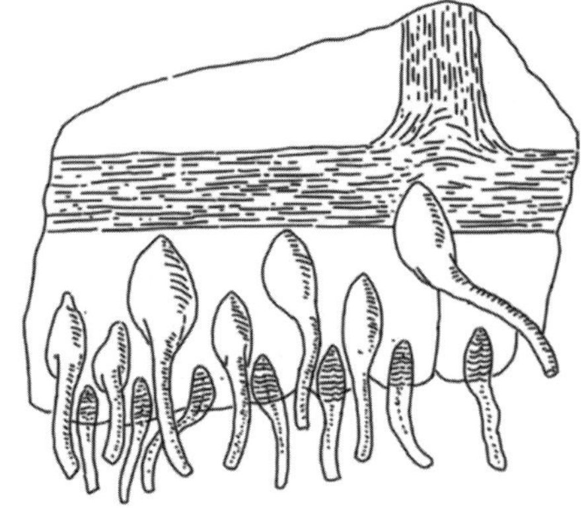

B

图 5.37 棕壶水母 ***Crossota brunnea***
（仿 Mayer，1910）
A. 水母侧面观；B. 伞缘局部

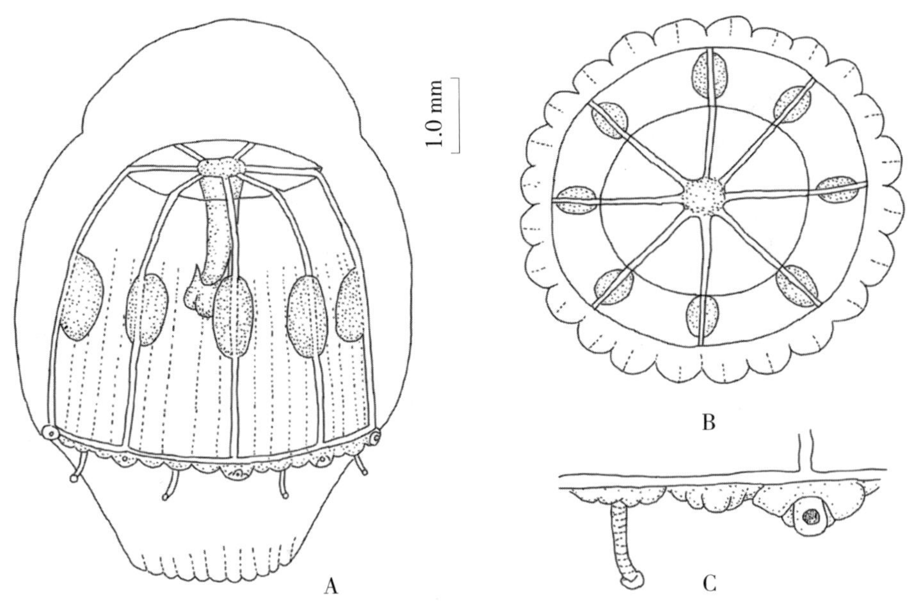

图 5.38　八手内包水母 ***Endocysta octonema***
（仿许振祖等，2019）
A. 侧面观；B. 背面观；C. 部分伞缘放大

图 5.39　扁腺同手水母 ***Homoeonema platygonon***
（仿 Gili et al.，1998a）
A. 成体侧面观；B. 伞缘局部；C. 幼体顶面观；D. 成体顶面观

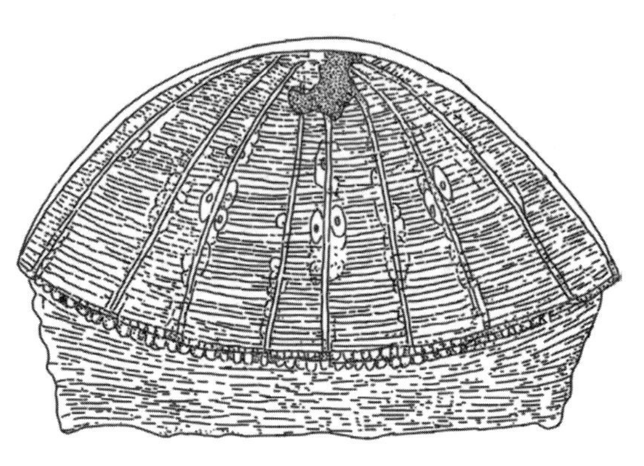

图 5.40　斯科特淡绿水母 ***Pantachogon scotti***
（仿 Vanhöffen，1912）

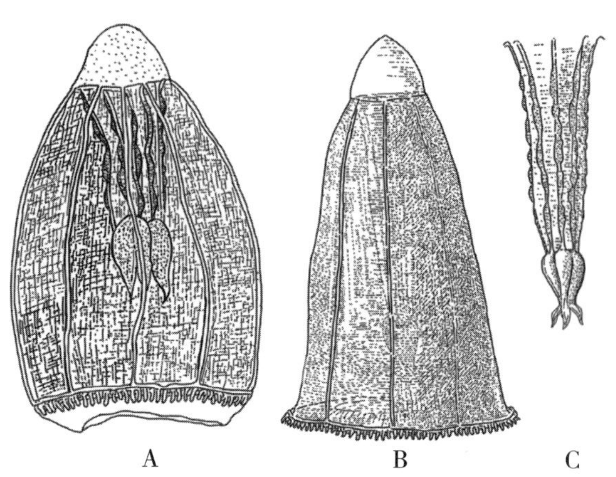

图 5.41　克朗柄腺水母 ***Ransonia krampi***
（A 仿 Gili，1986；B，C 仿 Kramp，1959b）
A，B. 成熟水母侧面观；C. 生殖腺在胃柄

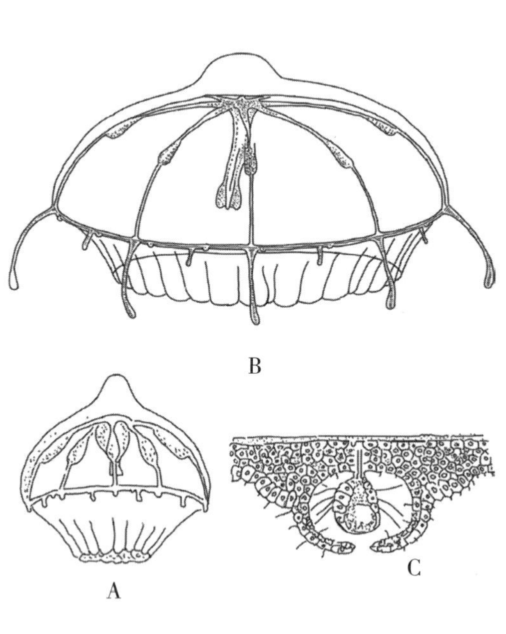

图 5.42　宽膜棍手水母 ***Rhopalonema velatum***
（仿 Russell，1953）
A，B. 水母侧面观；C. 平衡囊

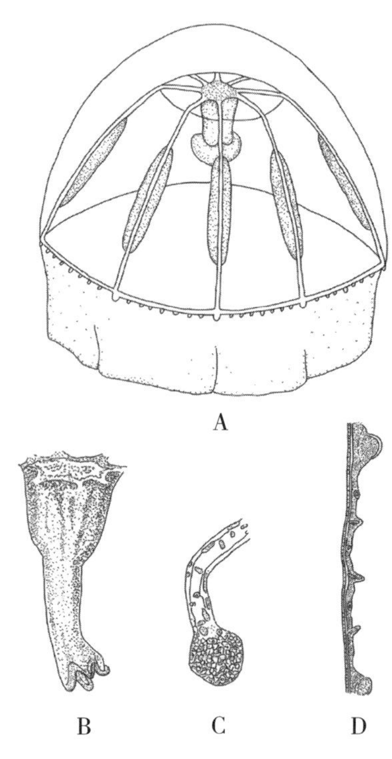

图 5.43　墓形棍手水母 ***Rhopalonema funeratium***
（A 仿黎爱韶等，1991；B ~ D 仿 Russell，1953）
A. 水母侧面观；B. 垂管；C. 触手；D. 伞缘局部

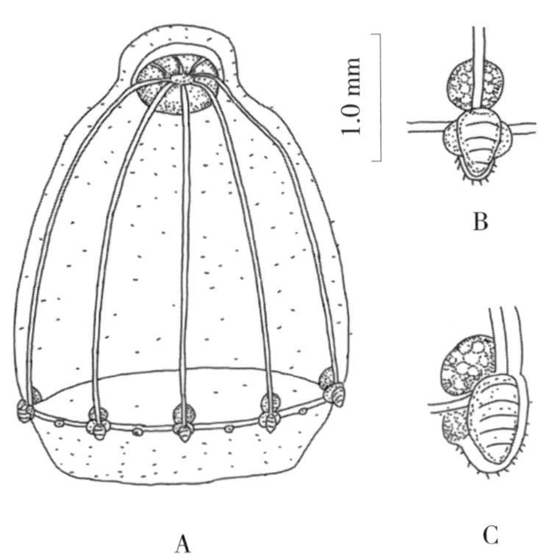

图 5.44 顶胃穴水母 ***Sminthea apicigastrica***
（仿杜飞雁等，2009）
A. 侧面观；B，C. 触手和生殖腺

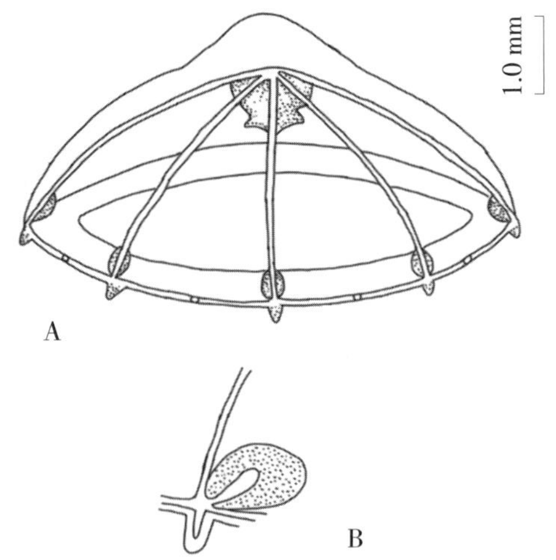

图 5.45 真胃穴水母 ***Sminthea eurygaster***
（A 仿许振祖等，2012；B 仿 Mayer，1910）
A. 侧面观；B. 生殖腺侧面观

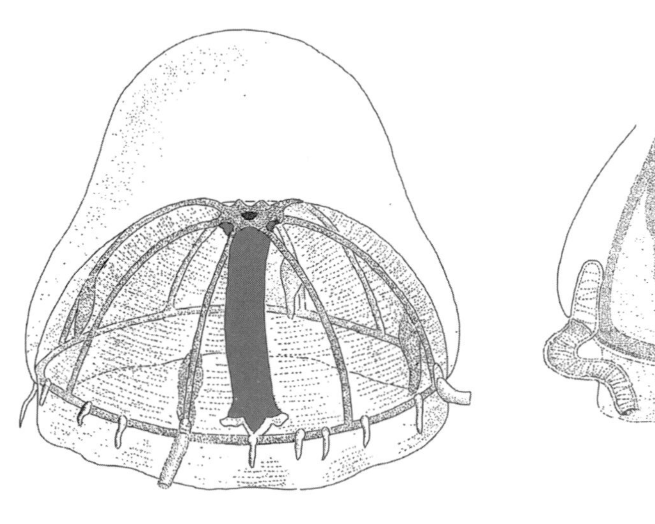

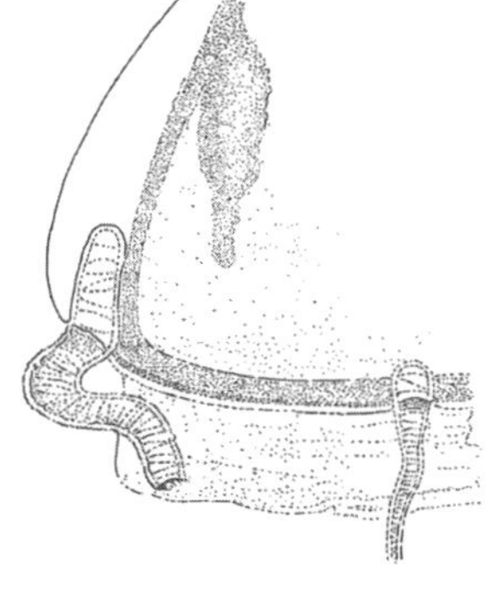

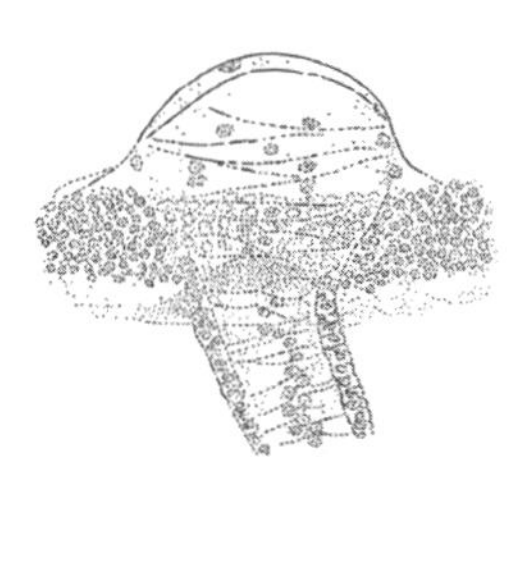

图 5.46 红胃四腺水母 ***Tetrorchis erythrogaster***
（仿 Bigelow，1909）
A. 侧面观；B. 伞缘局部；C. 小触手基部

5.2 水螅水母纲

5.2.1 花水母亚纲

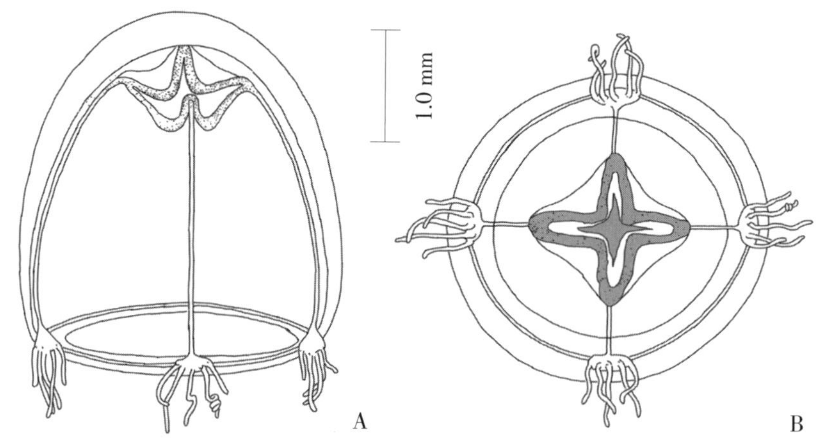

图 5.47　南海张氏水母 ***Zhangiella nanhainense***
（仿张金标，1982）
A. 侧面观；B. 口面观

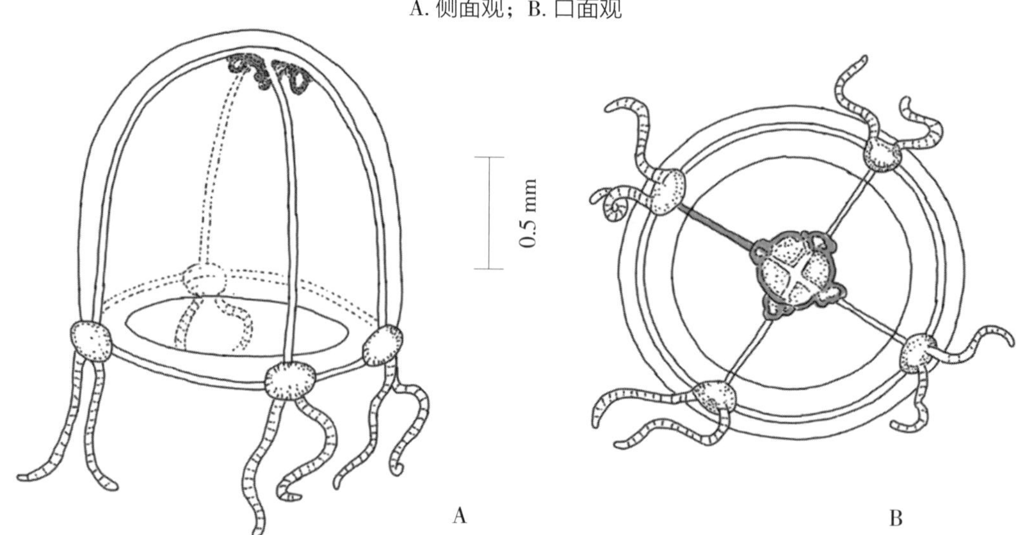

图 5.48　双手张氏水母 ***Zhangiella bitentaculata***
（仿许振祖等，1991）
A. 侧面观；B. 口面观

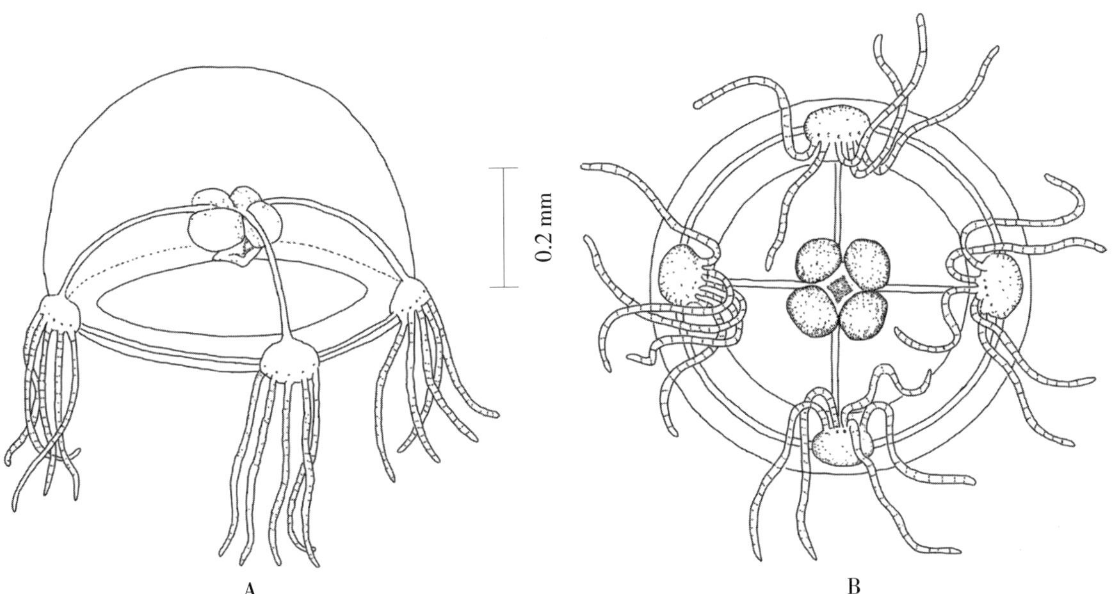

图 5.49 东山张氏水母 ***Zhangiella dongshanensis***
（仿许振祖、黄加祺，1994）
A. 侧面观；B. 口面观

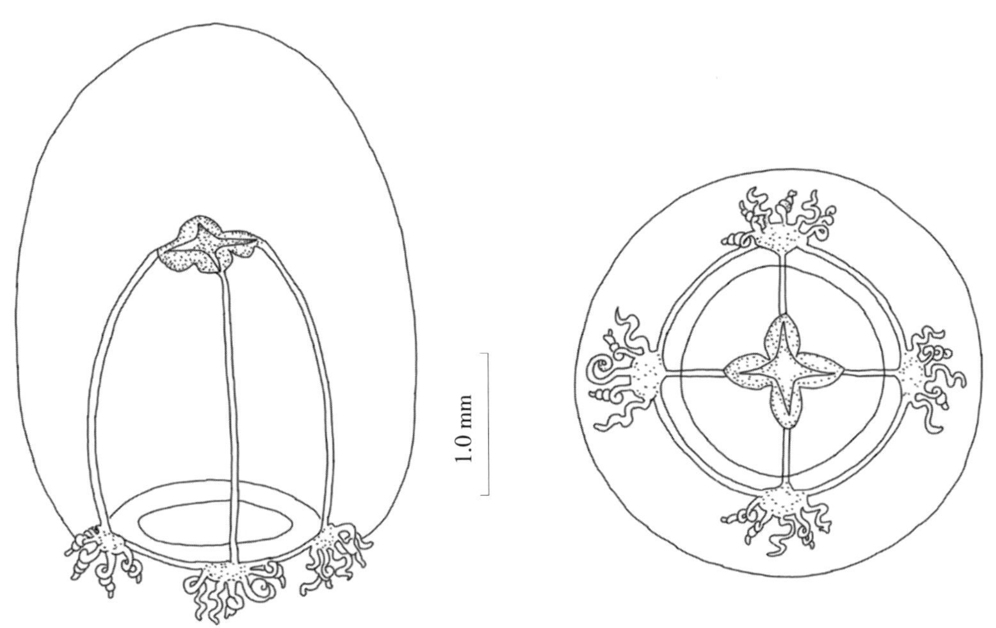

图 5.50 厚伞张氏水母 ***Zhangiella condensum***
（仿张才学等，2020）
A. 侧面观；B. 口面观

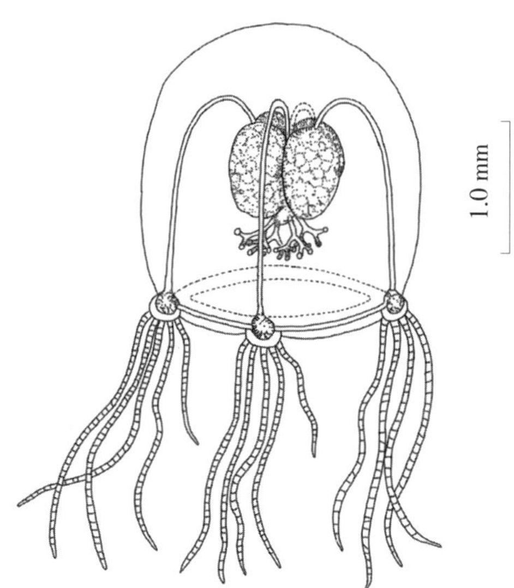

图 5.51 橙黄高手水母 ***Bougainvillia aurantiaca***
（仿许振祖等，2006）

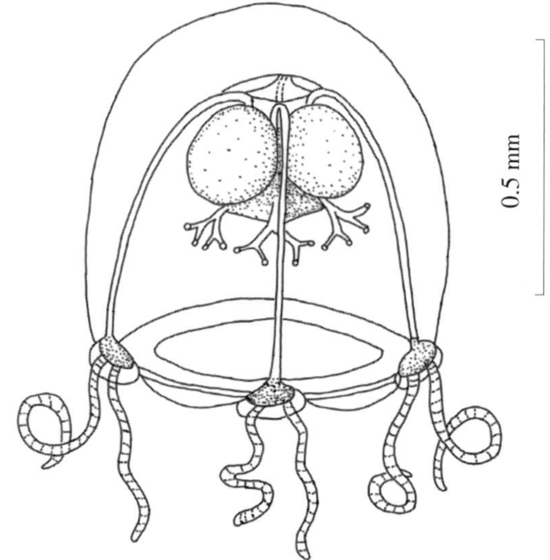

图 5.53 双手高手水母 ***Bougainvillia bitentaculata***
（仿许振祖等，1964）

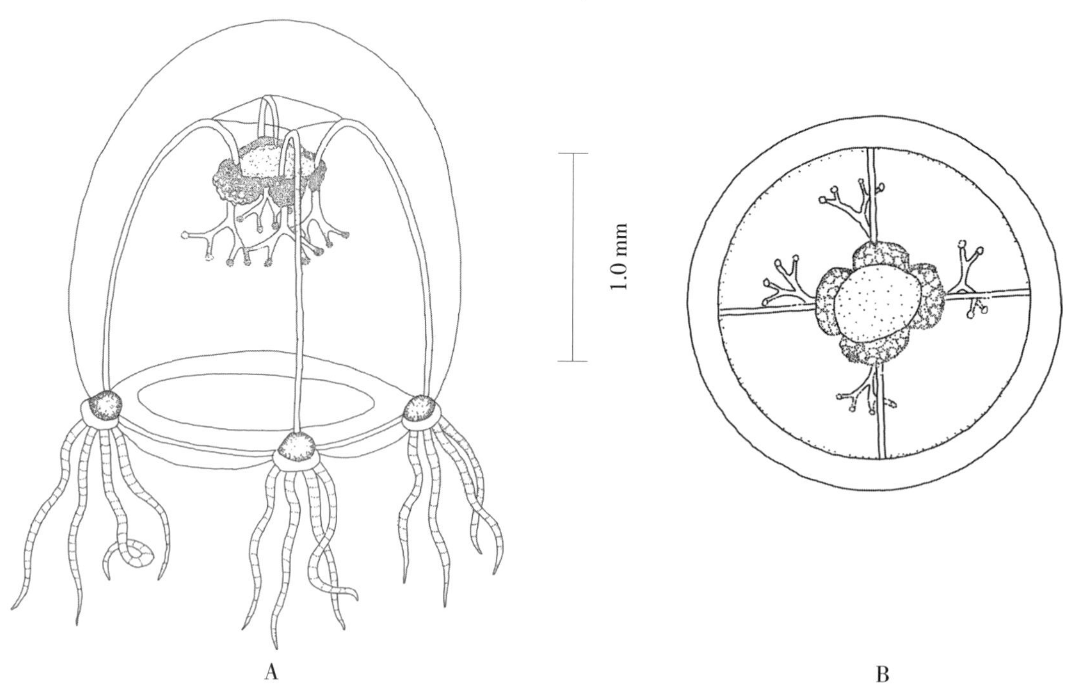

图 5.52 瓣高手水母 ***Bougainvillia lamellata***
（仿许振祖等，2006）
A. 侧面观；B. 生殖腺顶面观

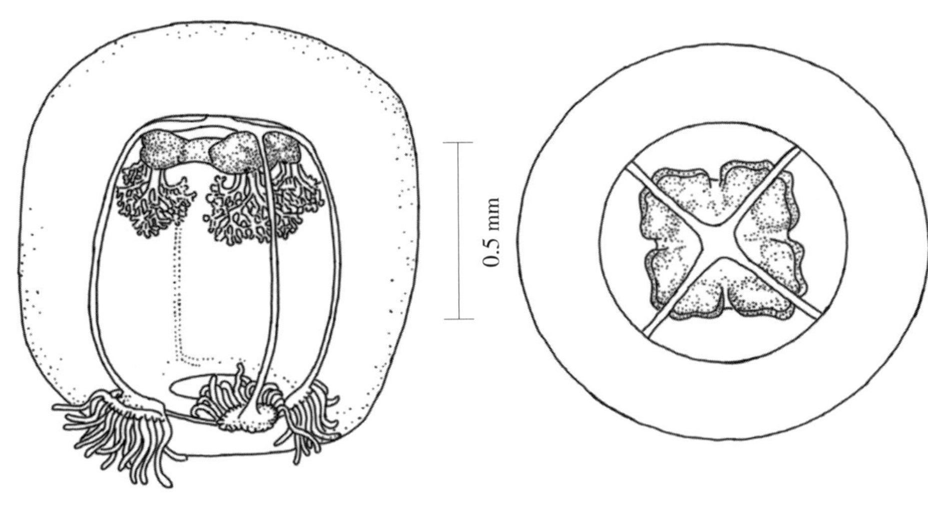

A　　B

图 5.55　拟扁胃高手水母 ***Bougainvillia paraplatygaster***
（仿许振祖等，1991）
A. 侧面观；B. 口面观

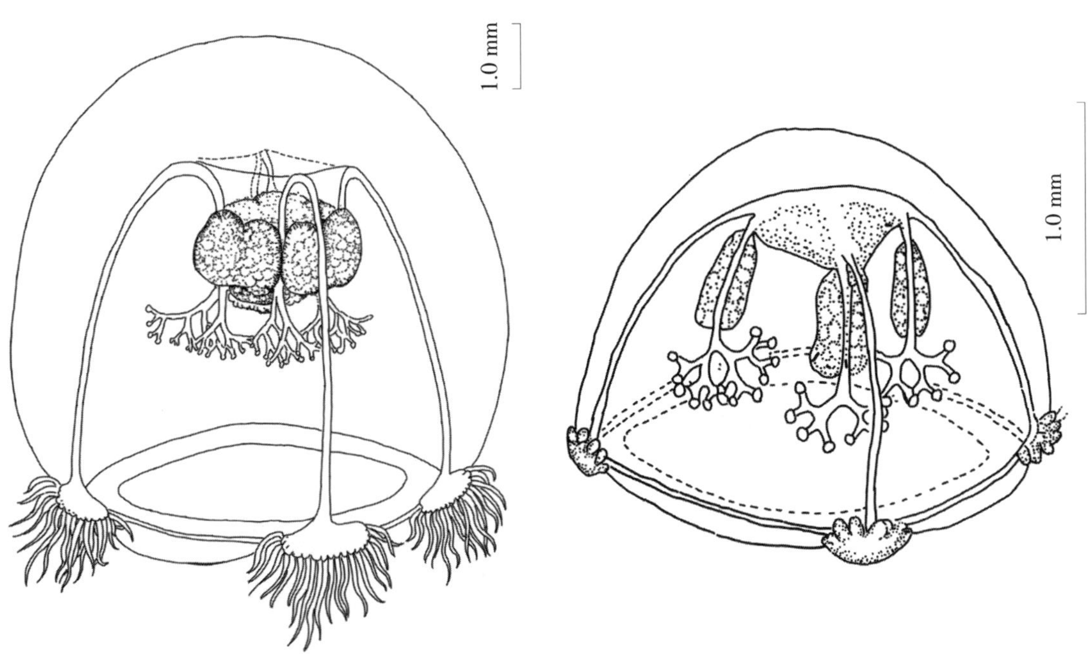

图 5.54　盾形高手水母 ***Bougainvillia superciliaris***
（仿 Kramp，1968）

图 5.56　长柄高手水母 ***Bougainvillia longistyla***
（仿 Xu et Huang，2004）

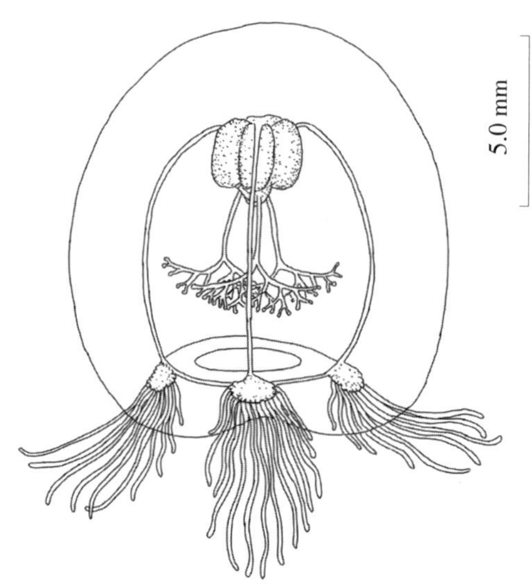

图 5.57　不列颠高手水母 ***Bougainvillia britannica***
（仿周太玄、黄明显，1958）

图 5.58　羽叶高手水母 ***Bougainvillia frondosa***
（仿许振祖等 2007）

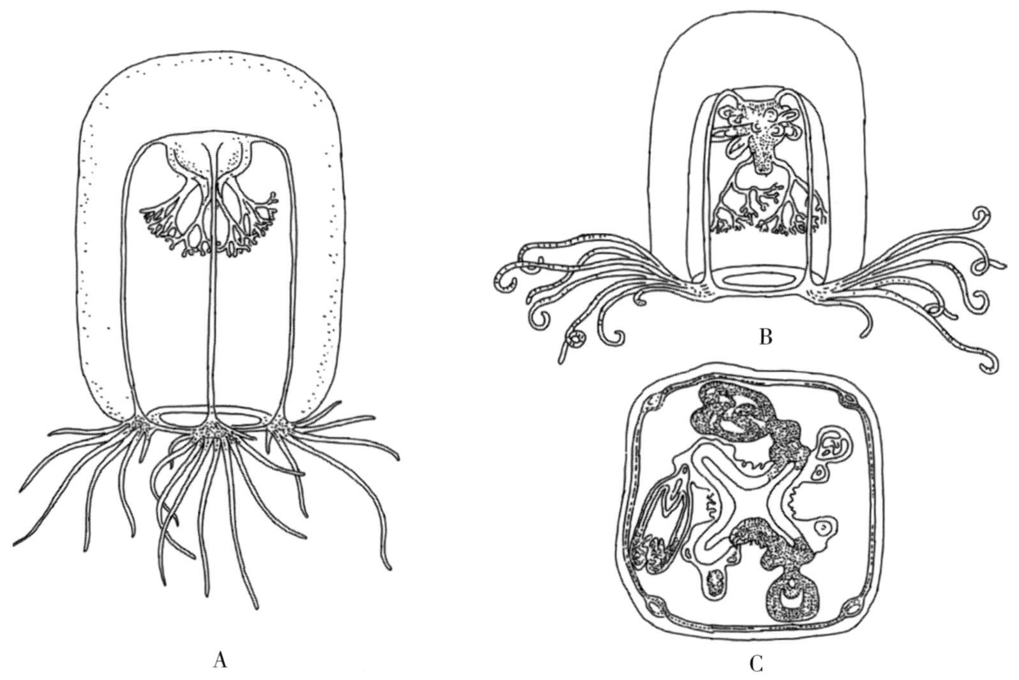

图 5.59　纵芽高手水母 ***Bougainvillia niobe***
（A 仿 Kramp，1959b；B，C 仿 Mayer，1910）
A，B. 侧面观；C. 横切面

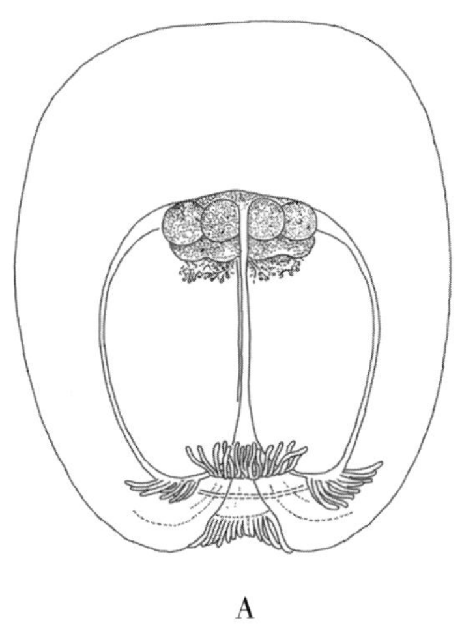

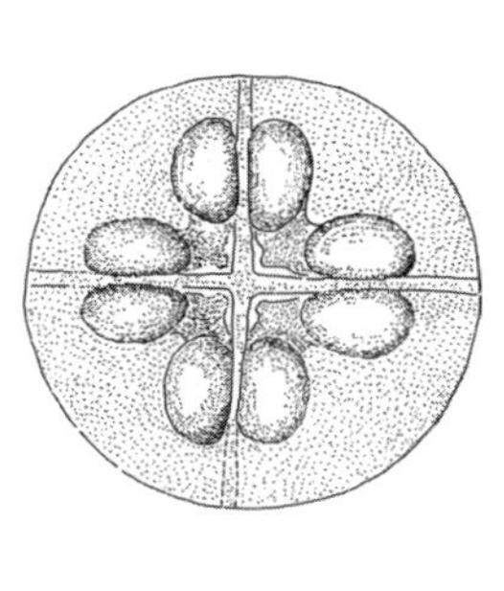

图 5.60　褐高手水母 ***Bougainvillia fulva***
（仿 Kramp，1968）
A. 侧面观；B. 生殖腺顶面观

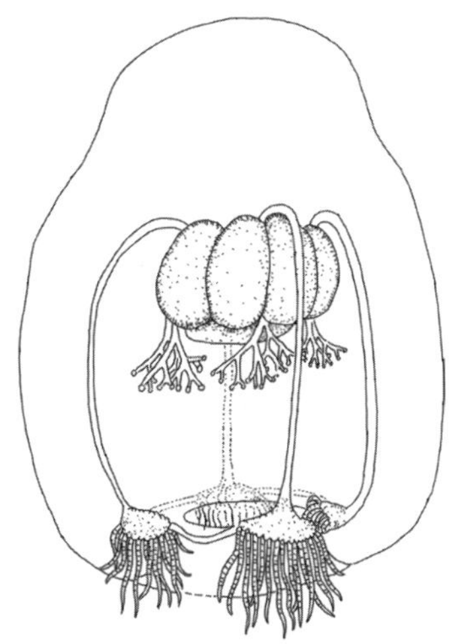

图 5.61　首要高手水母
Bougainvillia principis
（仿周太玄、黄明显，1958）

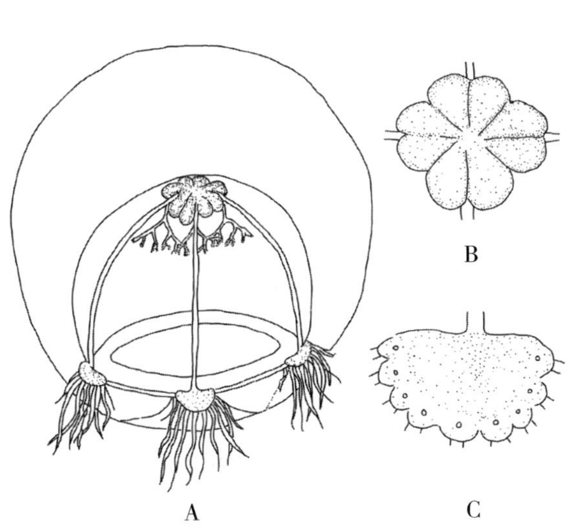

图 5.62　雷州高手水母 ***Bougainvillia leizhouensis***
（仿 Wang et al.，2020）
A. 侧面观；B. 生殖腺背面观；C. 触手基球

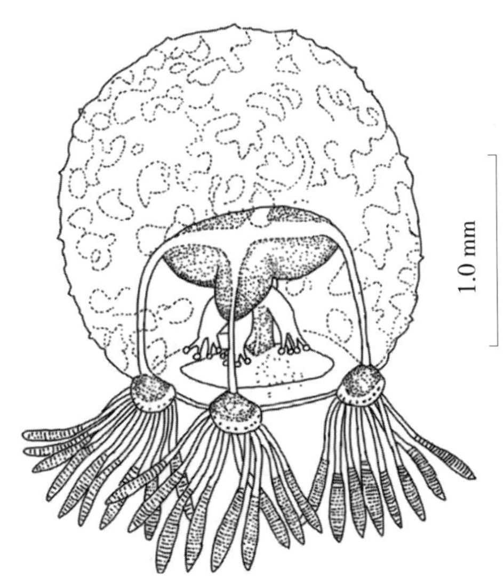

图 5.63　网状高手水母 ***Bougainvillia reticulata***
（仿许振祖、黄加祺，2006）

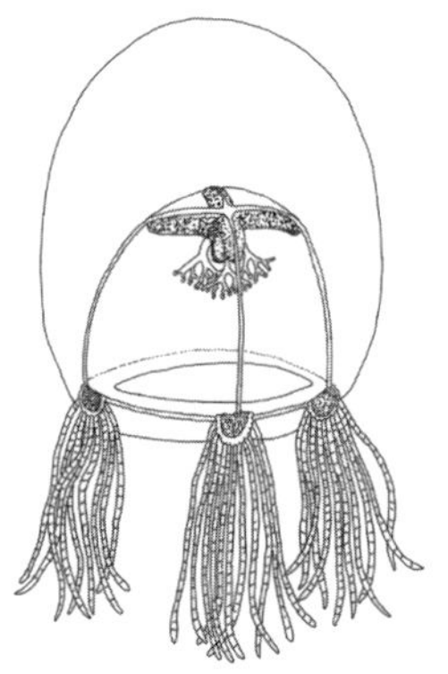

图 5.64 十字高手水母 ***Bougainvillia vervoorti***
（仿 Du et al.，2010）

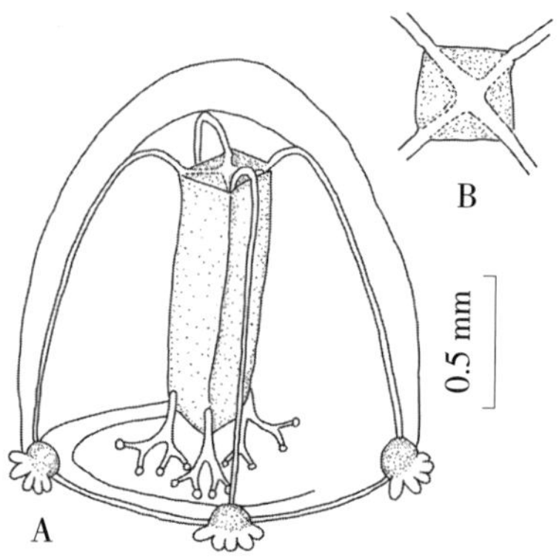

图 5.65 玛尼高手水母 ***Bougainvillia maniculata***
（仿 Bouillon et al.，2004）

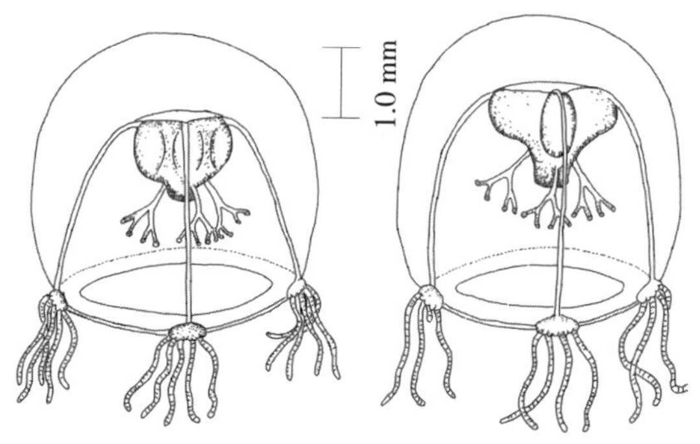

图 5.66 鳞茎高手水母 ***Bougainvillia muscus***
（仿许振祖等，2006）

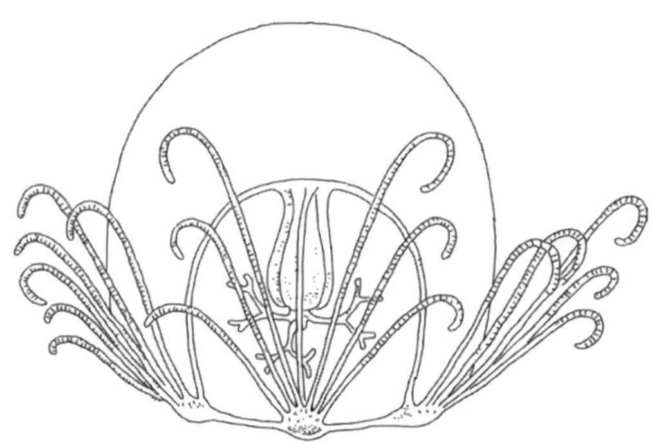

图 5.67 加罗高手水母 ***Bougainvillia carolinensis***
（仿 Mayer，1910）

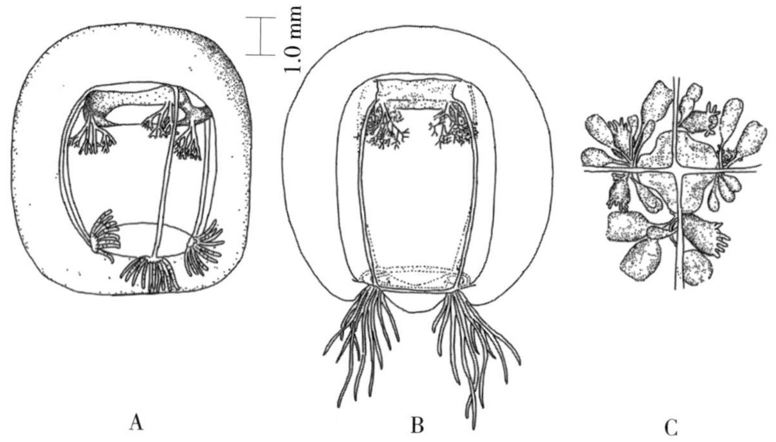

图 5.68 扁胃高手水母 ***Bougainvillia platygaster***
（A 仿许振祖，1965；B 仿 Schuchert 1996；C 仿 Kramp，1968）
A，B. 侧面观；C. 垂管上的水母芽和拟螅体

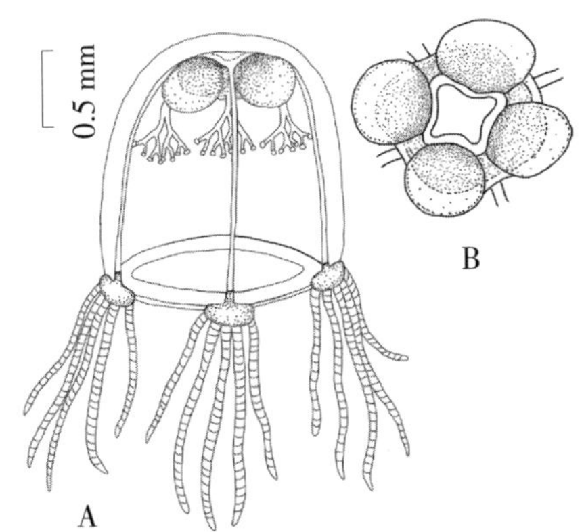

图 5.69　乳突高手水母 ***Bougainvillia papillaris***
（仿许振祖等，2014）
A. 侧面观；B. 生殖腺顶面观

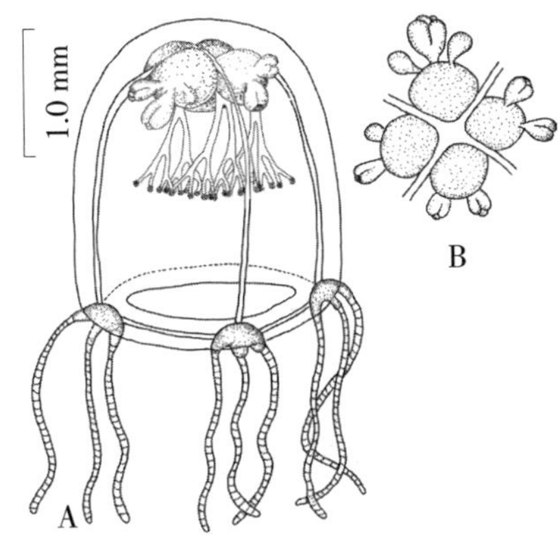

图 5.70　萍高手水母 ***Bougainvillia chenyapingae***
（仿 Xu et al.，2007a）
A. 侧面观；B. 生殖腺顶面观

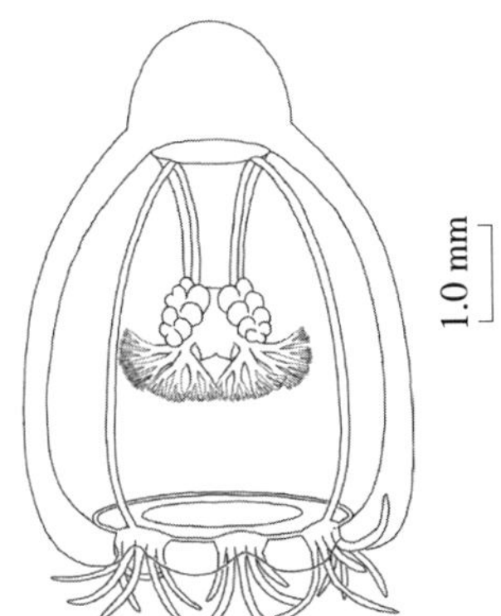

图 5.71　缢八束水母 ***Koellikerina constricta***
（仿 Kawamura，Kubota，2005）

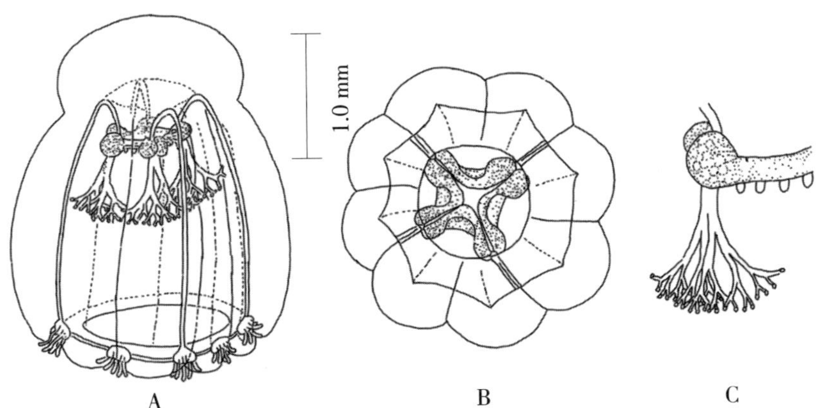

图 5.72　异手八束水母 ***Koellikerina heteronemalis***
（仿许振祖等，1991）
A. 侧面观；B. 顶面观；C. 口触手

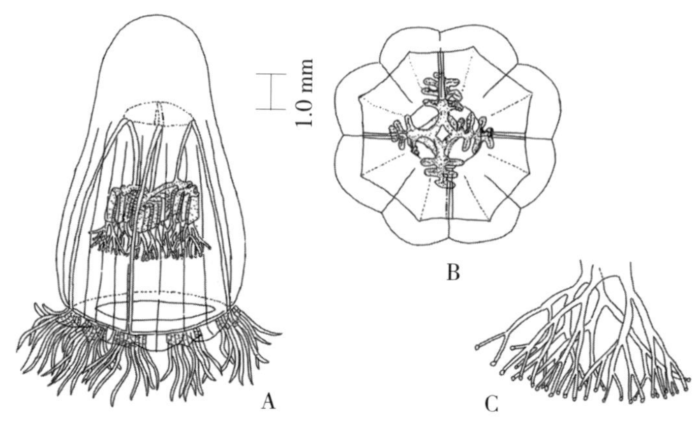

图 5.73　台湾八束水母 ***Koellikerina taiwanensis***
（仿 Xu，Huang & Chen，1991）
A. 侧面观；B. 顶面观；C. 口触手

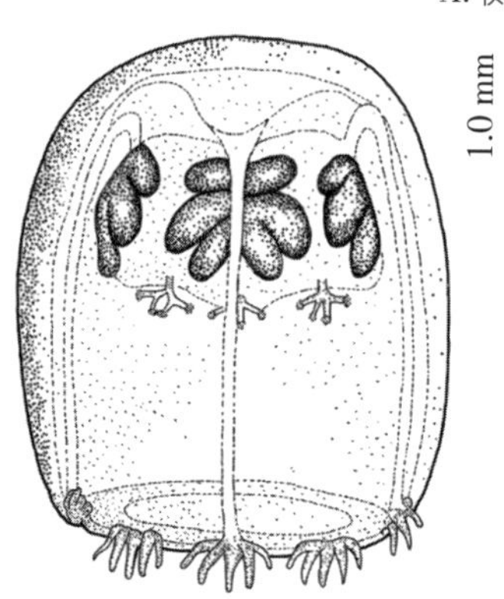

图 5.74　双叉八束水母 ***Koellikerina diforficulata***
（仿许振祖、张金标，1978）

图 5.75　八手八束水母 ***Koellikerina octonemalis***
（仿许振祖、张金标，1981）

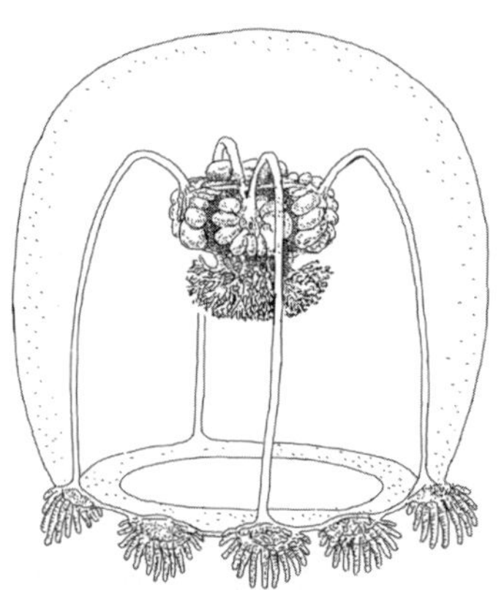

图 5.76　八束水母 ***Koellikerina fasciculata***
（仿 Mayer，1910）

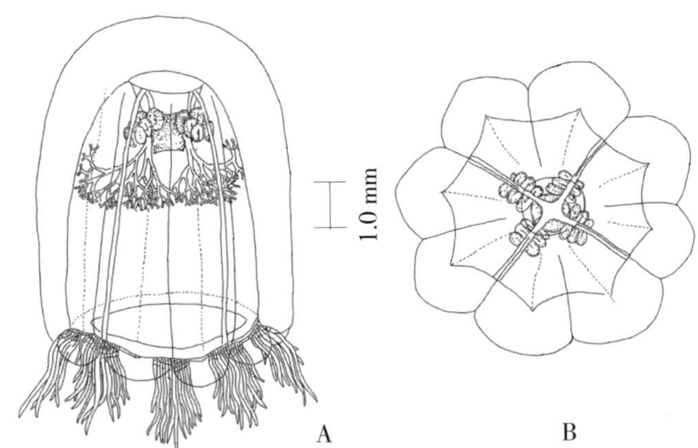

图 5.77　博氏八束水母 ***Koellikerina bouilloni***
（仿 Kawamura & Kubota，2005）
A. 侧面观；B. 顶面观

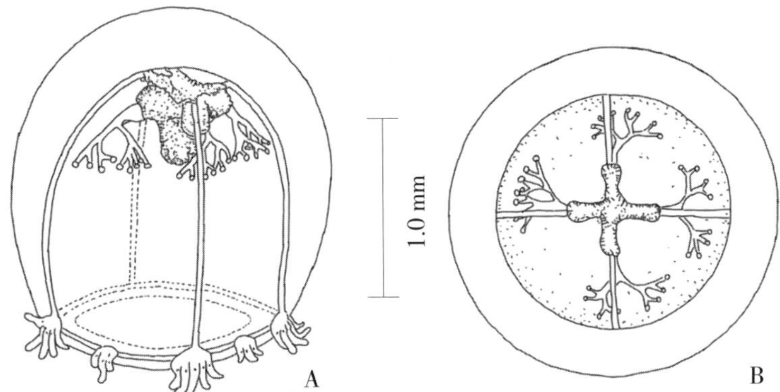

图 5.78　十字八束水母 ***Koellikerina staurogaster***
（仿 Xu & Huang，2004）
A. 侧面观；B. 顶面观

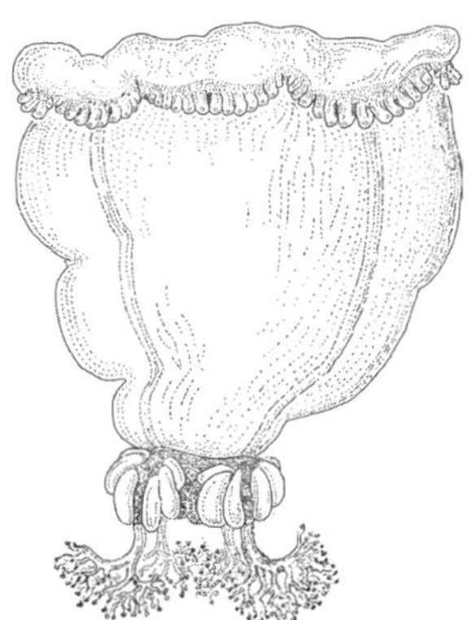

图 5.79　多手八束水母 ***Koellikerina multicirrata***
（仿 Kramp，1968）

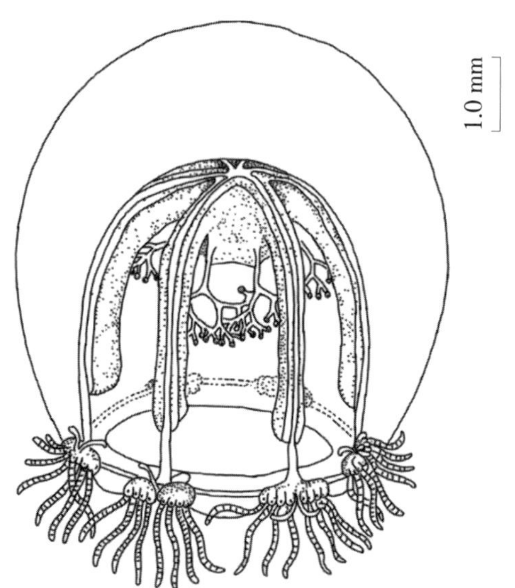

图 5.80 六辐拟线水母 ***Nemopsis hexacanalis***
（仿黄加祺、许振祖，1994a）

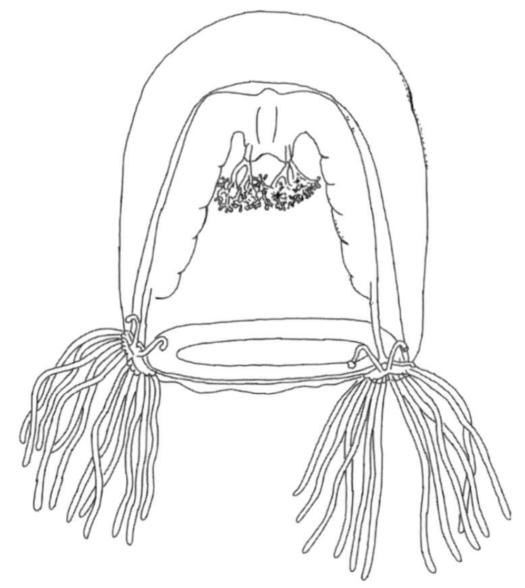

图 5.81 贝氏拟线水母 ***Nemopsis bachei***
（仿许振祖、金德祥，1962）

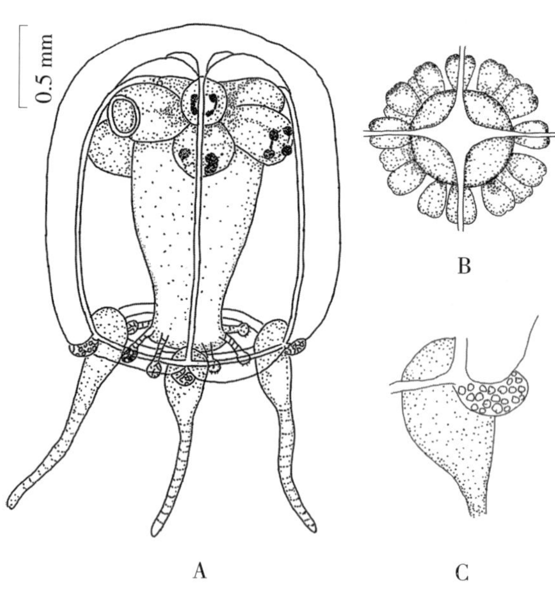

图 5.82 母芽单肢水母 ***Nubiella medusifera***
（仿黄加祺等，2012a）
A. 侧面观；B. 生殖腺顶面观；C. 触手基部

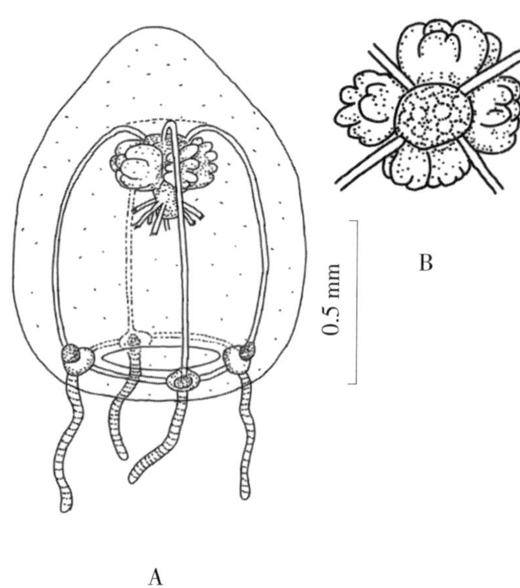

图 5.83 阿尔单肢水母 ***Nubiella alvarinoae***
（仿许振祖等，2009a）
A. 侧面观；B. 生殖腺背面观

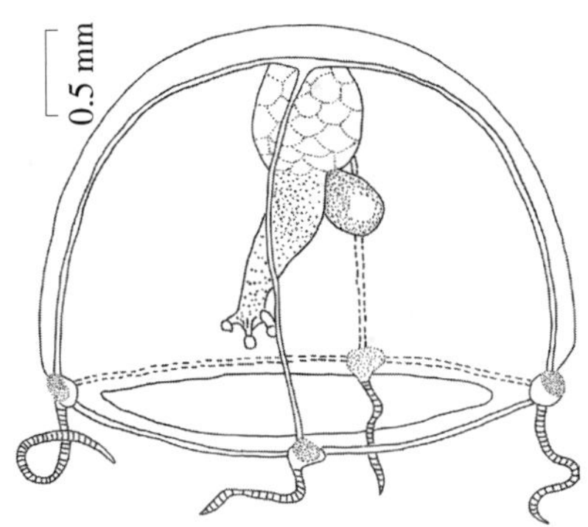

图 5.84　半球单肢水母 ***Nubiella hemisphaerica***
侧面观（仿李羚等，2016）

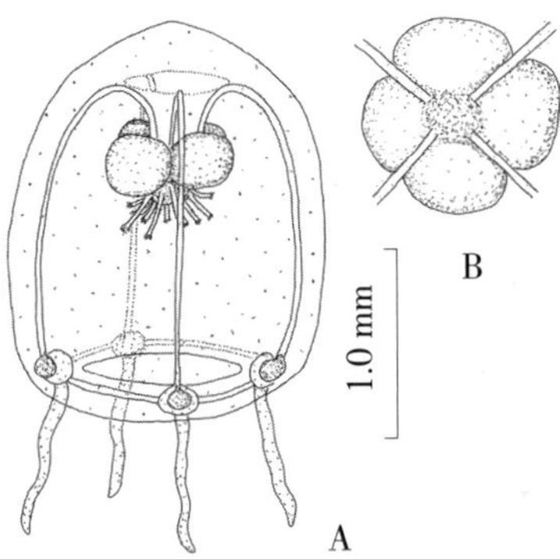

图 5.85　大腺单肢水母 ***Nubiella macrogona***
（仿许振祖等，2009a）
A. 侧面观；B. 生殖腺

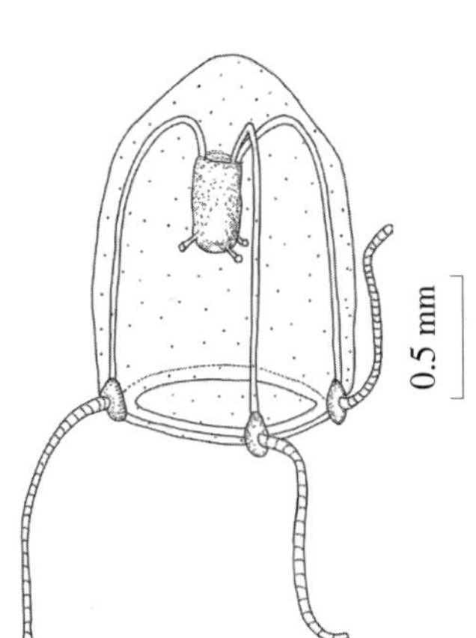

图 5.86　拟帽单肢水母 ***Nubiella paramitra***
（仿 Xu et al.，2007a）

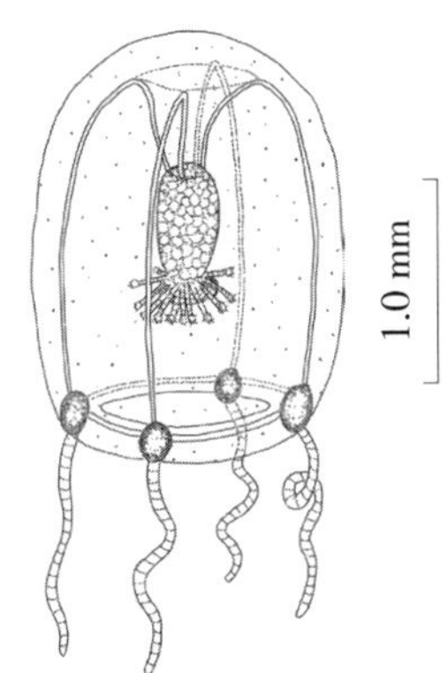

图 5.87　中华单肢水母 ***Nubiella sinica***
（仿黄加祺等，2009b）

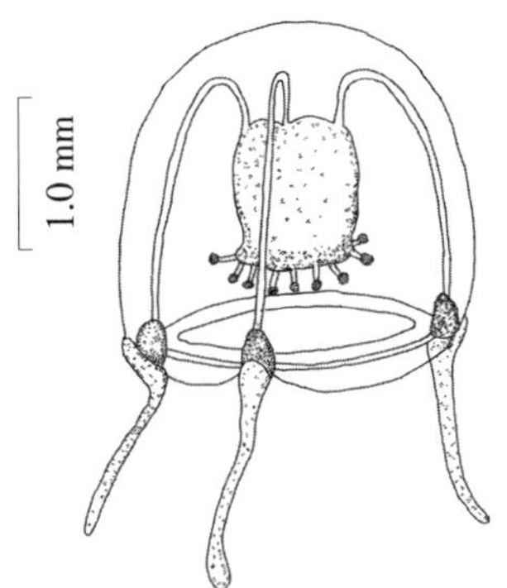

图 5.88　距单肢水母 ***Nubiella spura*** sp. nov.
侧面观（仿许振祖等）

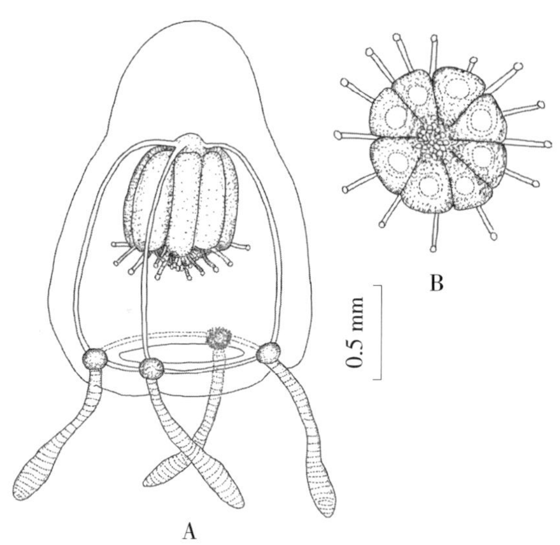

图 5.89 口刺单肢水母 ***Nubiella oralospinella***
（仿许振祖等，2009a）
A. 侧面观；B. 生殖腺顶面观

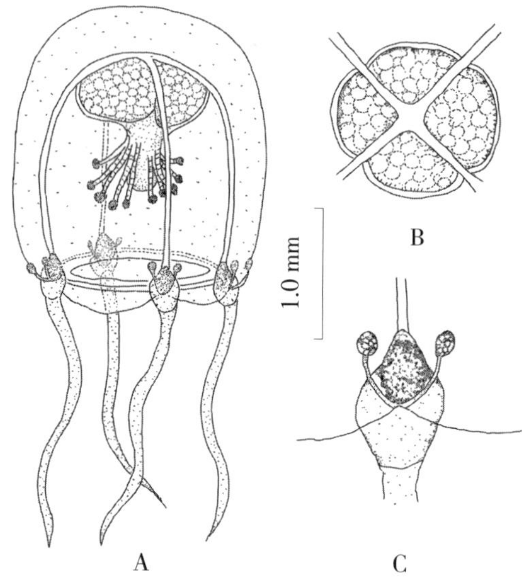

图 5.90 棍棒单肢水母 ***Nubiella claviformis***
（仿许振祖等，2009a）
A. 侧面观；B. 生殖腺顶面观；C. 缘触手基球

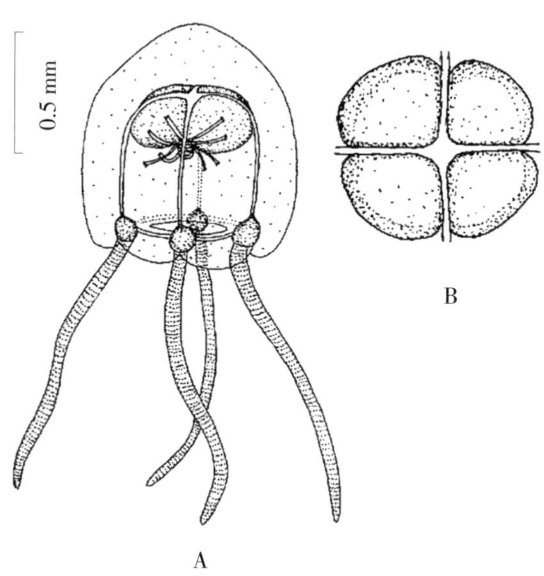

图 5.91 间腺单肢水母 ***Nubiella intergona***
（仿许振祖等，2009a）
A. 侧面观；B. 生殖腺

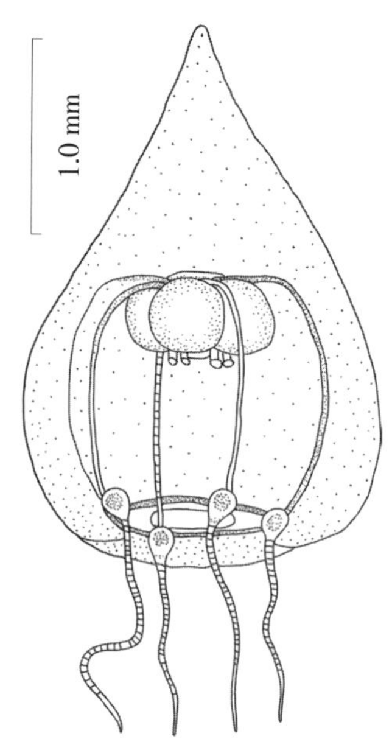

图 5.92 锥形单肢水母 ***Nubiella conica***
侧面观（仿李羚等，2016）

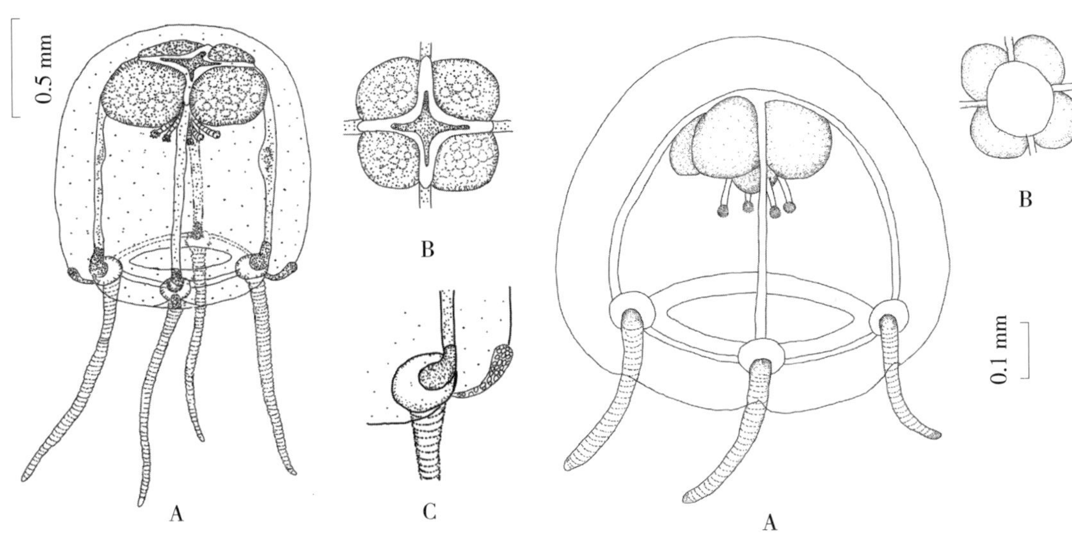

图 5.93　粗管单肢水母 ***Nubiella crassocanalis***
（仿黄加祺等，2012a）
A. 侧面观；B. 生殖腺；C. 触手基部

图 5.94　球形单肢水母 ***Nubiella globosa***
（仿王春光等，2012）
A. 侧面观；B. 生殖腺

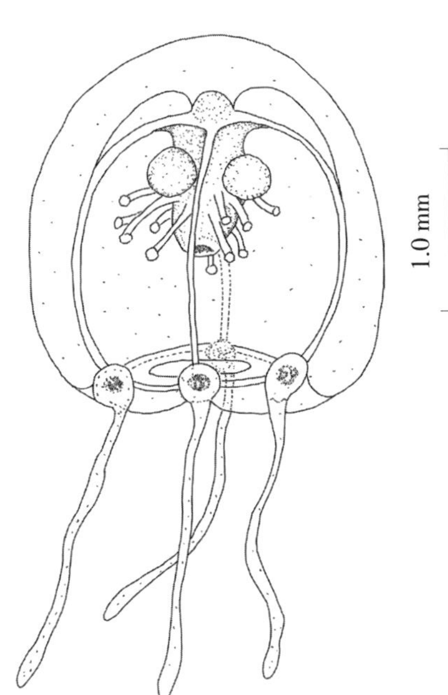

图 5.95　球腺单肢水母 ***Nubiella globogona***
（仿王春光等，2012）

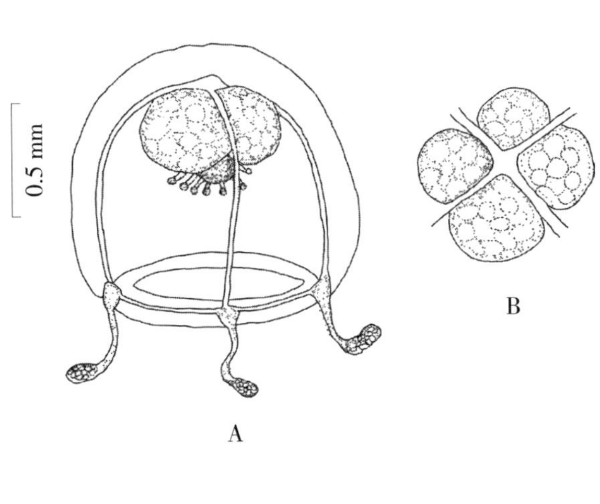

图 5.96　细单肢水母 ***Nubiella gracilis***
（仿许振祖等）
A. 侧面观；B. 顶面观

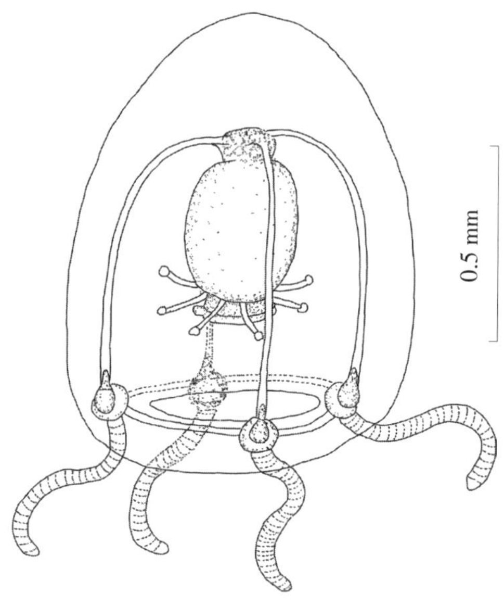

图 5.97 乳突单肢水母 ***Nubiella papillaris***
（仿许振祖等，2009a）

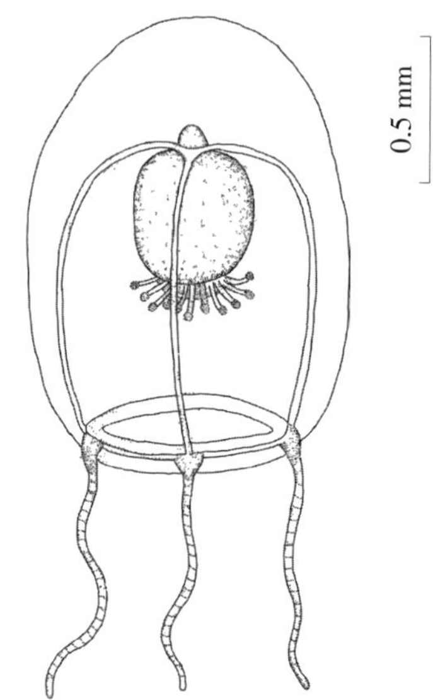

图 5.98 无乳突单肢水母 ***Nubiella apapillaris***
侧面观（仿郭东晖等，2018）

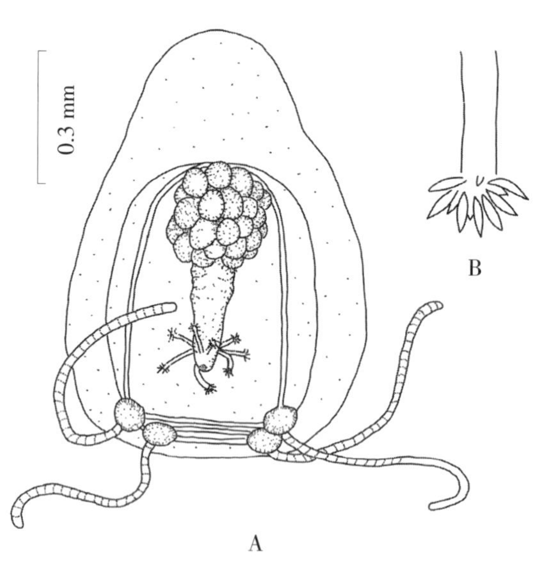

图 5.99 管单肢水母 ***Nubiella tubularia***
（仿 Xu et al.，2007a）
A. 侧面观；B. 口触手

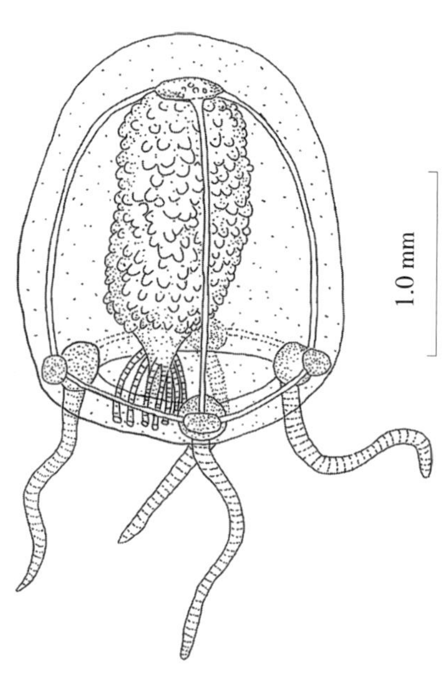

图 5.100 大胃单肢水母 ***Nubiella macrogastera***
（仿许振祖等，2009a）

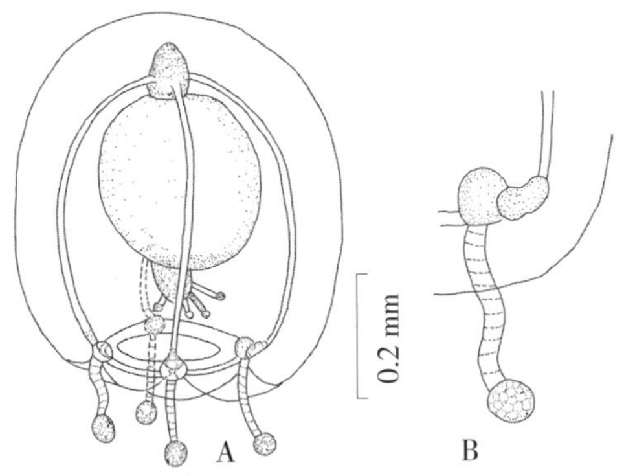

图 5.101 端球单肢水母 ***Nobiella terminaliknoba***
（仿王学锋等，2019）
A. 侧面观；B. 缘触手放大

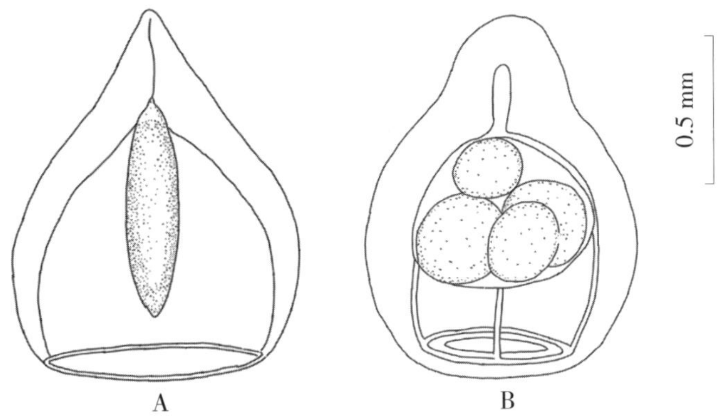

图 5.102 锥形粗棒水母 ***Pachycordyle conica***
A. 雄性（仿 Kramp，1968）；B. 雌性（仿许振祖等，2014）

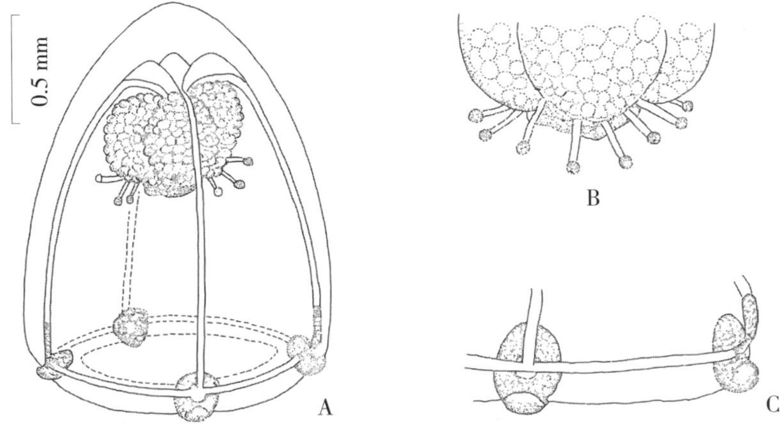

图 5.103 无手似单肢水母 ***Paranubiella atentaculata***
（仿郭东晖等，2018）
A. 侧面观；B. 生殖腺和口触手放大；C. 触手基部

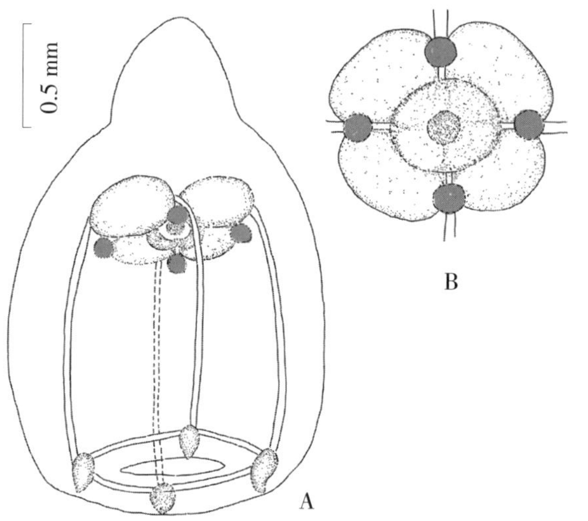

图 5.104　南海似单肢水母 ***Paranubiella nanhaiensis***
（仿郭东晖等，2018）
A 侧面观；B 口触手和生殖腺口面观

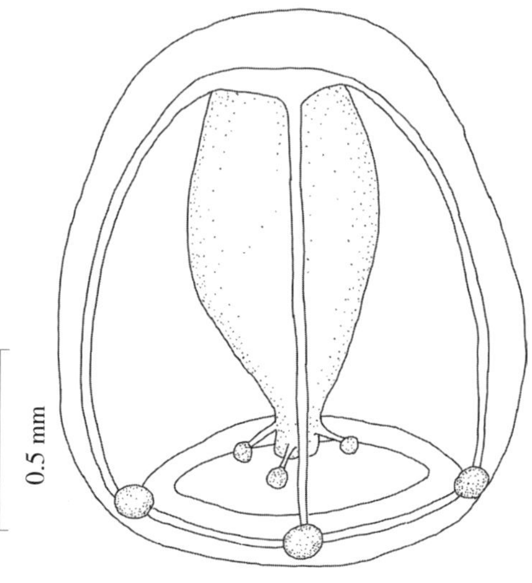

图 5.105　深圳似单肢水母 ***Paranubiella shenzhenensis***
（仿王学锋等，2019）

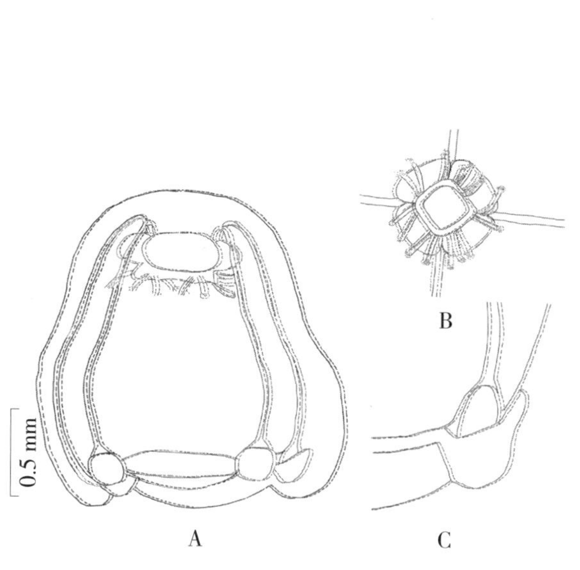

图 5.106　短柄似单肢水母 ***Paranubiella brevistylis***
（仿杨燕燕等，待刊）
A. 侧面观；B. 背面观；C. 触手基球

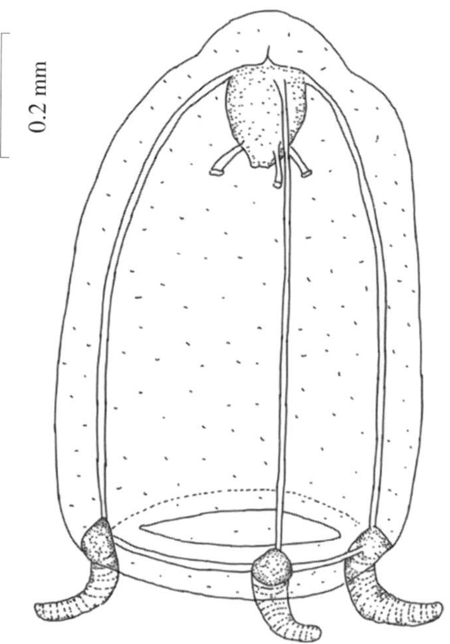

图 5.107　优拟单肢水母 ***Silhouetta uvacarpa***
（仿许振祖等，2014）

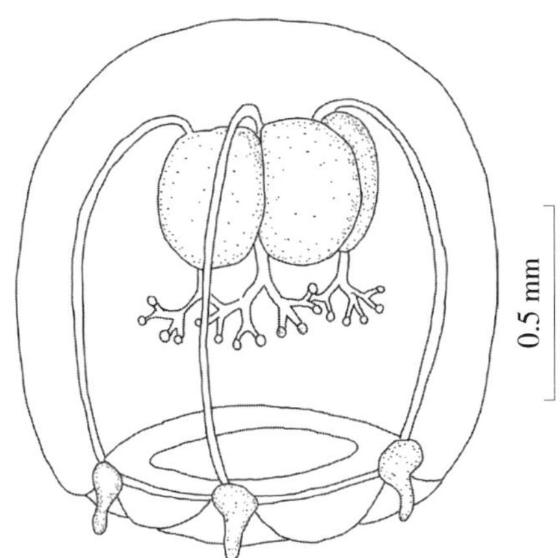

图 5.108 天诒枝口水母 ***Thamnostoma zhengtianyii***
侧面观（仿郑连明等，待刊）

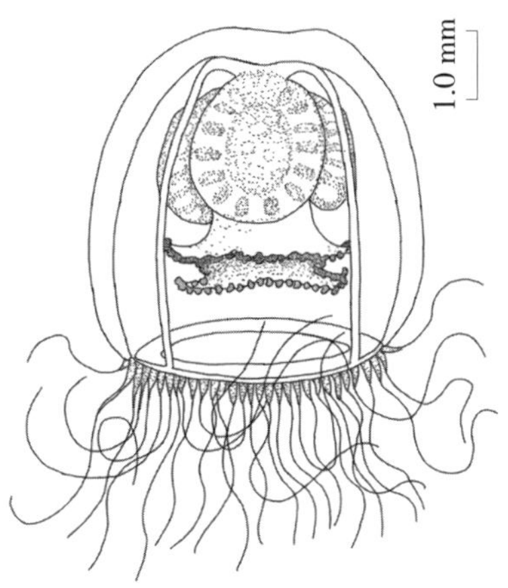

图 5.109 囊海洋水母 ***Oceania armata***
（仿许振祖、黄加祺，2006）

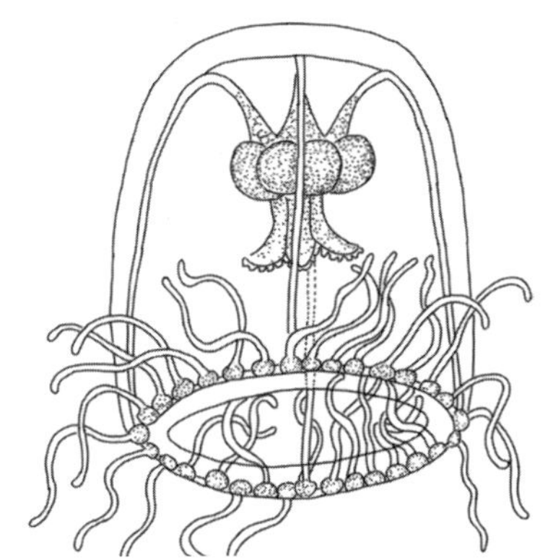

图 5.110 灯塔水母 ***Turritopsis nutricula***
（仿许振祖等，2014）

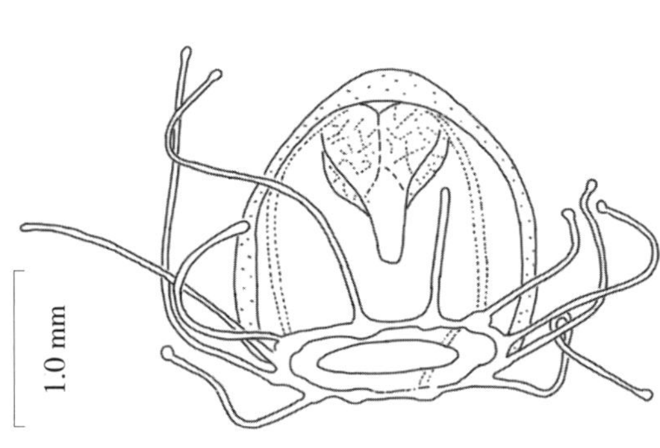

图 5.111 多赫灯塔水母 ***Turritopsis dohrnii***
（仿 Schuchert，2004）

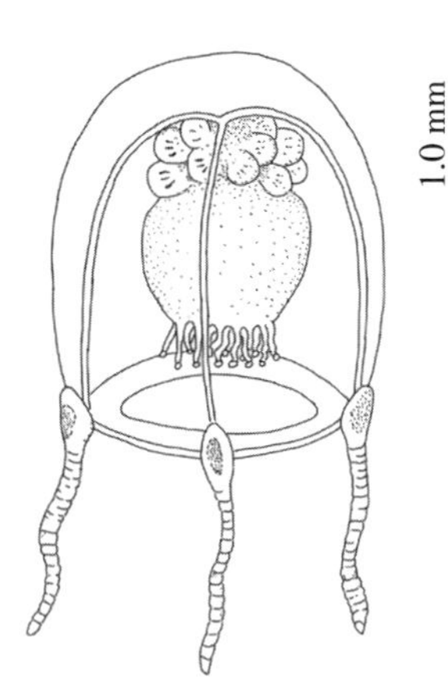

图 5.112 刺胞水母 ***Cytaeis tetrastyla***
（仿许振祖、张金标，1974）

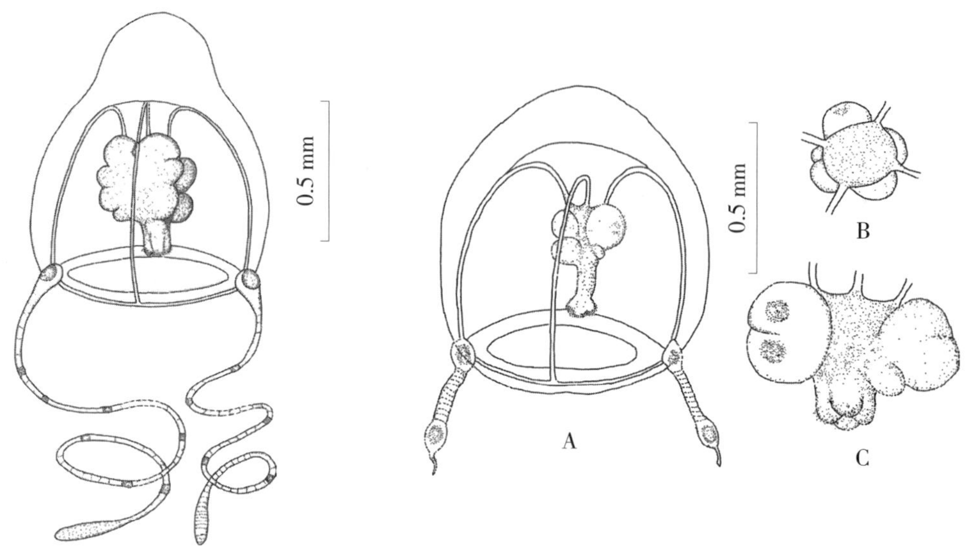

图 5.113 长手真球水母 ***Eucodonium longitentaculatum***
侧面观（仿林茂等，2016）

图 5.114 双手真球水母 ***Eucodonium bitentaculatum***
（仿林茂等，2016）
A. 侧面观；B. 生殖腺背面观；C. 生殖腺侧面观

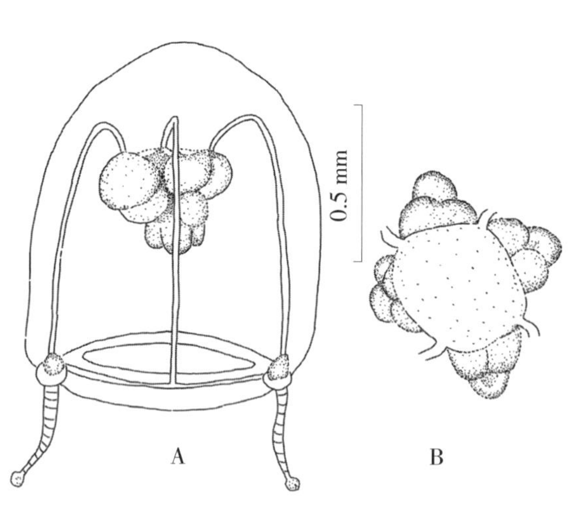

图 5.115 短柄真球水母 ***Eucodonium brevistyle***
（仿林茂等，2016）
A. 侧面观；B. 生殖腺背面观

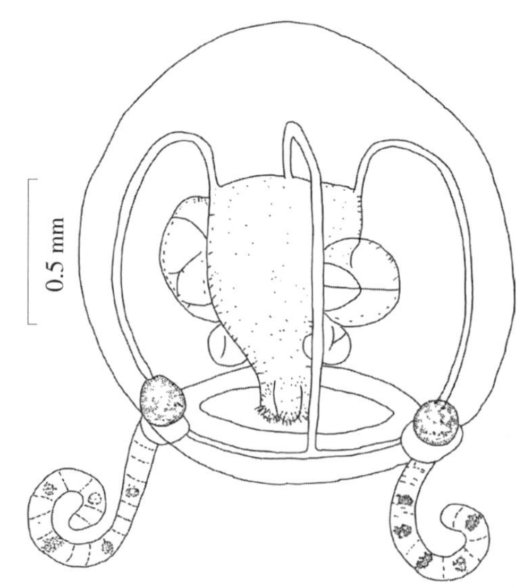

图 5.116 粗手真球水母 ***Eucodonium crassonemalis***
（仿王学锋等，2019）

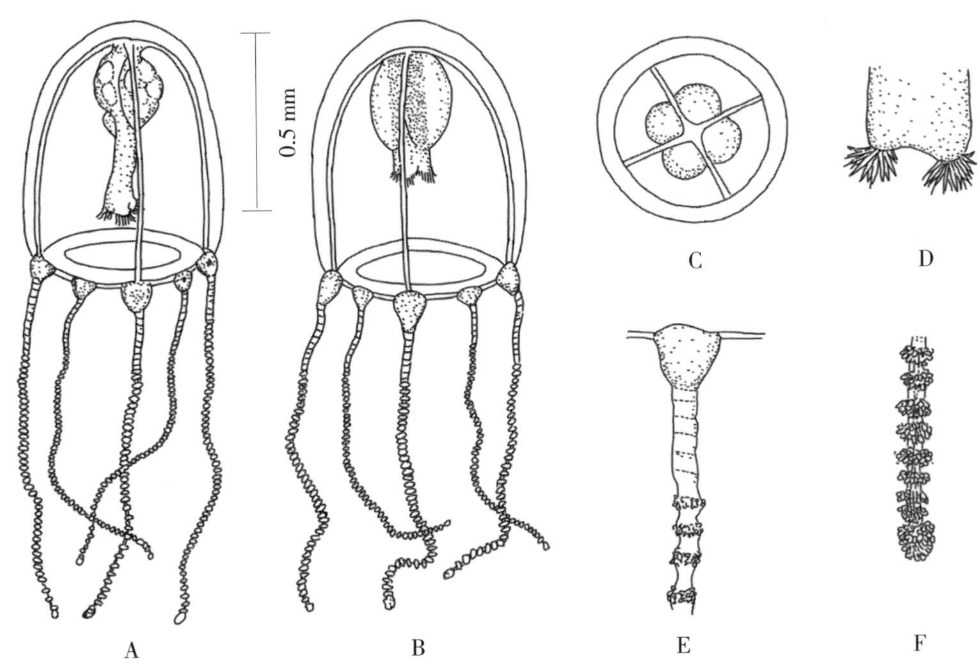

图 5.118 念珠介螅水母 ***Hydractinia moniliformis***
（仿李尚平等，2010）
A. 雌体侧面观；B. 雄体侧面观；C. 雄体顶面观；D. 口唇；E. 触手基部；F. 触手末端

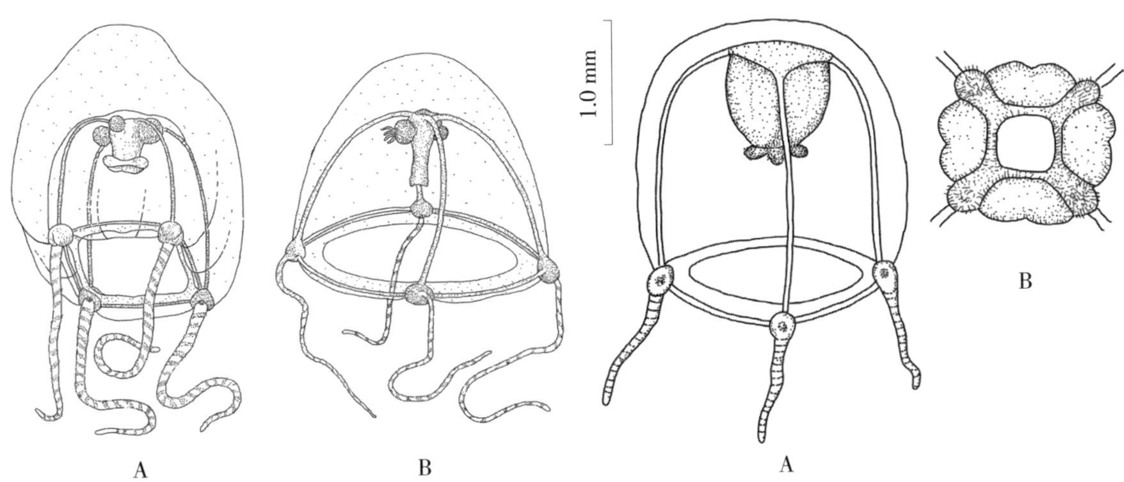

图 5.117 图尔介螅水母 ***Hydractinia tournieri***
（仿 Picard & Rahm，1954）
A. 水母体略收缩；B. 正常水母体

图 5.119 叶状介螅水母 ***Hydractinia phyllosoma***
（仿王春光等，2015）
A. 侧面观；B. 口唇和生殖腺口面观

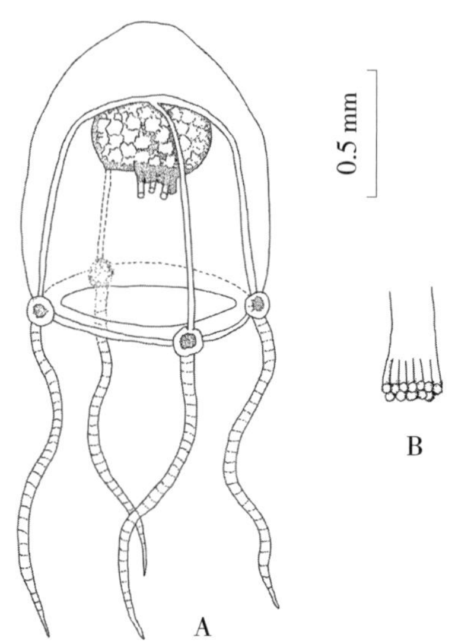

图 5.120　东山介螅水母 ***Hydractinia dongshanensis***
（仿许振祖、黄加祺，2006）
A. 水母体；B. 口触手

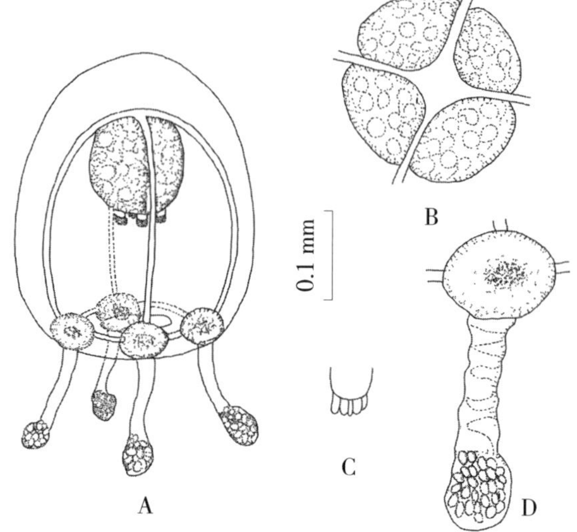

图 5.121　广西介螅水母 ***Hydractinia guangxiensis***
（仿李尚平等，2010）
A. 侧面观；B. 生殖腺背面观；C. 口触手；D. 缘触手

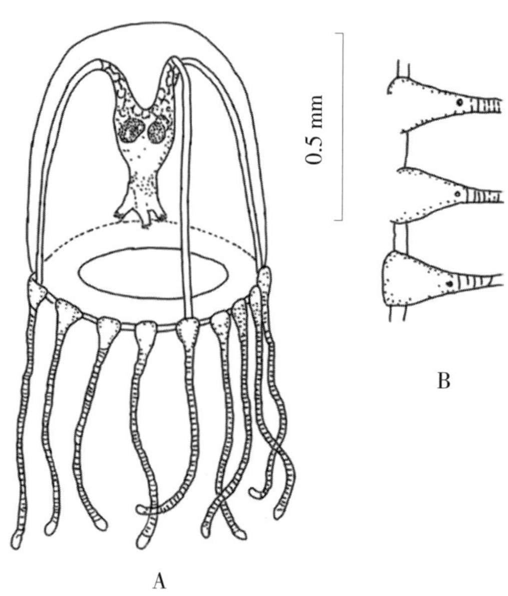

图 5.122　泡状介螅水母 ***Hydractinia vacuolata***
（仿许振祖、黄加祺，2006）
A. 侧面观；B. 触手基部

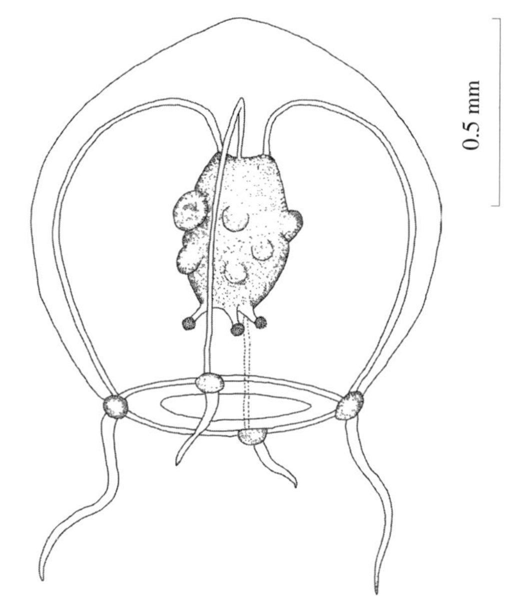

图 5.123　简单介螅水母 ***Hydractinia simplex***
（仿张金标、刘红斌，1999）

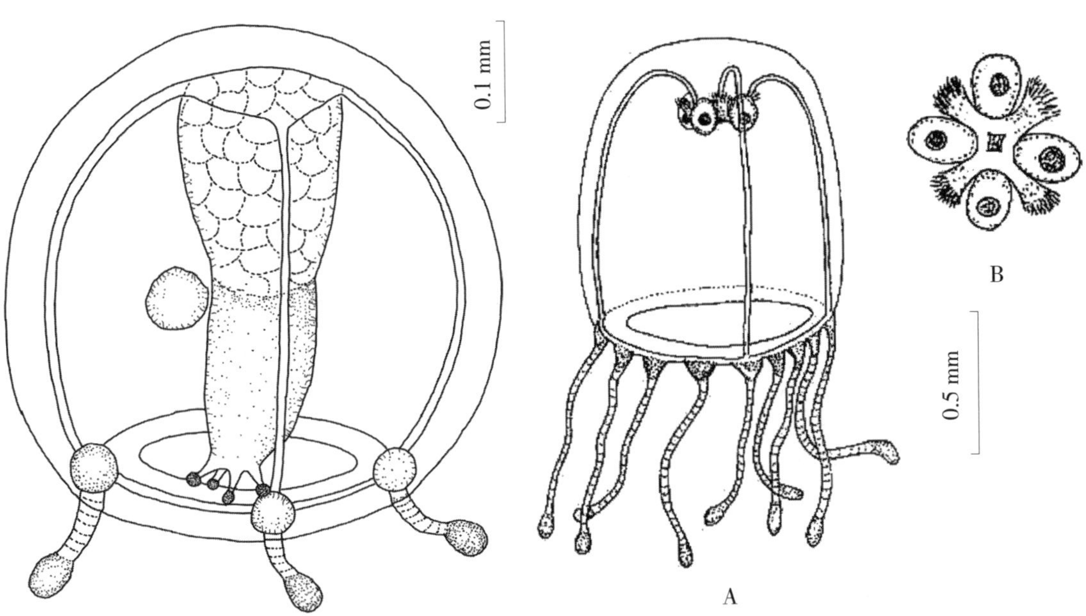

图 5.124　缢介螅水母 ***Hydractinia constrictura***
（仿王春光等，2015）

图 5.125　反曲介螅水母 ***Hydractinia recurvatus***
（仿林茂等，2010a）
A. 侧面观；B. 生殖腺口面观

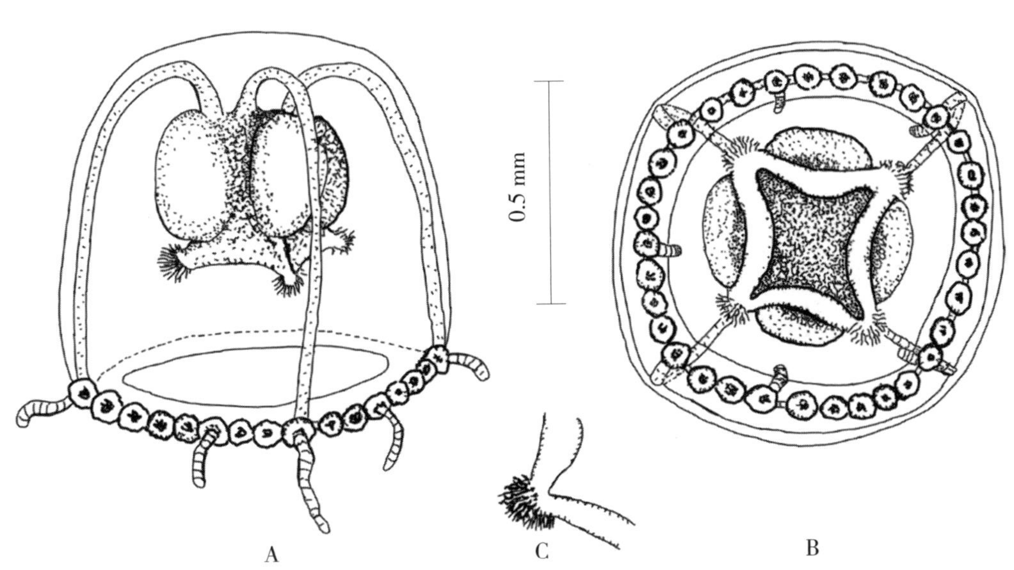

图 5.127　多手介螅水母 ***Hydractinia polytentaculata***
（仿许振祖、黄加祺，2006）
A. 侧面观；B. 口面观；C. 单个口腕

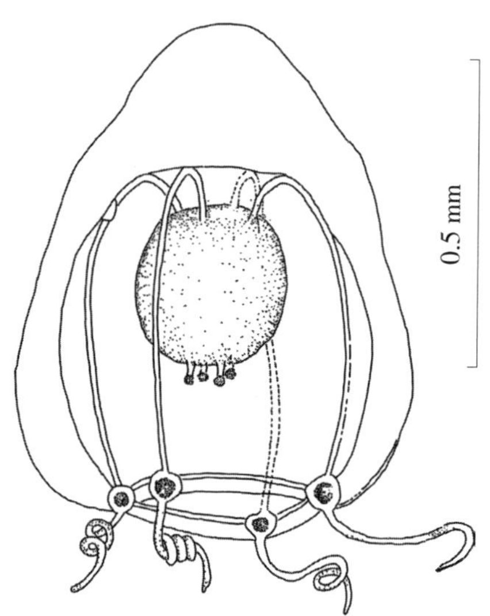

图 5.126　顶突介螅水母 ***Hydractinia apicata***
（仿许振祖等，1985a）

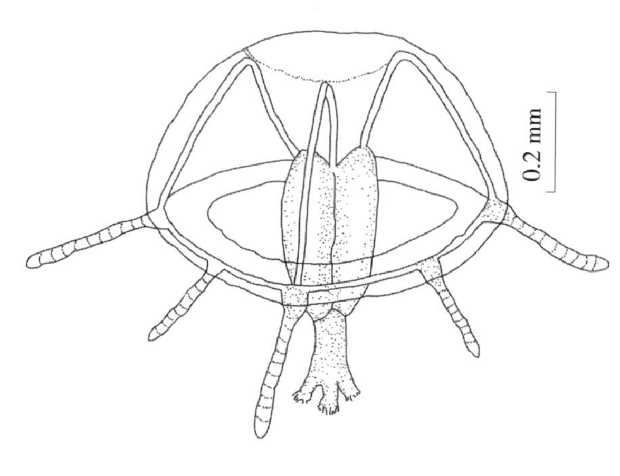

图 5.128　雷州介螅水母 ***Hydractinia leizhouensis***
侧面观（仿张才学等，2020）

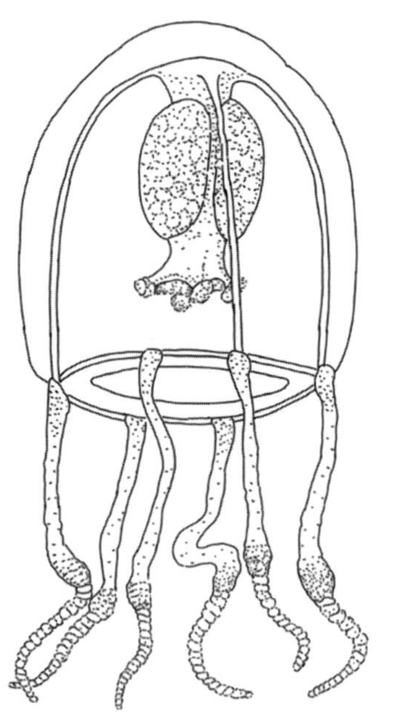

图 5.129　台湾介螅水母 ***Hydractinia taiwanensis***
（仿林茂等，2010a）

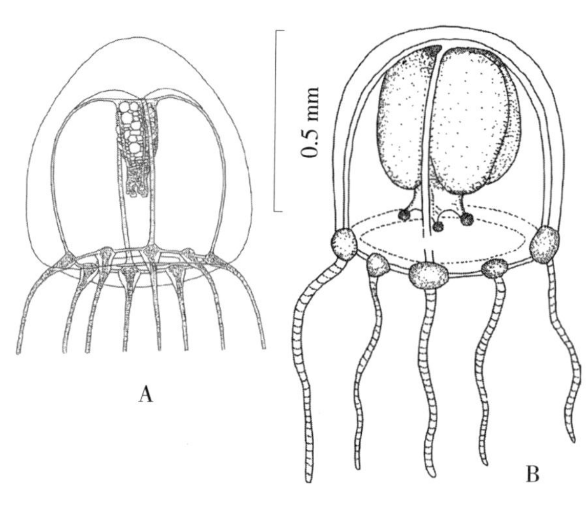

图 5.130　肉质介螅水母 ***Hydractinia carnea***
A. 水母雌性个体（仿 Edward，1972）；
B. 水母雄性个体（仿许振祖、黄加祺，2006）

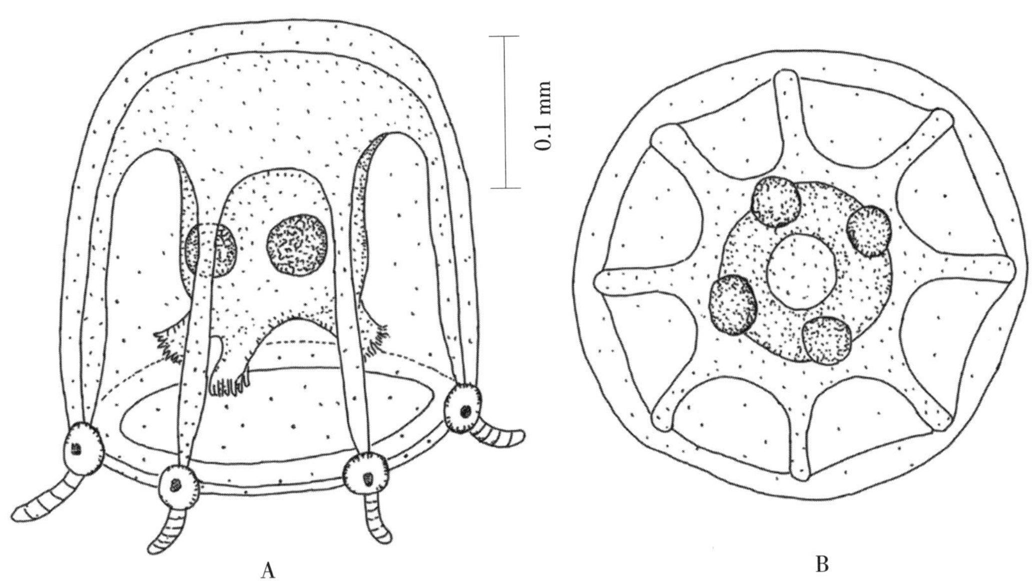

图 5.131 三沙拟介螅水母 ***Parahydractinia sanshaensis***
（仿许振祖、黄加祺，2006）
A. 侧面观；B. 口面观

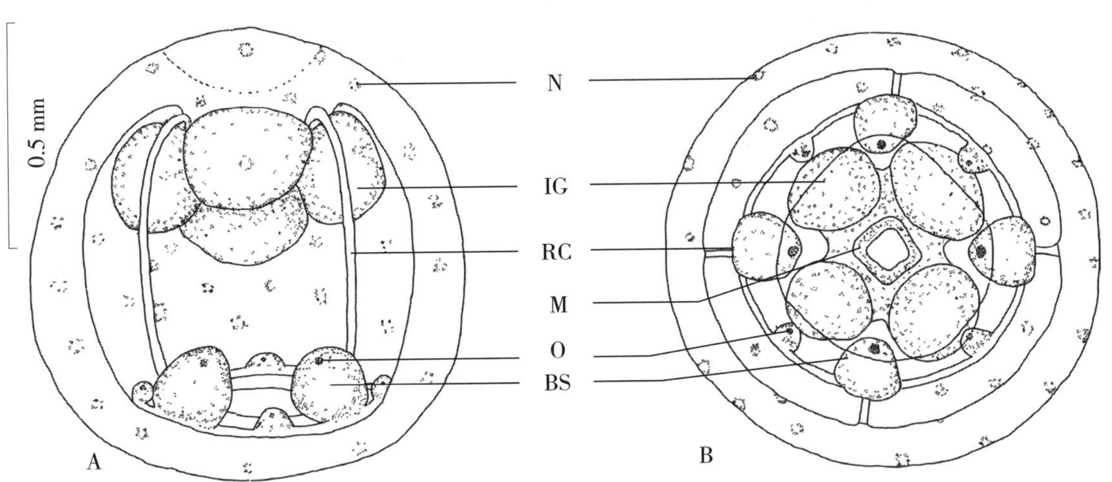

图 5.132 眼鱼螅水母 ***Hydrichthella ocellata***
（仿王亮根等，2017）
A. 侧面观；B. 口面观
N. 刺丝囊；IG. 间辐生殖腺；RC. 辐管； M. 口；O. 眼点；BS. 基球

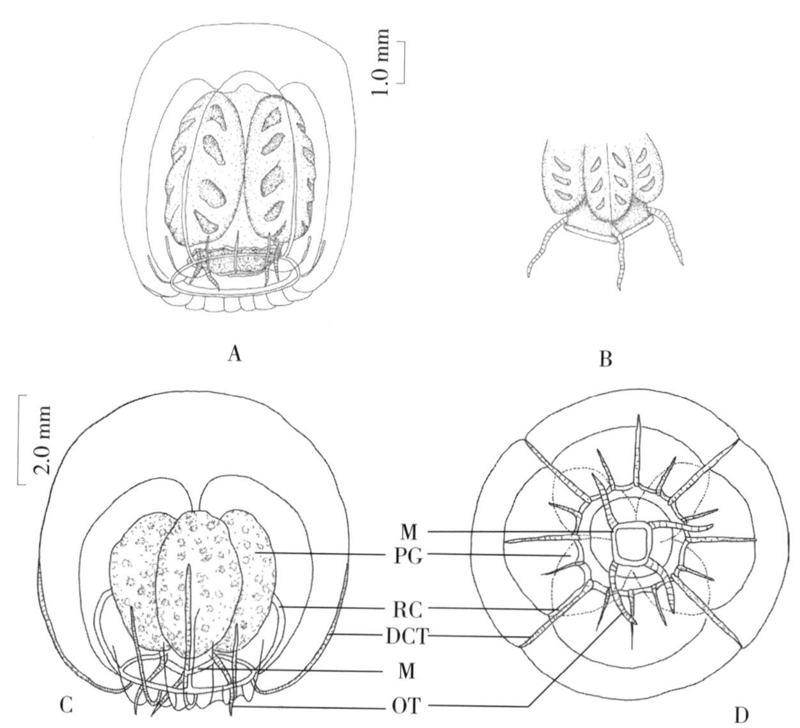

图 5.134 主辐拟特古水母 ***Tregouboviopsis perradialis***
（A 仿 Du et al.，2012；B ~ D 仿王亮根等，2017）
A. 雄性个体侧面观；B. 示口触手从口缘上伸出；C. 雌性个体侧面观；D. 口面观
M. 口；PG. 主辐生殖腺；RC. 辐管；DCT. 向心肋；OT. 口触手

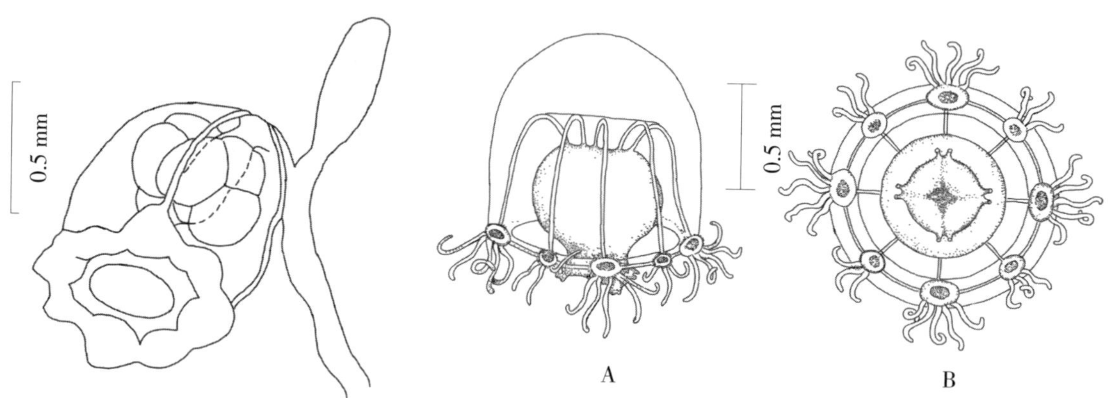

图 5.133 珊表鱼螅水母 ***Hydrichthella epigorgia*** 真水母体
（仿 Hirohito，1988）

图 5.135 大胃异唇腕水母 ***Allorathkea macrogastrica***
（仿许振祖、黄加祺，1990a）
A. 侧面观；B. 口面观

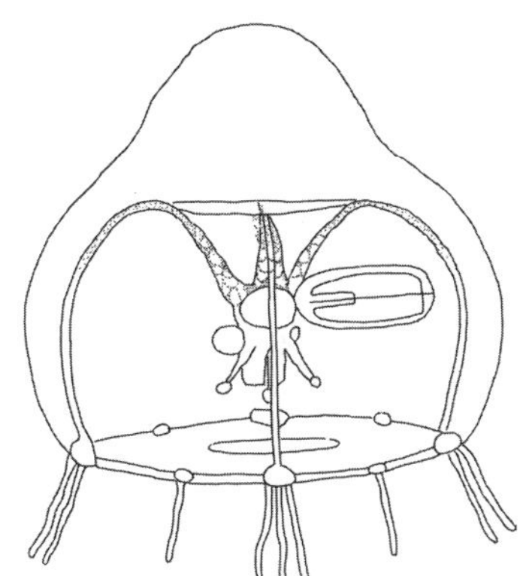

图 5.136 淡黄棱水母 ***Lizzia blondina***
侧面观（仿 Russell，1953）

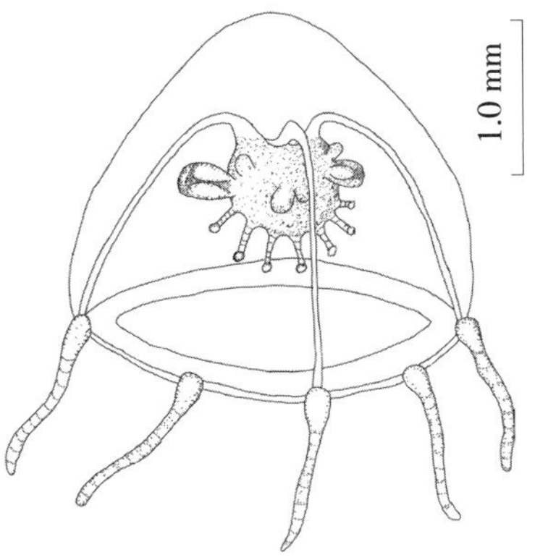

图 5.137 瘦棱水母 ***Lizzia gracilis***
（仿黎爱韶、陈清潮，1991）

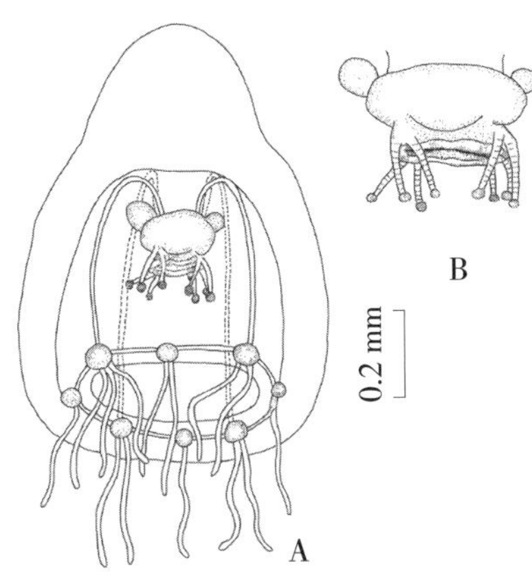

图 5.138 八柱棱水母 ***Lizzia octostyla***
（仿许振祖、黄加祺，2006）
A. 侧面观； B. 生殖腺和口触手

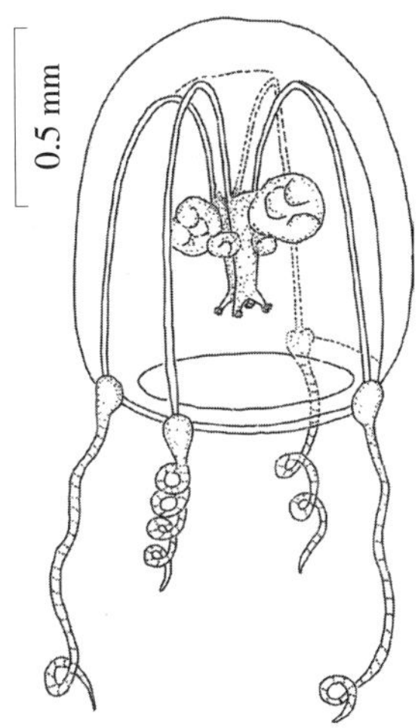

图 5.139 小拟介穗水母 ***Podocorynoides minima***
（仿王春光等，2016）

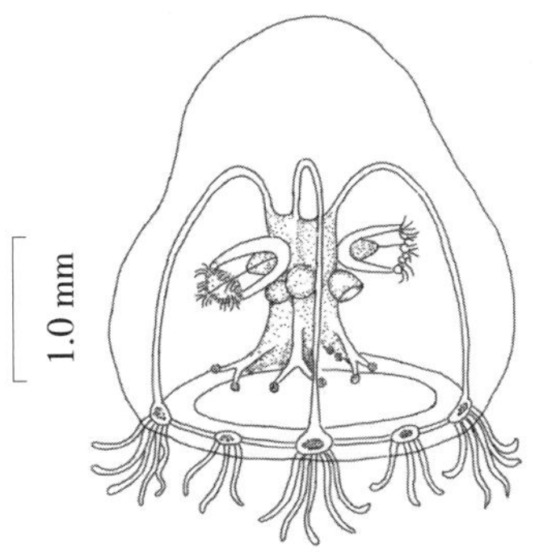

图 5.140 八斑唇腕水母 ***Rathkea octopunctata***
（仿 Russell，1953）

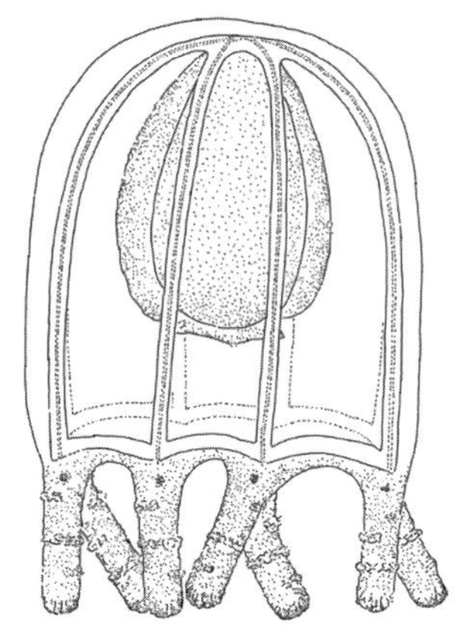

图 5.141　十字深眼水母
Bythocellata cruciformis
（仿 Nair，1951）

图 5.142　基球深眼水母
Bythocellata bulbiformis
（仿许振祖、黄加祺，2006）

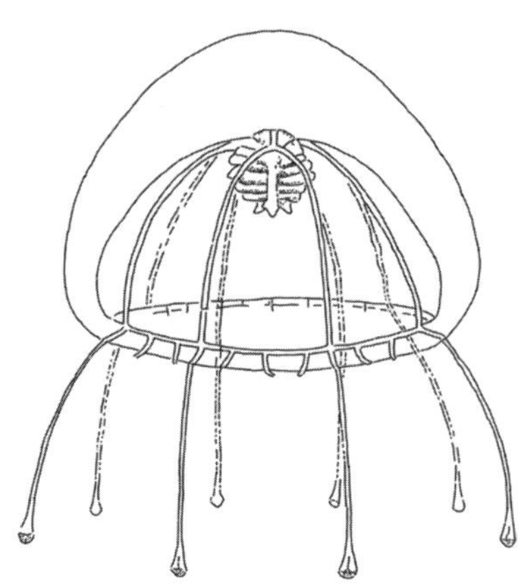

图 5.143　莫氏深帽水母
Bythotiara murrayi
（仿 Kramp，1968）

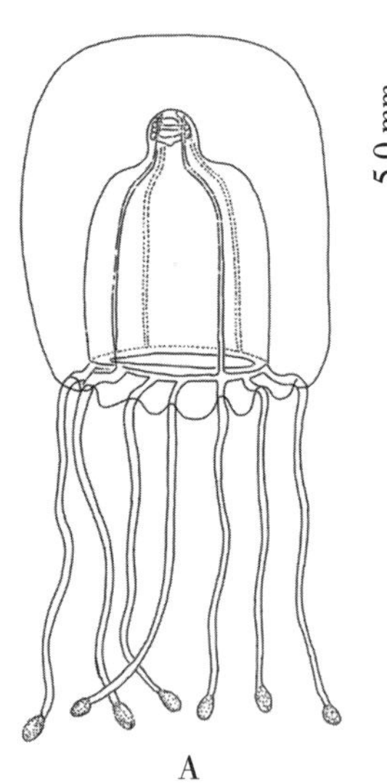

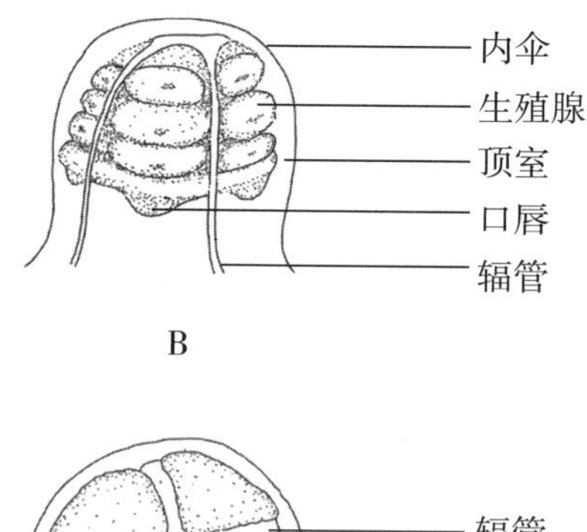

图 5.144　顶胃深帽水母 ***Bythotiara apicigastera***
（仿许振祖等，2008b）
A. 侧面观；B. 生殖腺侧面观；C. 生殖腺顶面观

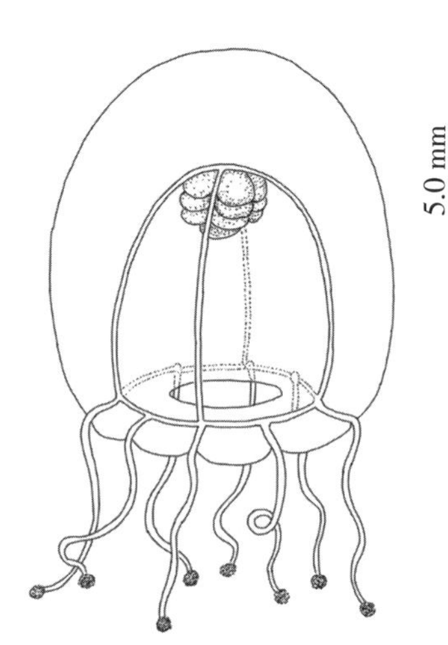

图 5.145　缩口深帽水母
Bythotiara depressa
（仿 Kramp，1968）

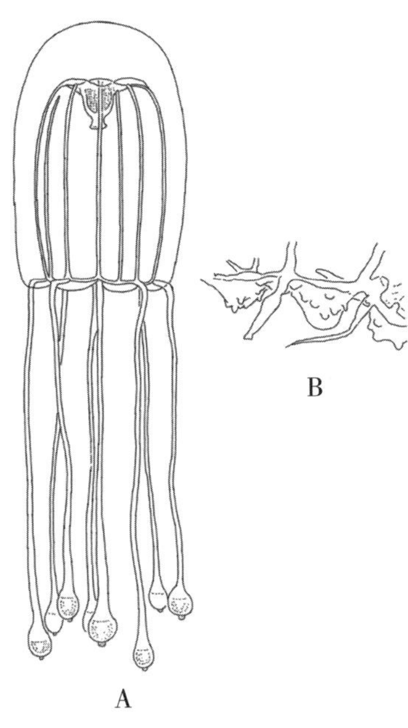

图 5.146　乳状萼水母 ***Calycopsis papillata***
A. 侧面观（仿 Kramp，1968）；
B. 伞缘局部（仿 Bigelow，1918）

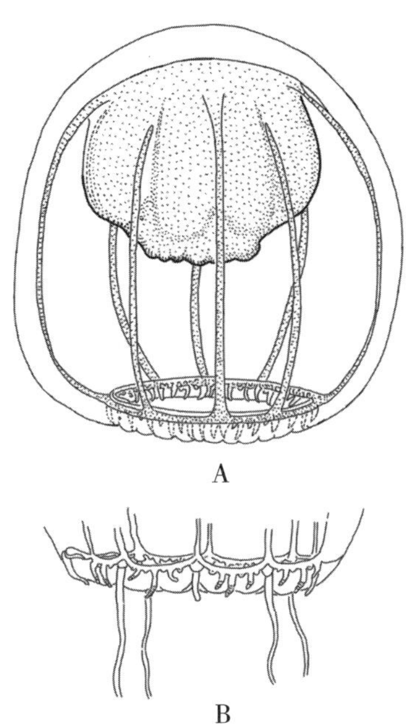

图 5.147　多手萼水母 ***Calycopsis bigelowi***
A. 侧面观（仿黎爱韶、陈清潮，1991a）；
B. 伞缘局部（仿 Vanhöffen，1911）

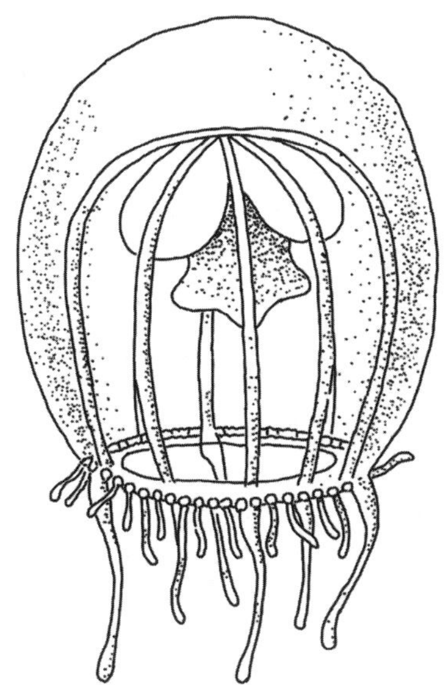

图 5.148　比鲁真水母 ***Eumedusa birulai***
（仿 Linko，1913）

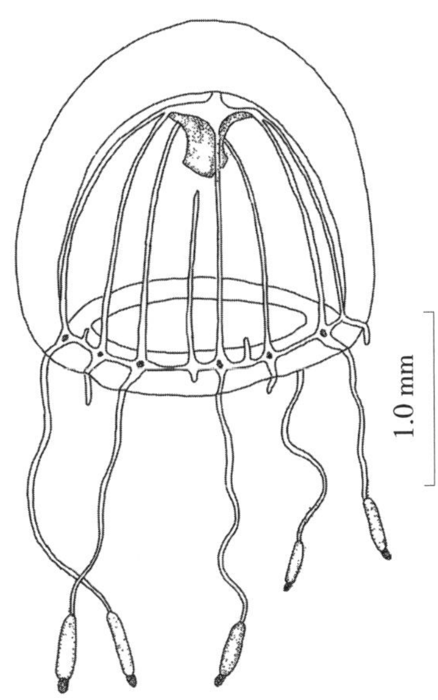

图 5.149　真水母 ***Eumedusa*** sp.
（仿许振祖等，2016）

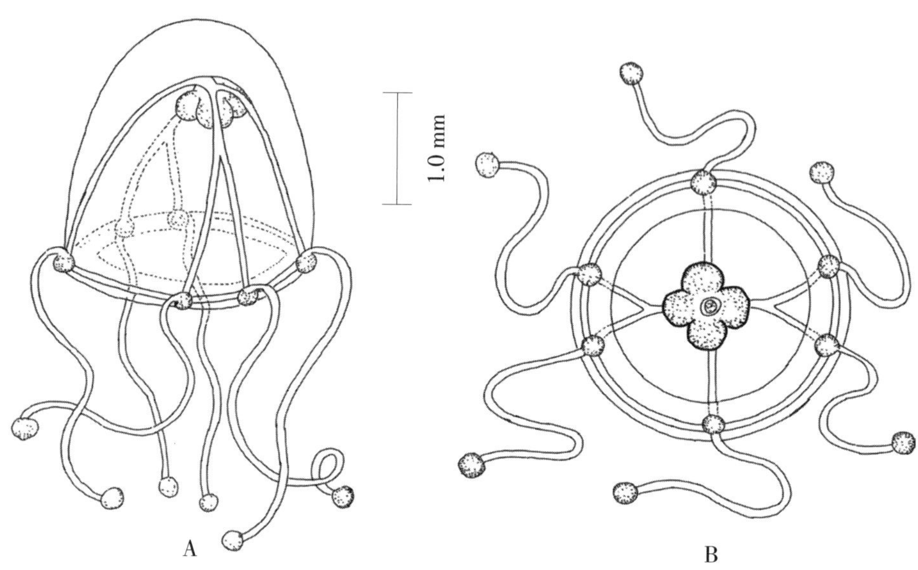

图 5.150 郑重水母 ***Gymnogonium zhengzhongii***
（仿许振祖、黄加祺，1994）
A. 侧面观，B. 口面观

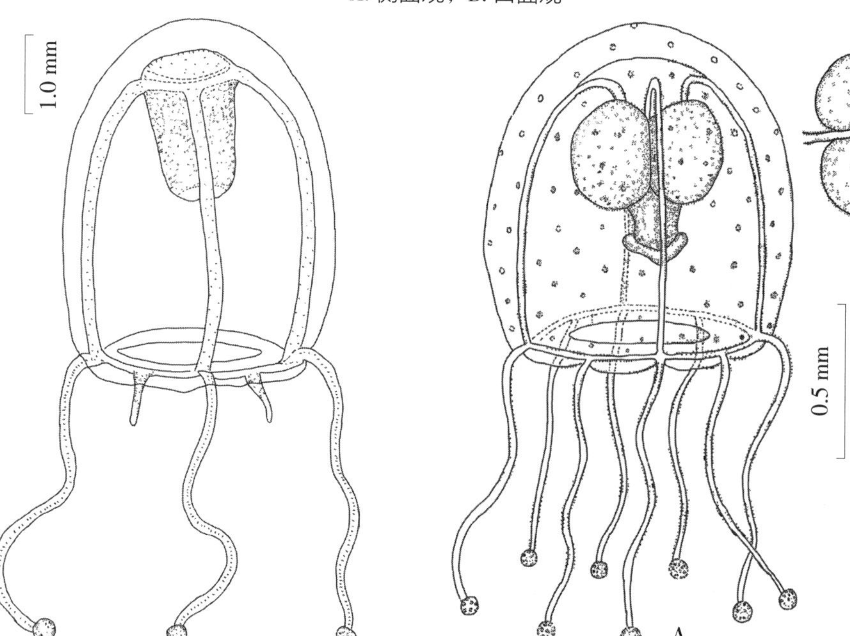

图 5.151 南海宽管水母 ***Laticanna nanhaiensis***
（仿 Du et al.，2018）

图 5.152 柄原拟帽水母 ***Protiaropsis pedunculata***
（仿许振祖等，2016）
A. 侧面观；B. 生殖腺顶面观

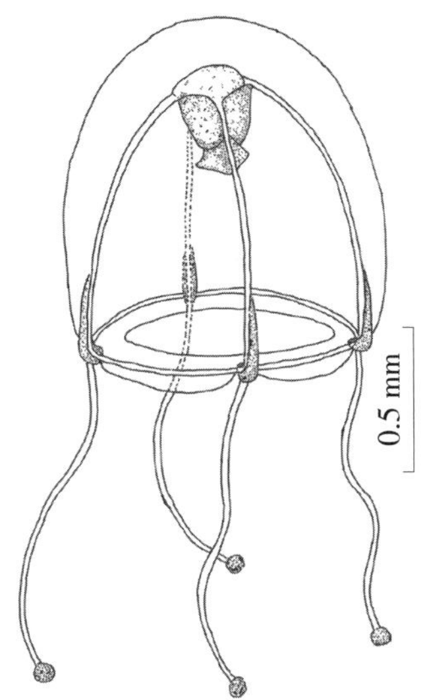

图 5.153　四手原拟帽水母
Protiaropsis tetranema
（仿许振祖等，2016）

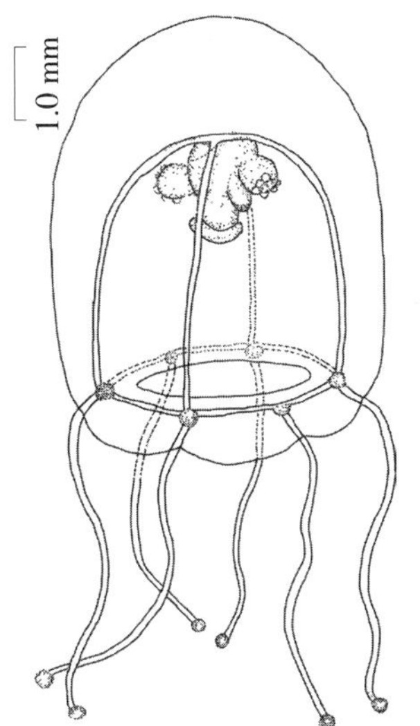

图 5.154　芽原拟帽水母
Protiaropsis gemmifera
（仿 Du et al.，2018）

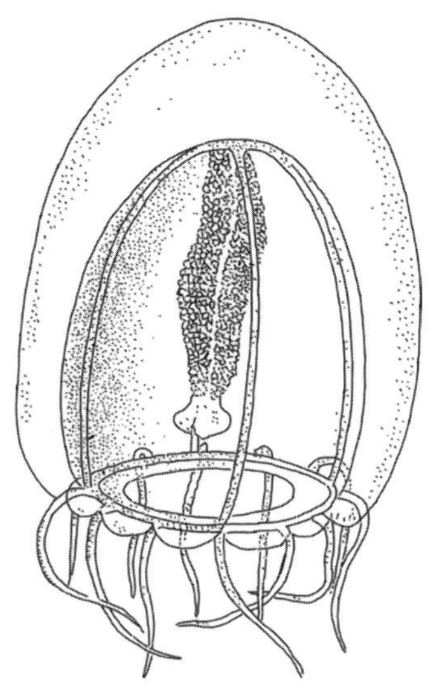

图 5.155　隐原拟帽水母
Protiaropsis anonyma
（仿 Hartlaub，1913）

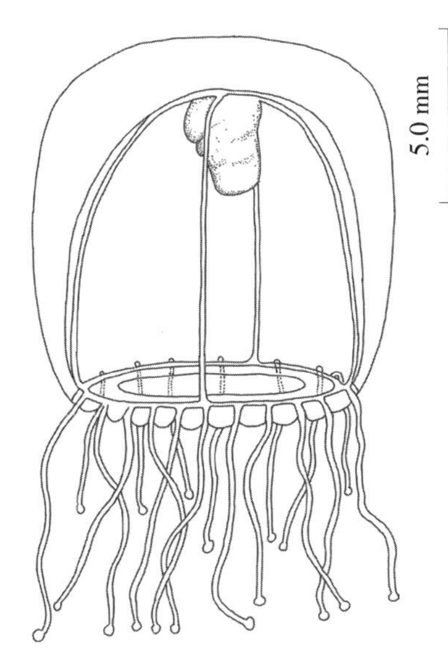

图 5.156　小原拟帽水母 ***Protiaropsis minor***
（仿许振祖、张金标等，1978）

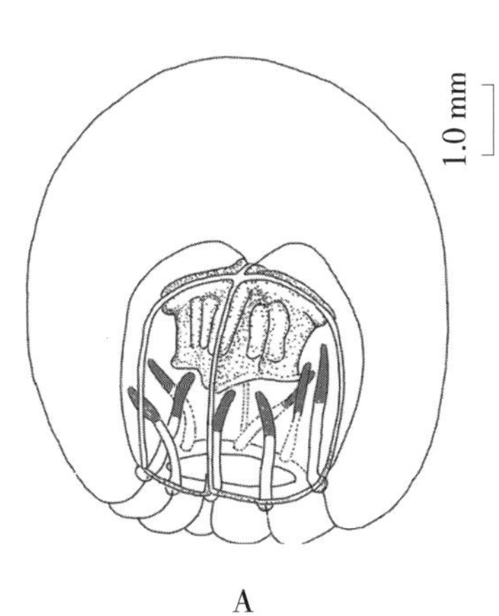

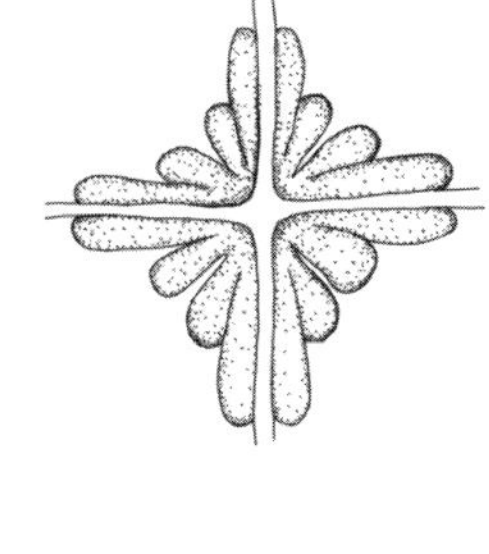

图 5.157　八手伪帽水母 ***Pseudotiara octonema***
（仿许振祖等，2008b）
A. 侧面观；B. 生殖腺顶面观

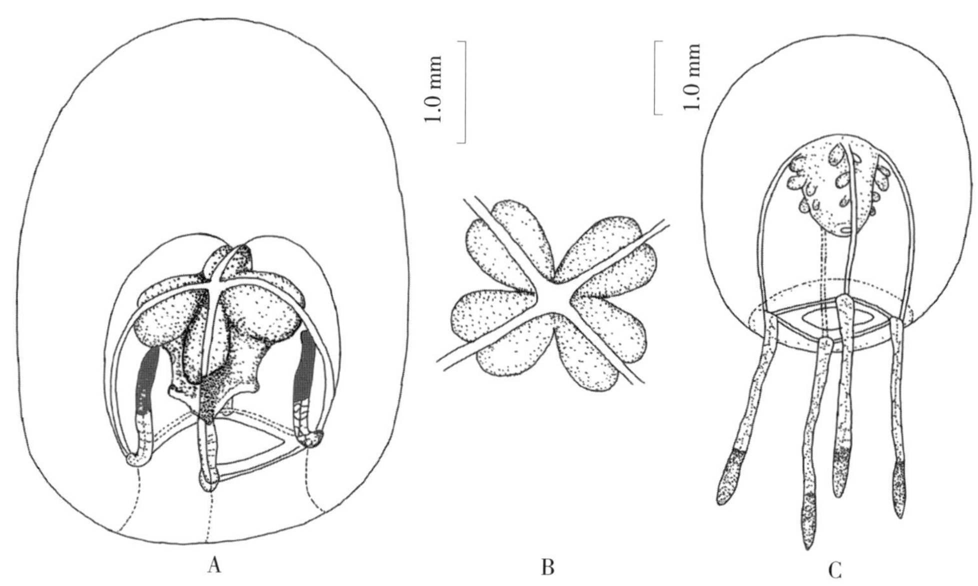

图 5.158　热带伪帽水母 ***Pseudotiara tropica***
（仿许振祖等，2008b）
A. 侧面观；B. 生殖腺顶面观；C. 雌性侧面观

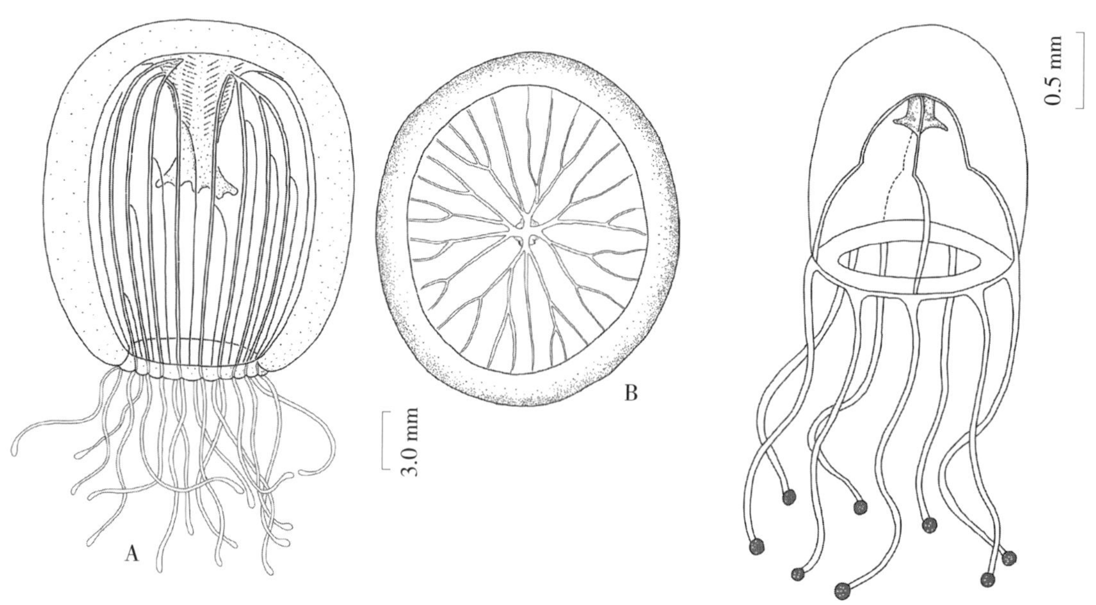

图 5.159　西坡加水母 ***Sibogita geometrica***
A. 侧面观，来源于太平洋（仿 Maas，1905）；
B. 口面观，来源于大西洋（仿 Winkler，1982）

图 5.160　大洋堪拿水母 ***Kanaka pelagica***
侧面观（仿 Kramp，1968）

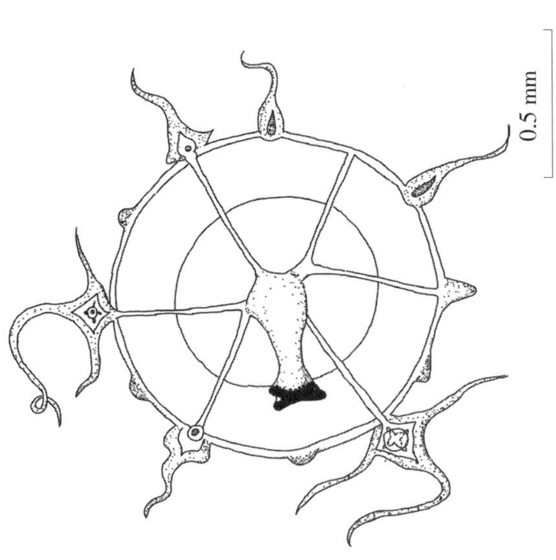

图 5.161　叶手水母 ***Niobia dendrotentaculata***
（仿 Mayer，1900）

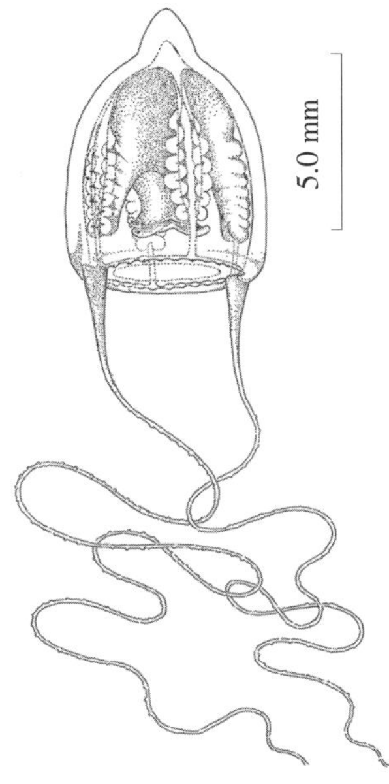

图 5.162　塔形双手水母 ***Amphinema turrida***
（仿 Bouillon，1980）

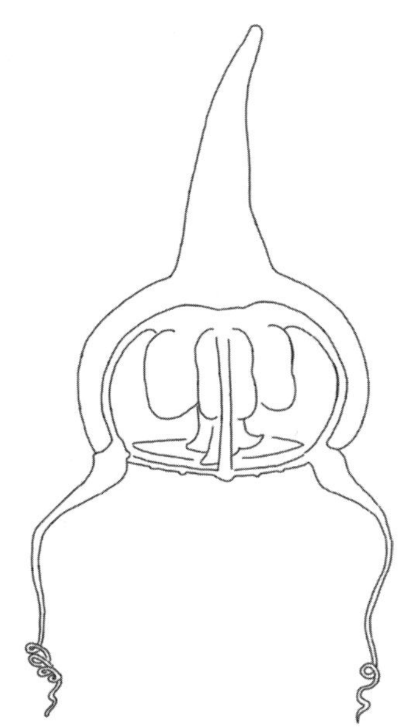

图 5.163　双手水母 ***Amphinema dinema***
（A 仿 Kramp，1968）

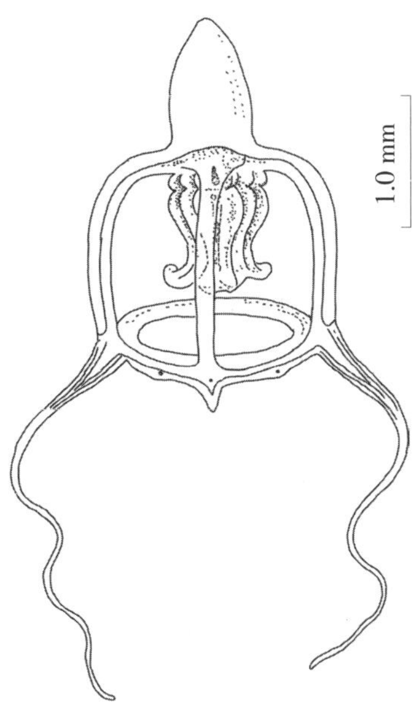

图 5.164　澳洲双手水母 ***Amphinema australis***
（仿 Mayer，1900b）

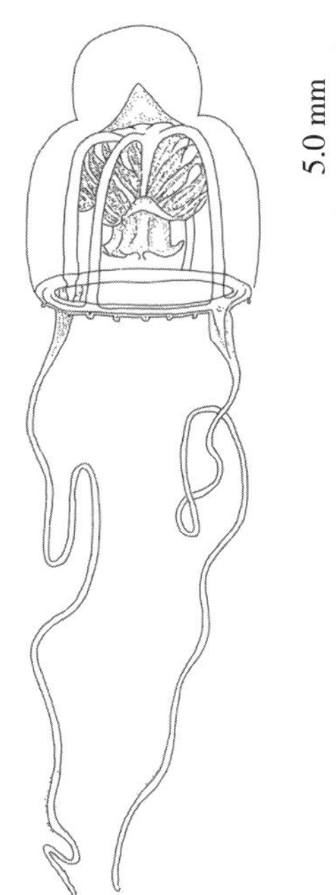

图 5.165 青岛双手水母
Amphinema tsingtauensis
（仿高哲生等，1958）

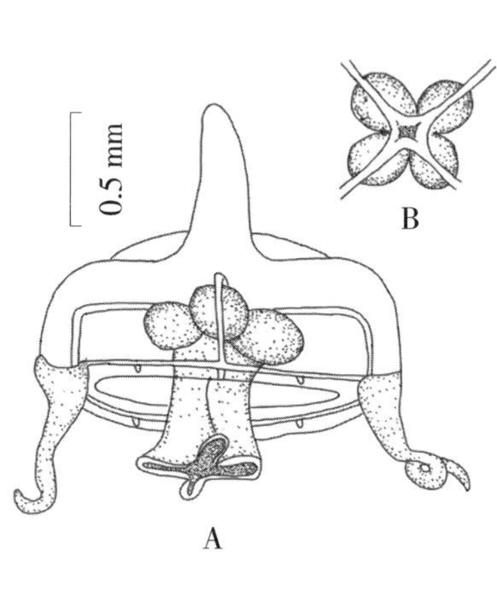

图 5.166 球腺双手水母
Amphinema globogonia
（仿许振祖等，2008b）
A. 侧面观；B. 生殖腺顶面观

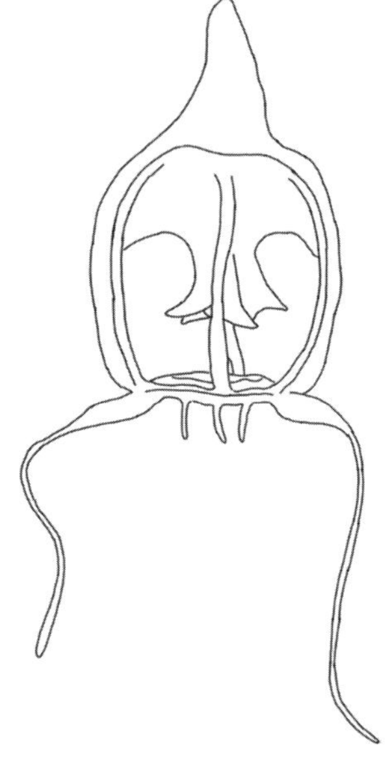

图 5.167 红色双手水母
Amphinema rubrum
（仿 Kramp，1957）

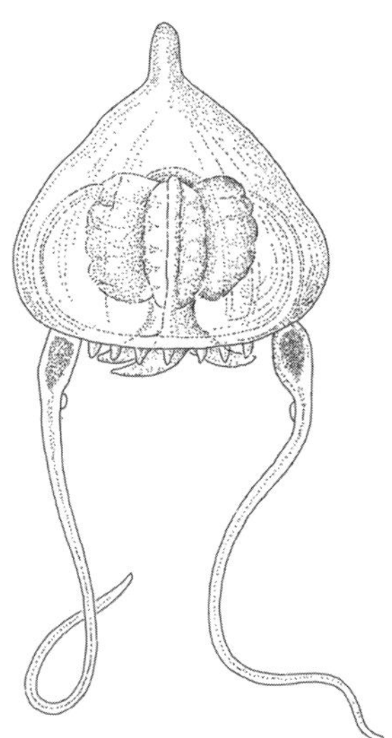

图 5.168 气囊双手水母 ***Amphinema physophorum***
（仿 Kramp，1968）

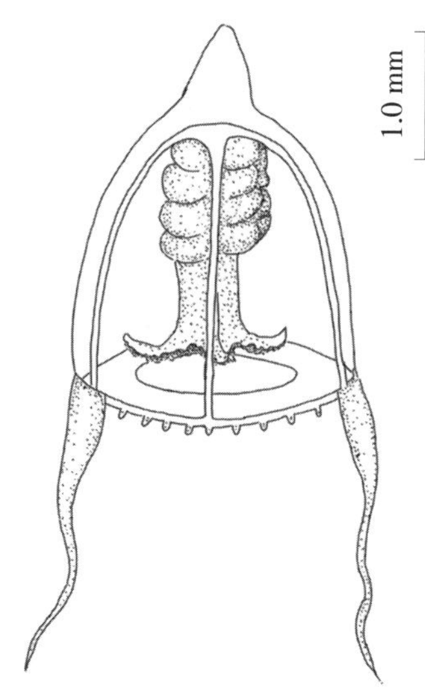

图 5.169 皱口双手水母 ***Amphinema rugosum***
（仿周太玄、黄明显，1958）

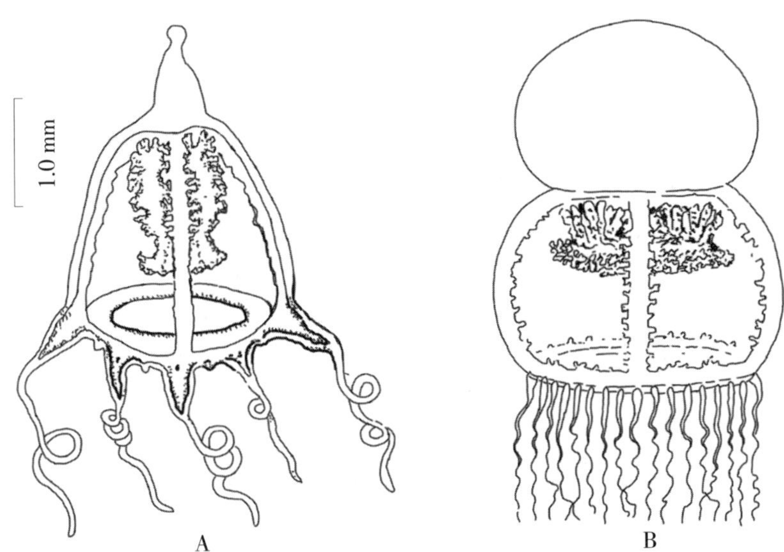

图 5.171　囊状全水母 ***Catablema vesicarium***
A. 幼体（仿高哲生等，1958）；B. 成体（仿 Kramp，1968）

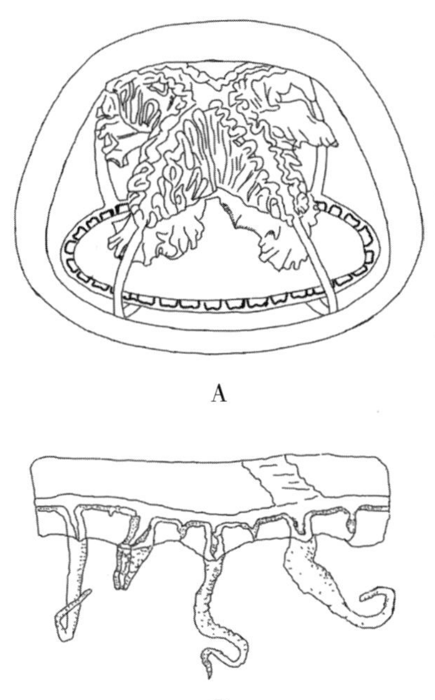

图 5.170　近缘连帽水母 ***Annatiara affinis***
（仿 Bouillon et al.，2006）
A. 侧面观；B. 伞缘局部

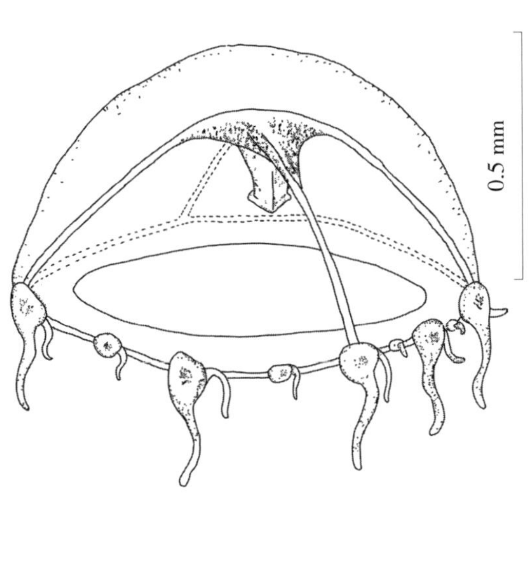

图 5.172　简丝帽水母 ***Cirrhitiara simplex***
（仿许振祖等，1991）

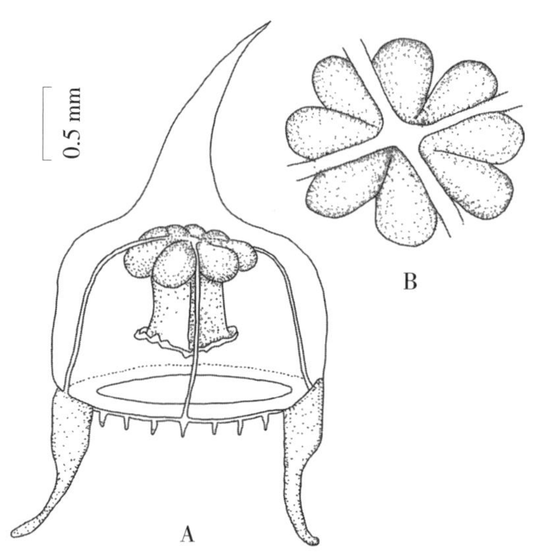

图 5.173　南海拟双手水母 ***Codonorchis nanhainensis***
（仿许振祖等，2008b）
A. 侧面观；B. 生殖腺顶面观

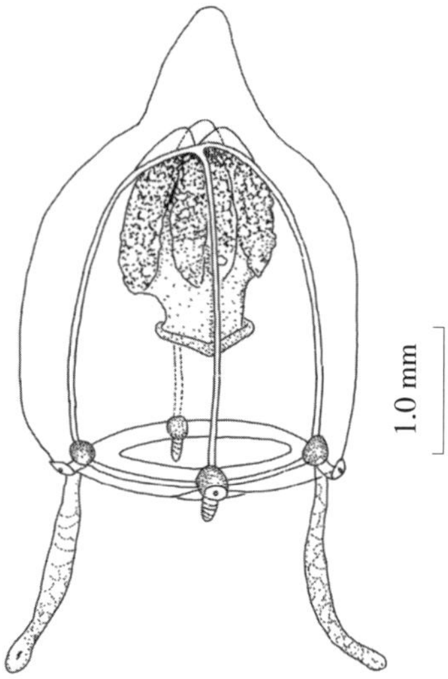

图 5.174　距拟双手水母 ***Codonorchis calcariformis***
（仿杜飞雁等，2009）

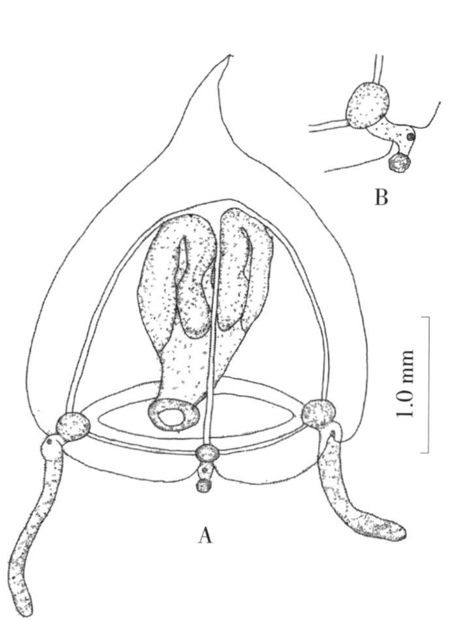

图 5.175　无距拟双手水母 ***Codonorchis acalcaratus***
（仿郑连明等，待刊）
A. 侧面观；B. 棒状触手

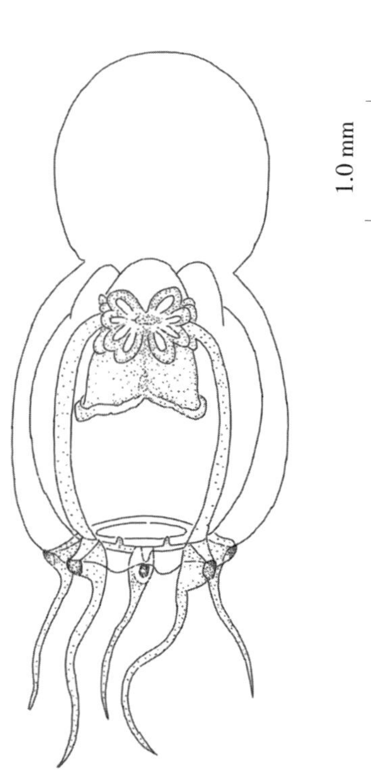

图 5.176　三角海圆水母 ***Halitholus triangulus***
（仿许振祖等，2014）

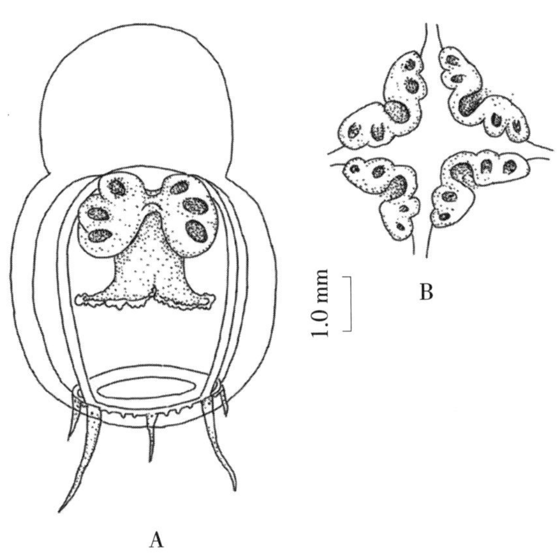

图 5.177　微海圆水母 ***Halitholus pauper***
（仿黎爱韶、陈清潮等，1991）
A. 侧面观；B. 生殖腺顶面观

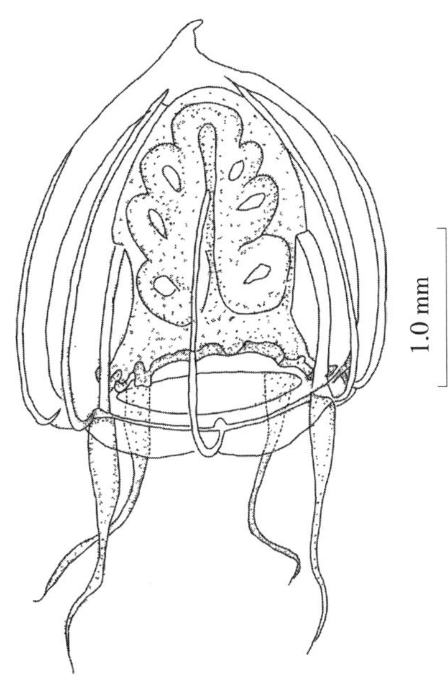

图 5.178　四疣隔膜水母 ***Leuckartiara tetraverruca***
侧面观（仿郑连明等，待刊）

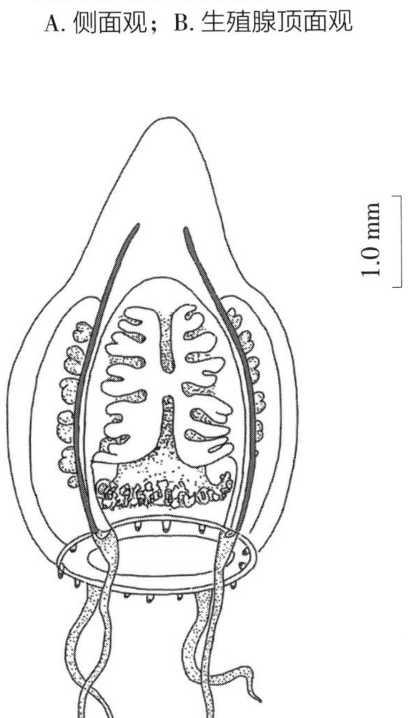

图 5.179　圆隔膜水母 ***Leuckartiara gardineri***
（仿 Kramp，1968）

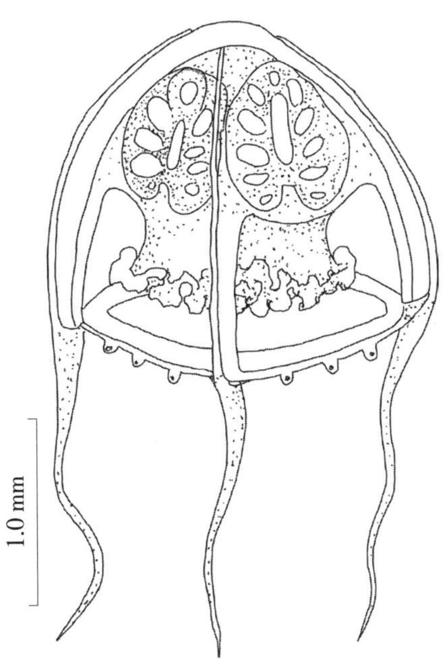

图 5.180　红疣隔膜水母 ***Leuckartiara ruberiverruca***
侧面观（仿王亮根等，2020）

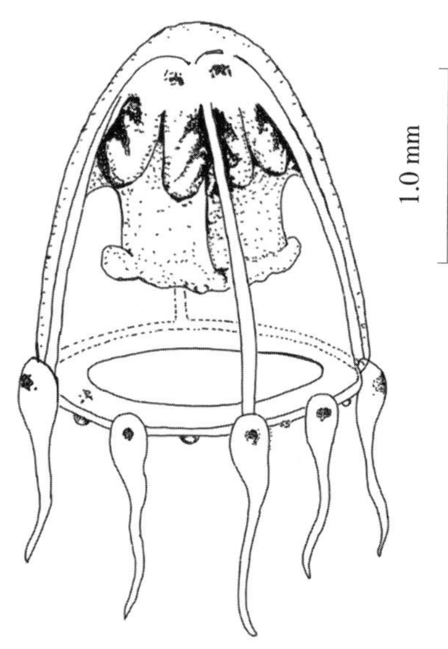

图 5.181　东方隔膜水母 ***Leuckartiara orientalis***
（仿许振祖等，1991）

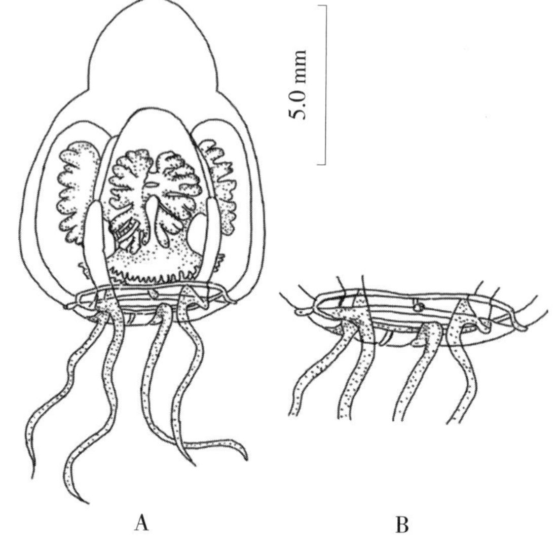

图 5.182　江阴隔膜水母 ***Leuckartiara jiangyinensis***
（仿 Xu & Huang，2004）
A. 侧面观；B. 伞缘局部

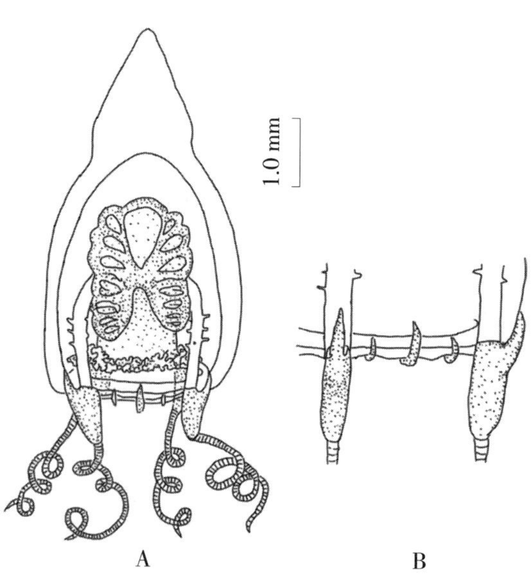

图 5.183　福建隔膜水母 ***Leuckartiara fujianensis***
（仿黄加祺等，2008）
A. 侧面观；B. 伞缘局部

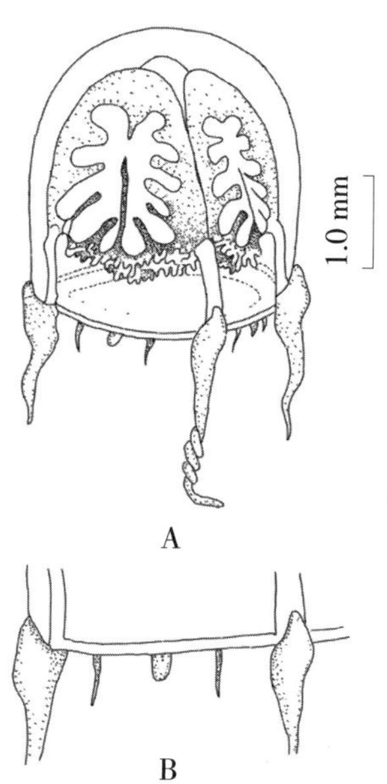

图 5.184　漂浮隔膜水母 ***Leuckartiara neustona***
（仿 Xu，Huang，2004）
A. 侧面观；B. 伞缘局部

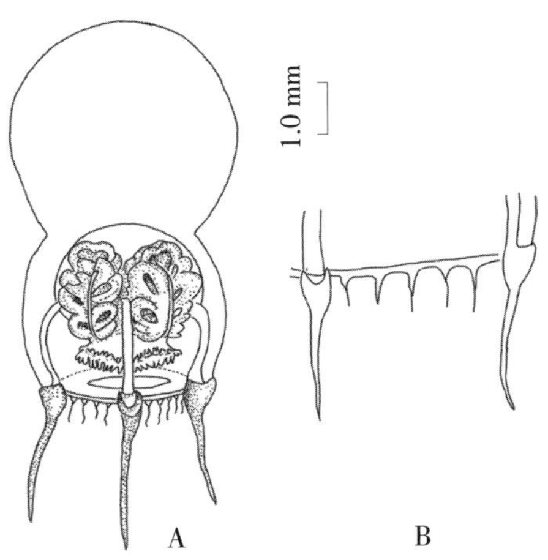

图 5.185 挺隔膜水母 ***Leuckartiara zhangraotingae***
（仿许振祖、黄加祺，2006）
A. 侧面观；B. 伞缘局部

A
B

图 5.186 八瓣隔膜水母 ***Leuckartiara octona***
A. 水母体（仿 Kramp，1959b）；
B. 伞缘局部（仿 Russell，1953）

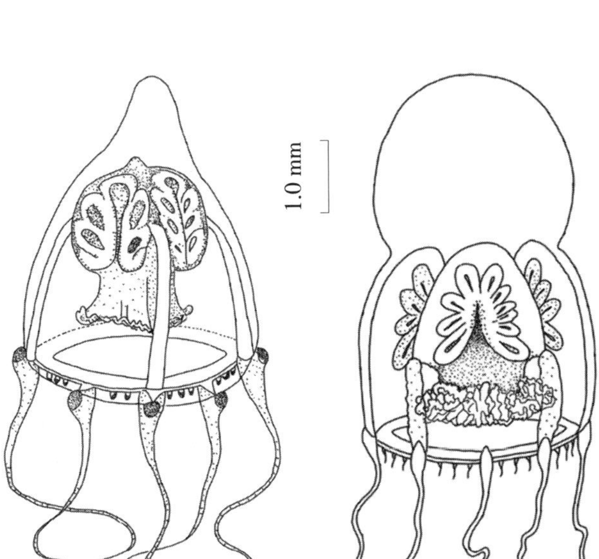

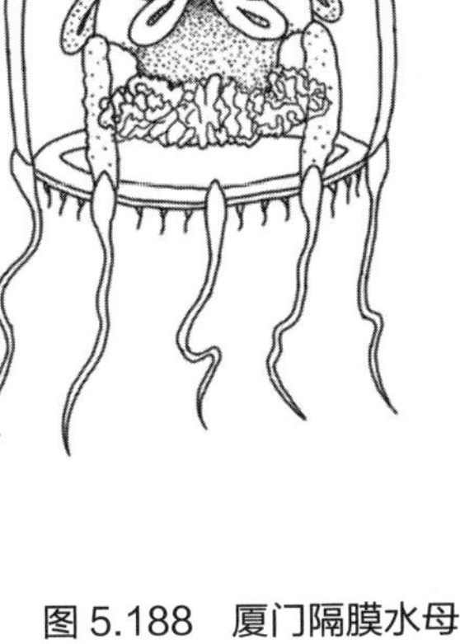

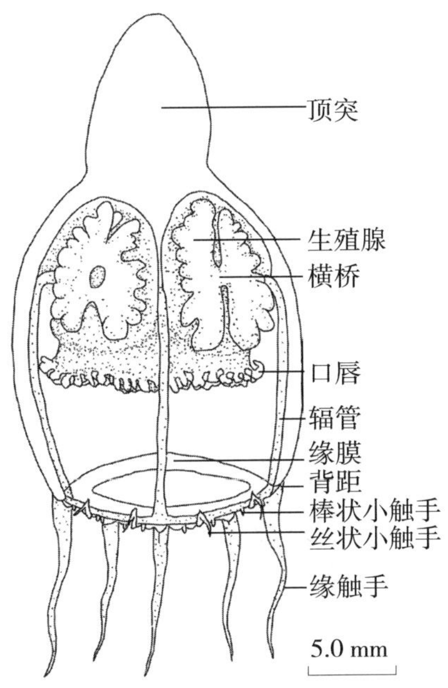

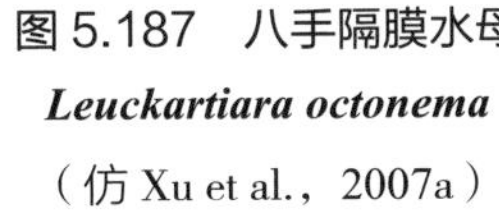

图 5.187 八手隔膜水母
Leuckartiara octonema
（仿 Xu et al.，2007a）

图 5.188 厦门隔膜水母
Leuckartiara hoepplii
（仿 Hsu，1928）

图 5.189 南海隔膜水母
Leuckartiara nanhaiensis
（仿黄加祺等，2019）侧面观

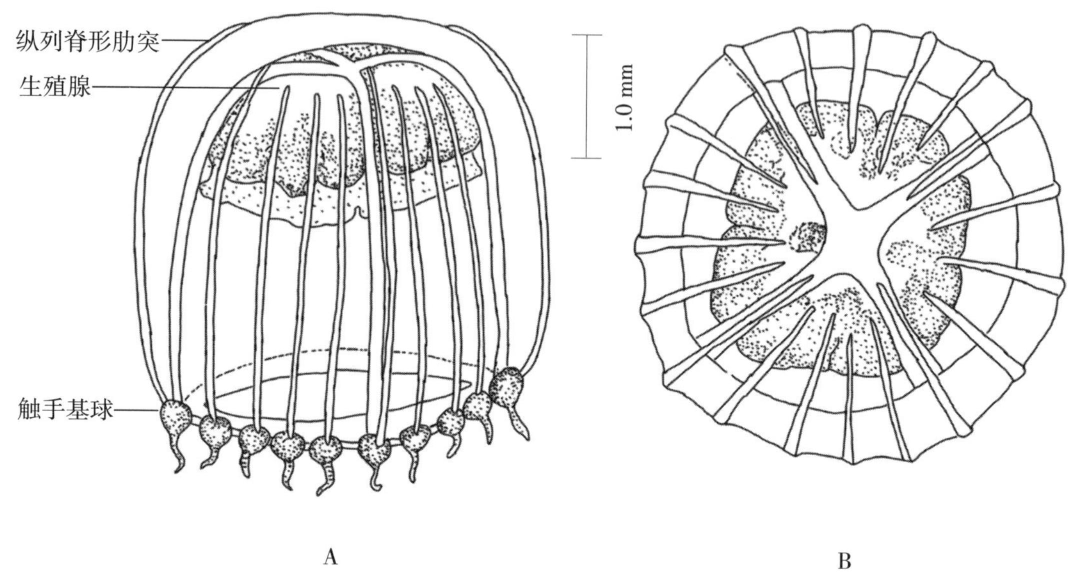

图 5.190 南沙潜水母 ***Merga nanshaensis***
（仿许振祖等，2009b）
A. 侧面观；B. 顶面观

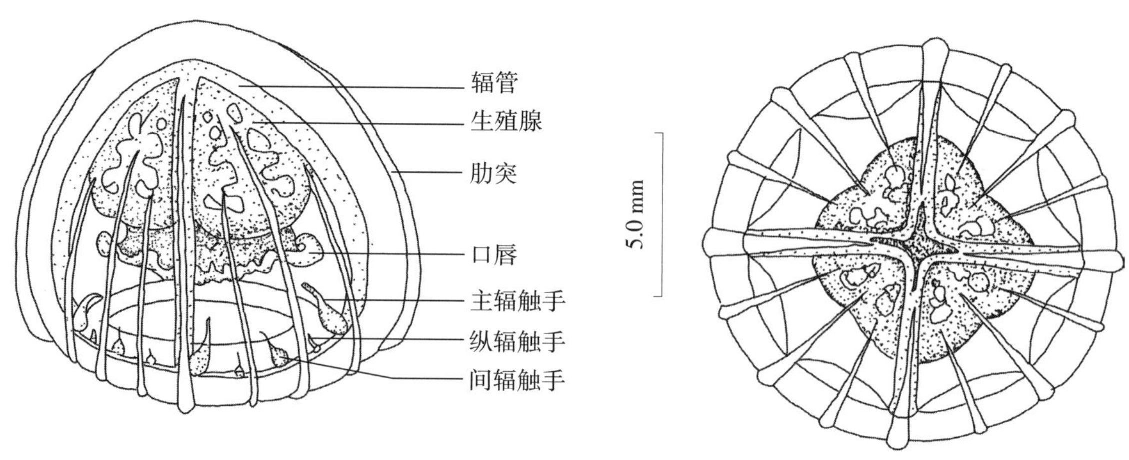

图 5.191 粗管潜水母 ***Merga crassocanalis***
（仿黄加祺等，2019）
A. 侧面观；B. 顶面观

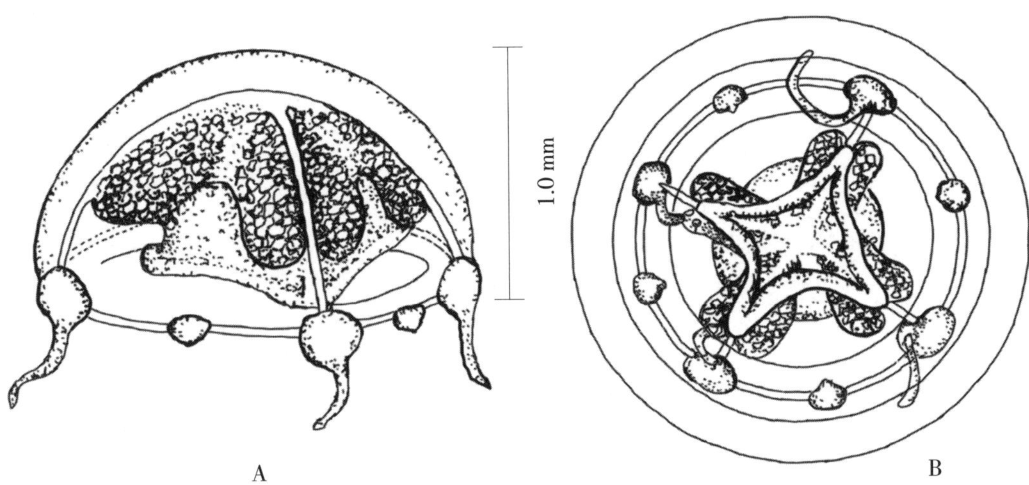

图 5.192 大球潜水母 ***Merga macrobulbosa***
（仿许振祖等，1991）
A. 侧面观；B. 口面观

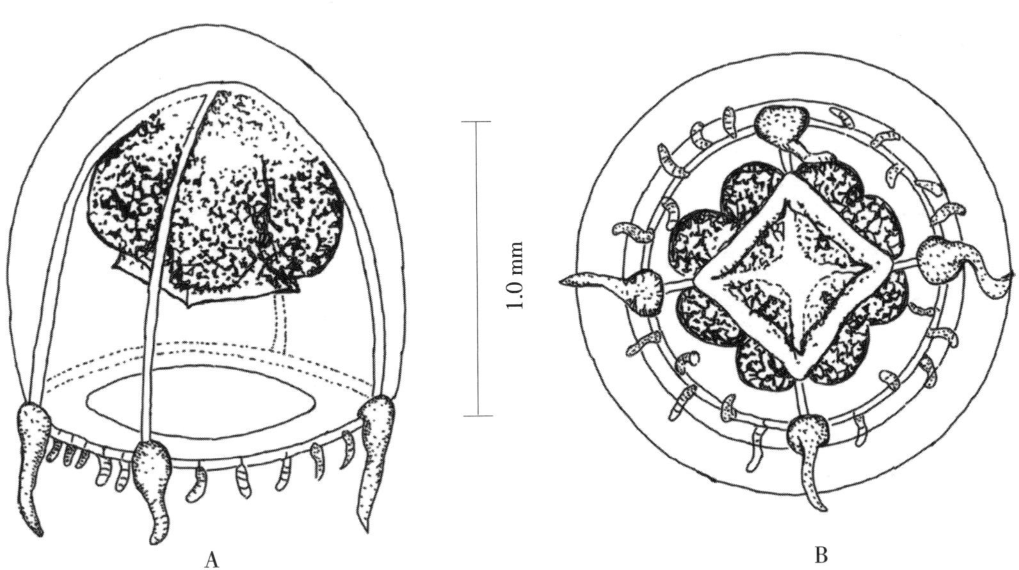

图 5.193 细潜水母 ***Merga minutum***
（仿 Xu & Huang，2004）
A. 侧面观；B. 口面观

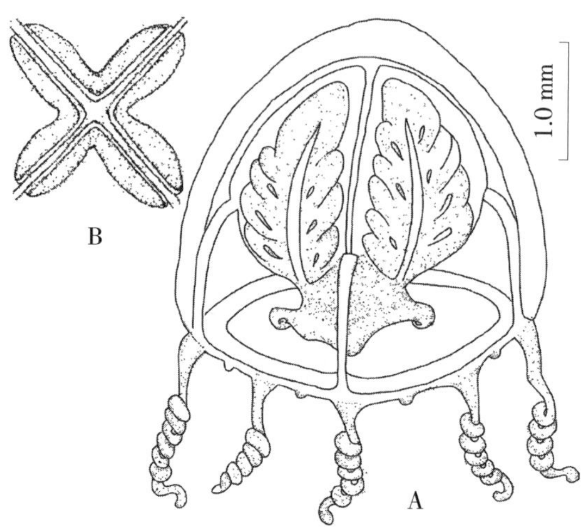

图 5.194 南海潜水母 ***Merga nanhaiensis***
（仿 Du et al.，2018）
A. 侧面观；B. 生殖腺背面观

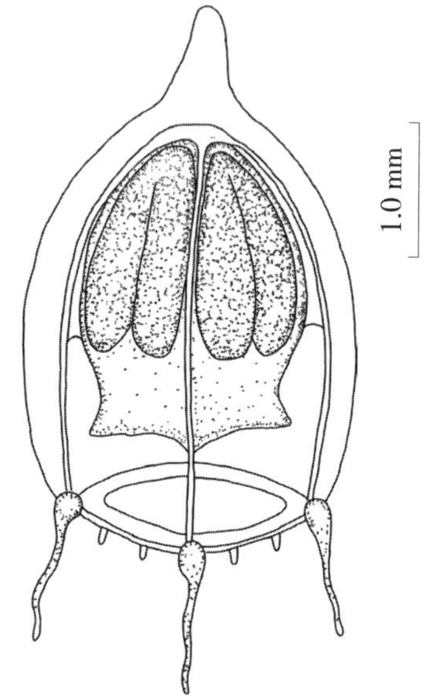

图 5.195 顶实潜水母 ***Merga tergestina***
（仿许振祖、张金标，1978）

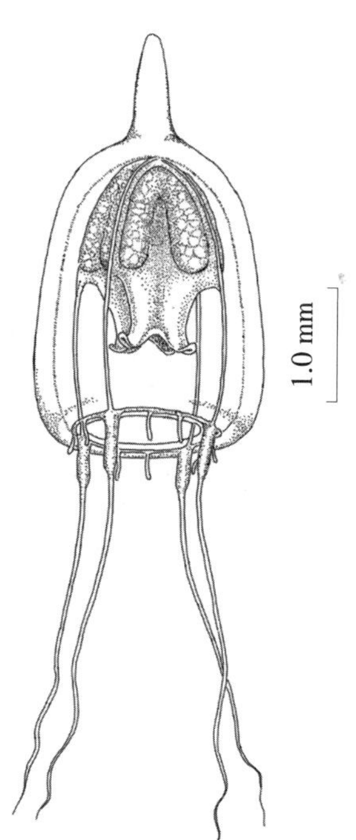

图 5.196 球潜水母 ***Merga bulbosa***
（仿 Bouillon，1980）

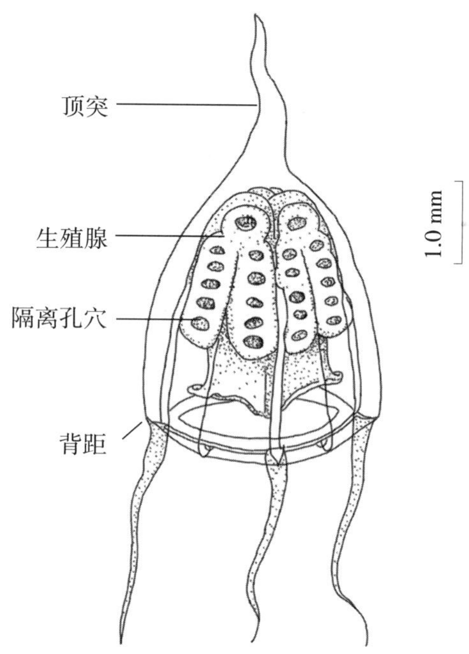

图 5.197 短距潜水母 ***Merga brevispura***
（仿许振祖等，2009b）

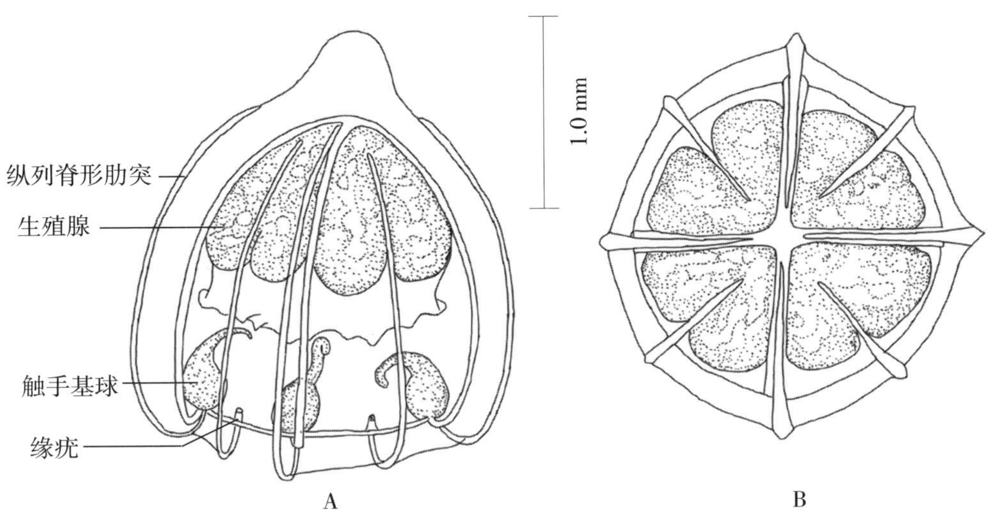

图 5.198　顶红潜水母 *Merga apicirubellus*
（仿许振祖等，2009b）
A. 侧面观，箭头示眼点；B. 顶面观

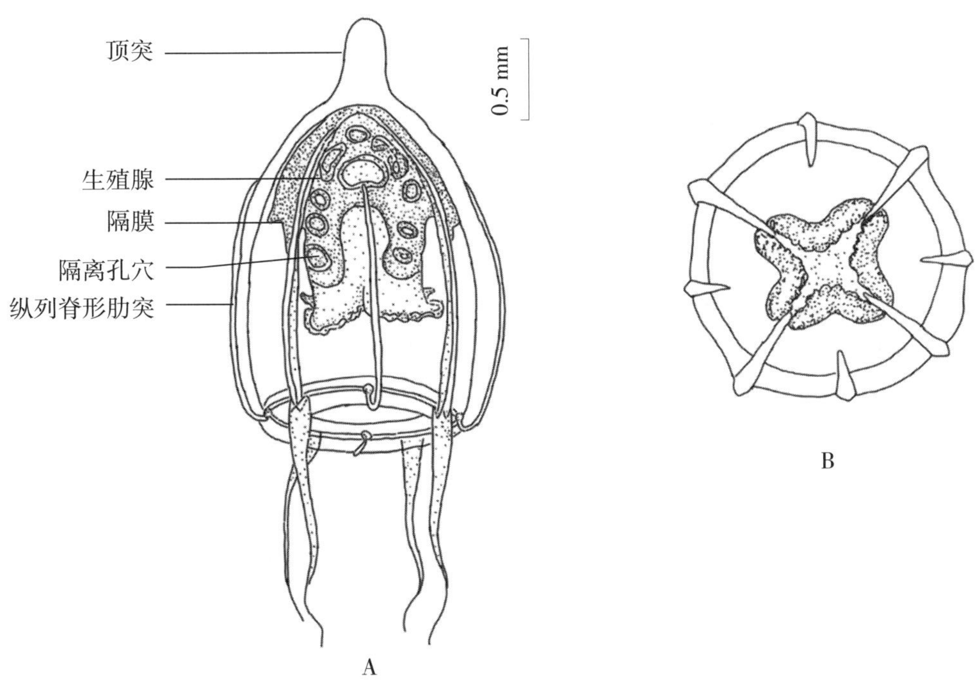

图 5.199　蹄形潜水母 *Merga unguliformis*
（仿许振祖等，2009b）
A. 侧面观；B. 口面观

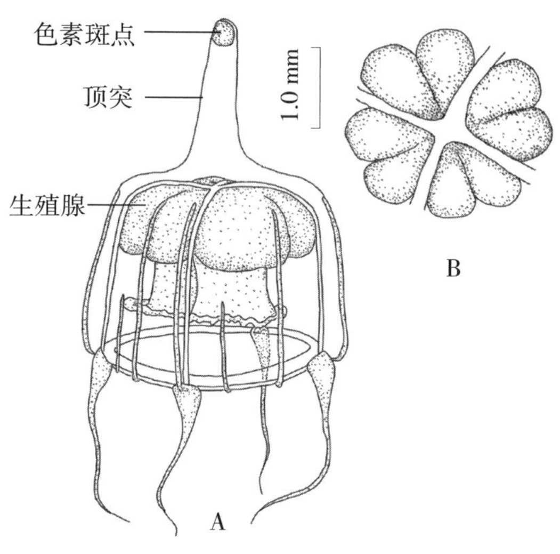

图 5.200 顶斑潜水母 ***Merga apicispottis***
（仿许振祖等，2009b）
A. 侧面观；B. 生殖腺背面观

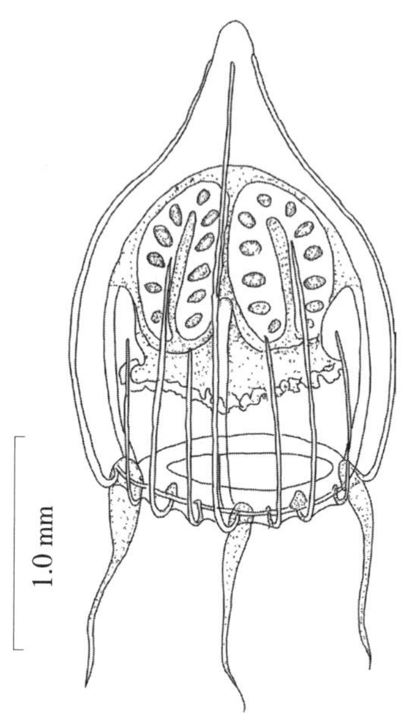

图 5.201 长肋潜水母 ***Merga longicosta***
（仿王亮根等，2020）

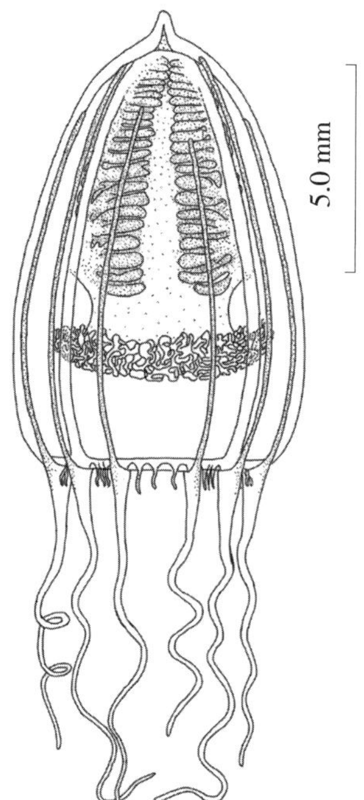

图 5.202 顶管尖塔水母 ***Neoturris papua***
（仿 Schuchert，1996）

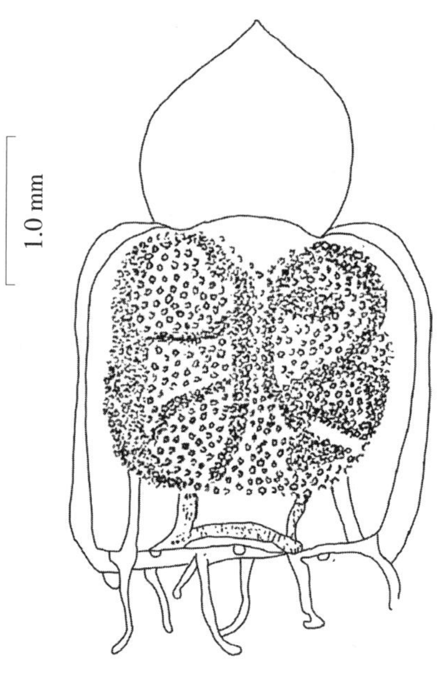

图 5.203 海洋尖塔水母 ***Neoturris pelagica***
（仿 Foerster，1923）

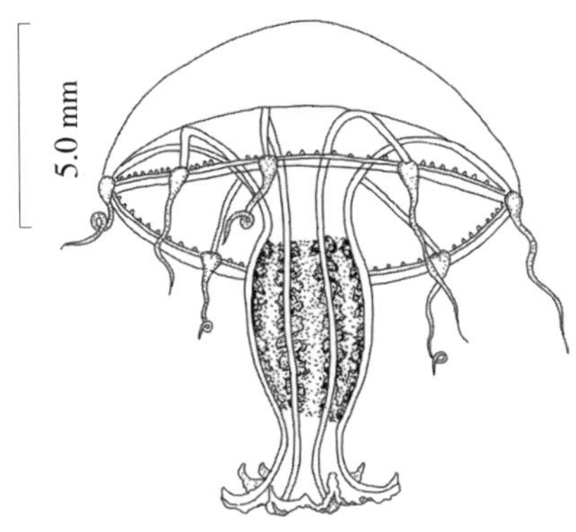

图 5.204 八帽水母 ***Octotiara russelli***
（仿 Kramp，1968）

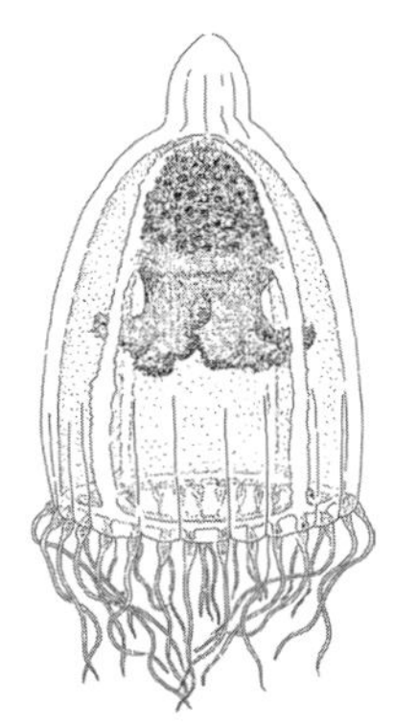

图 5.205 锥形面具水母 ***Pandea conica***
（仿 Pagès et al.，1992）

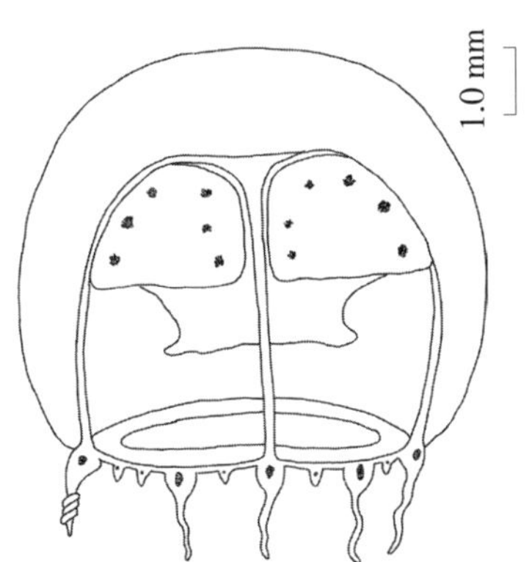

图 5.206 拟面具水母 ***Pandeopsis ikarii***
（仿许振祖、张金标，1981）

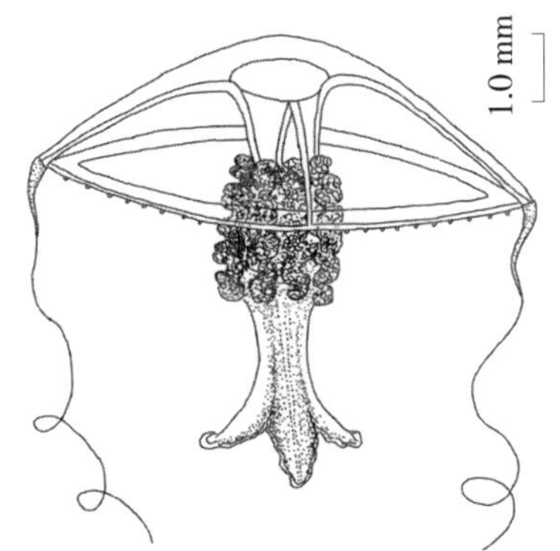

图 5.207 黑圆口水母 ***Stomotoca atra***
（仿 Wang et al.，2011）

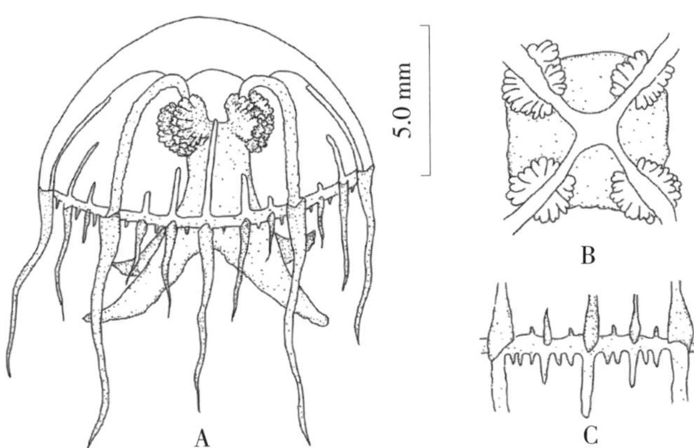

图 5.208 艾格帝纹水母 ***Timoides agassizi***
（仿 Du et al.，2012）
A. 侧面观；B. 生殖腺背面观；C. 伞缘局部

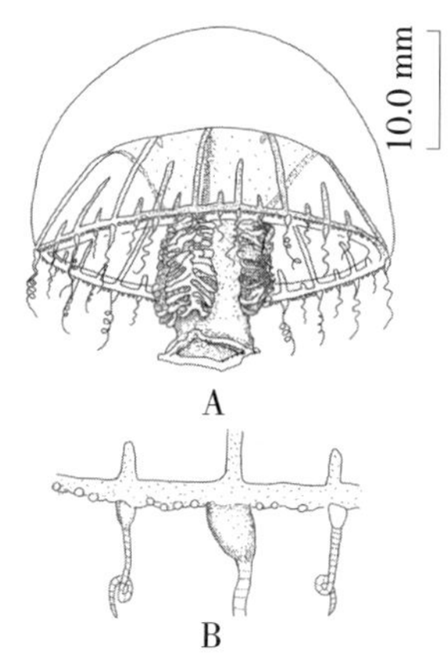

图 5.209　宽柄帝纹水母 ***Timoides latistyla***
（仿 Xu et al.，2007a）
A. 侧面观；B. 伞缘局部

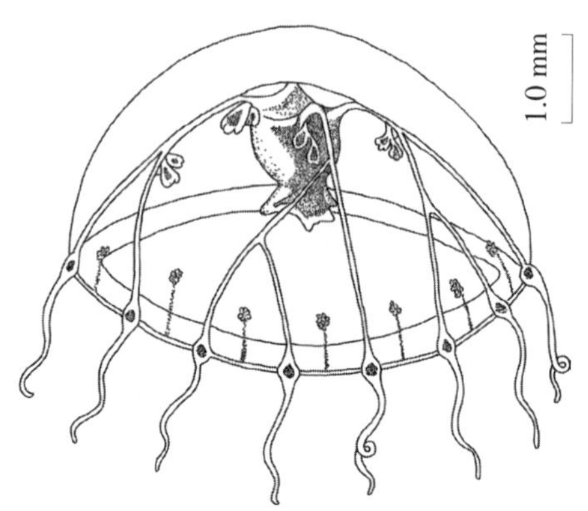

图 5.210　具芽枝管水母
Proboscidactyla gemmifera
侧面观（仿高哲生等，1958）

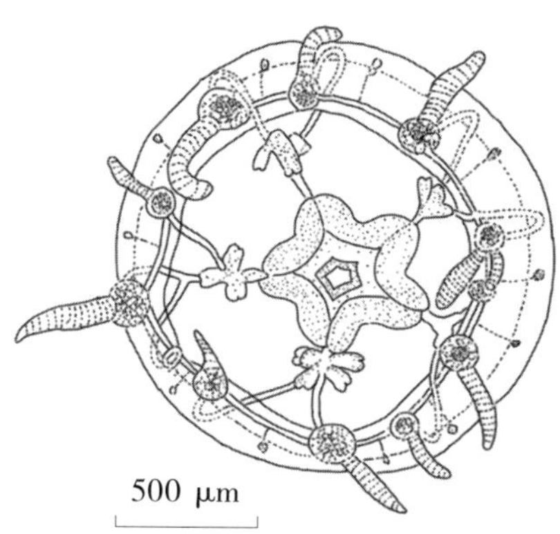

图 5.211　五辐枝管水母 ***Proboscidactyla pentacanalis***
（仿陈小银等，2020）

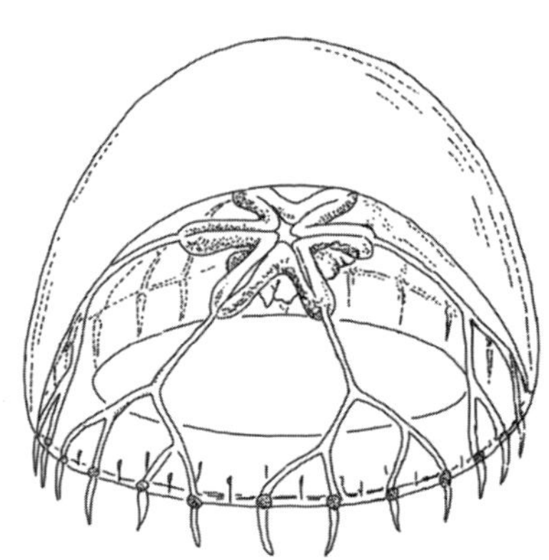

图 5.212　六枝管水母 ***Proboscidactyla stellata***
（仿 Russell，1953）

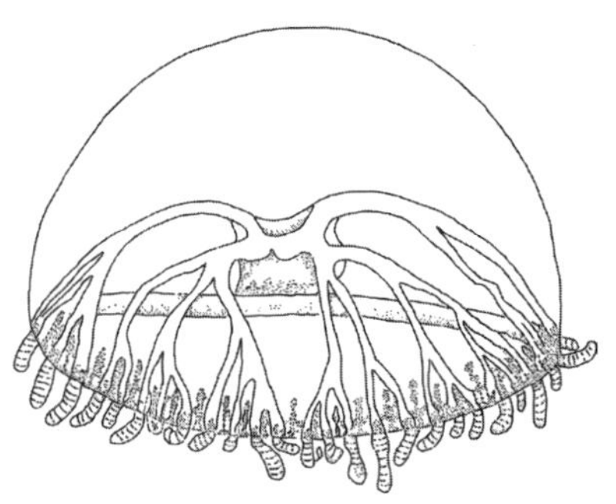

图 5.213　异枝管水母 ***Proboscidactyla mutabilis***
（仿 Browne & Kramp，1939）

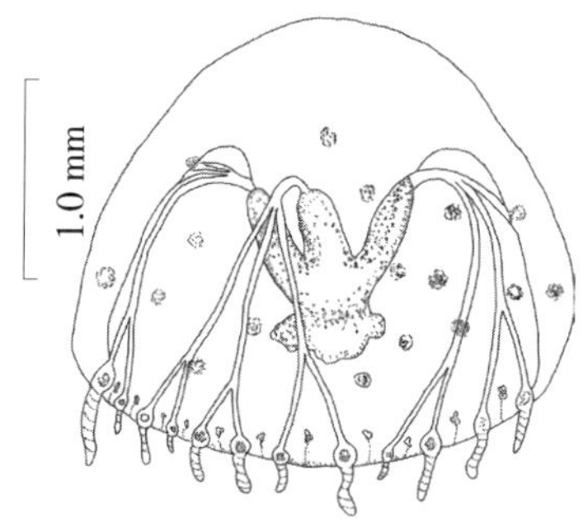

图 5.214　三叉枝管水母 ***Proboscidactyla trifurcata***
（仿王学锋，2019）

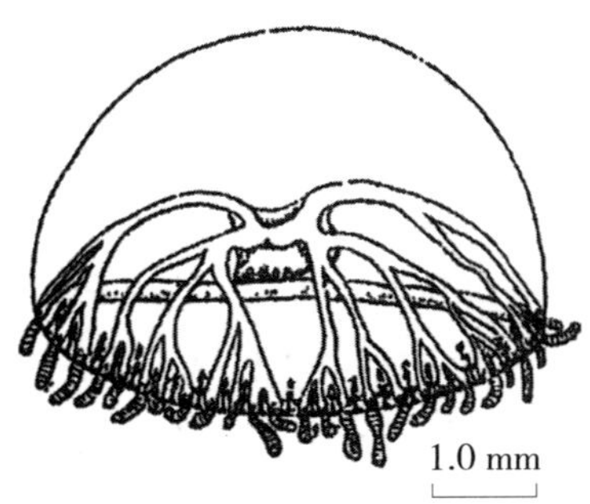

图 5.215 四枝管水母 ***Proboscidactyla flavicirrata***
（仿高哲生等，1958）

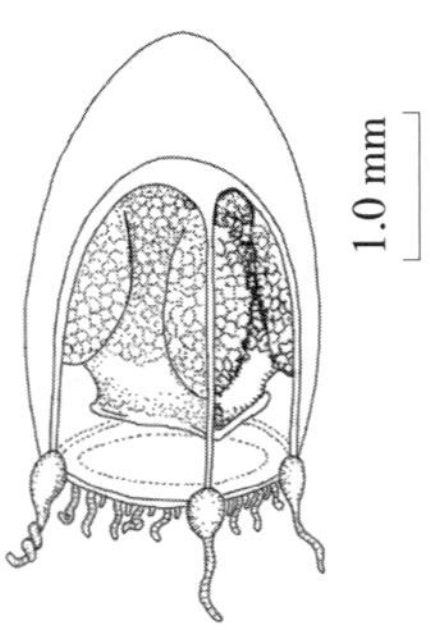

图 5.216 钝海帽水母 ***Halitiara obtusus***
（仿 Xu & Huang，2004）

图 5.217 台湾海帽水母 ***Halitiara taiwanensis***
（仿许振祖等，2019）

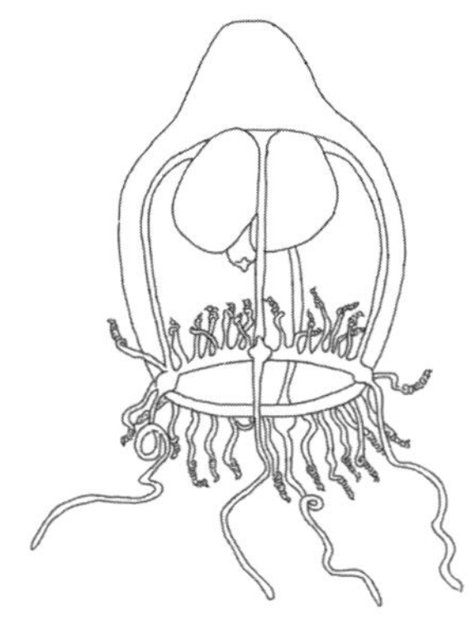

图 5.218 美丽海帽水母 ***Halitiara formosa***
（仿 Bouillon，1995）

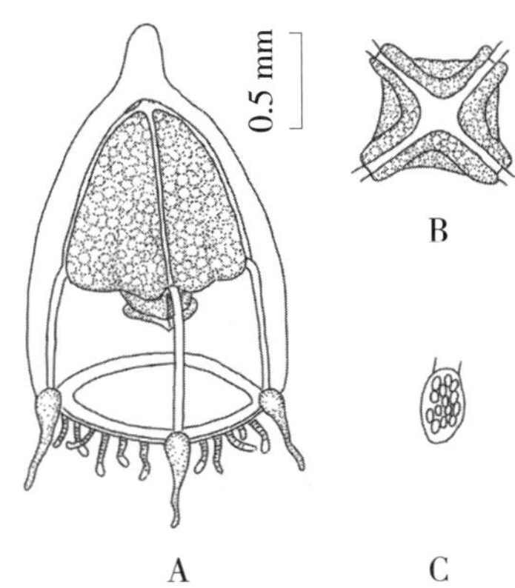

图 5.219 刺胞海帽水母 ***Halitiara knides***
（仿黄加祺等，2011）
A. 侧面观；B. 生殖腺顶面观；C. 丝状触手末端刺丝囊团

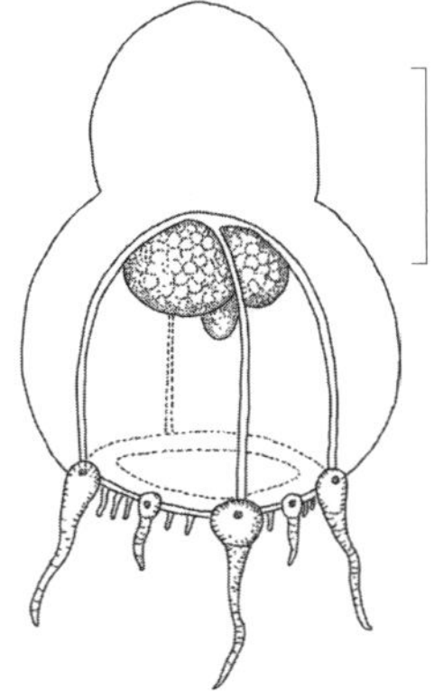

图 5.220 顶拟海帽水母 ***Halitiarella apica***
（仿许振祖、黄加祺，2004）

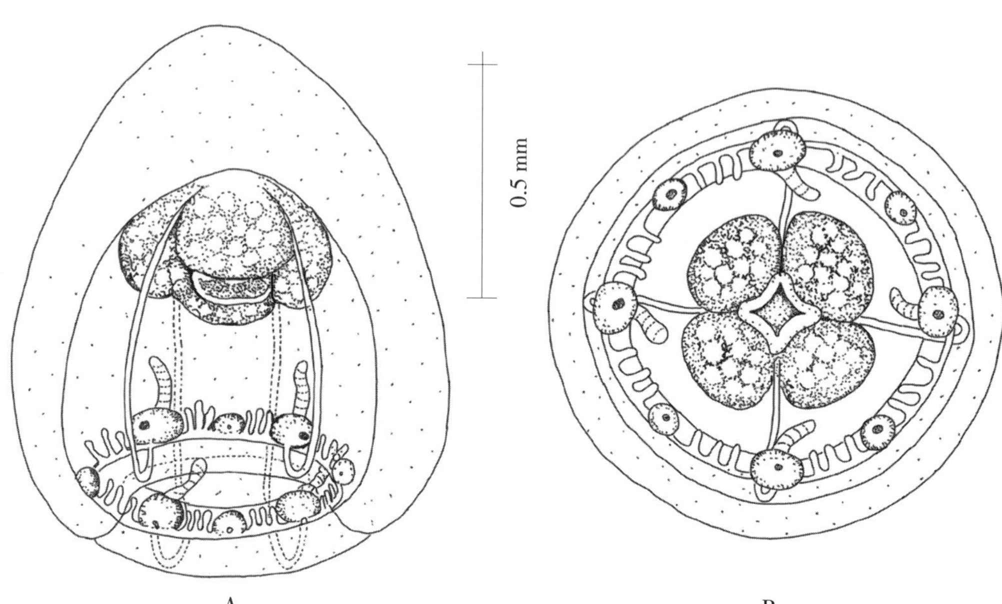

图 5.222 裸球拟海帽水母 ***Halitiarella nudibulbus***
（仿 Xu et al.，2010）
A. 侧面观；B. 口面观

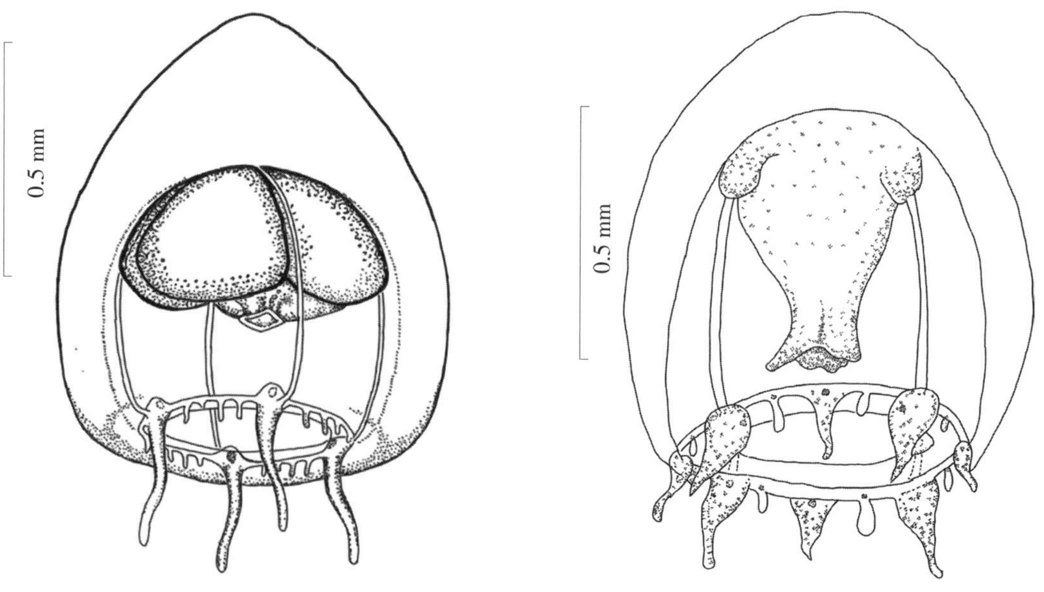

图 5.221 眼拟海帽水母 ***Halitiarella ocellata***
（仿 Bouillon，1980）

图 5.223 胃叶拟海帽水母 ***Halitiara gastrolobus*** sp. nov.
（仿许振祖等）

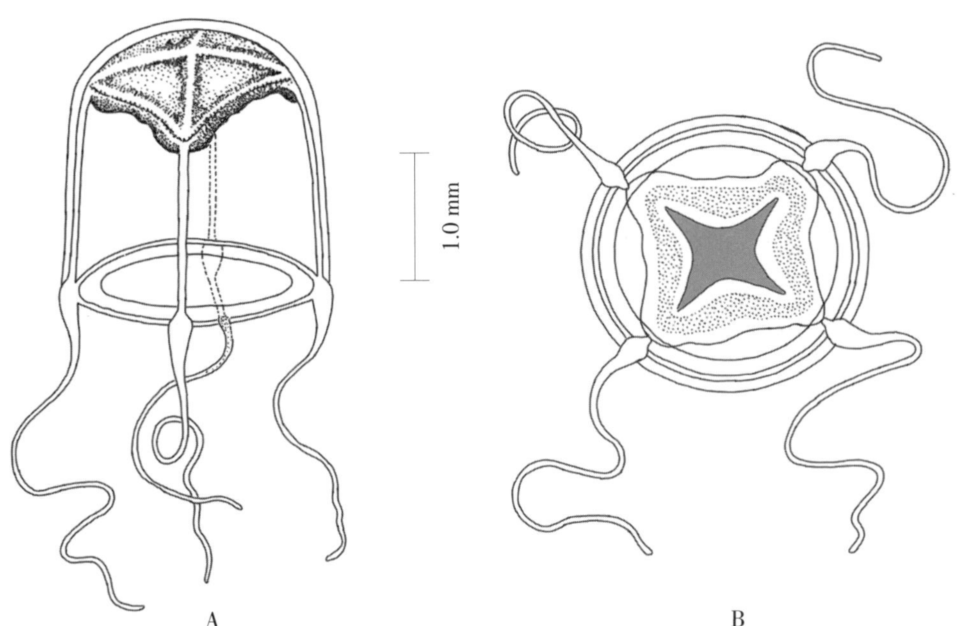

图 5.224　东方宽帽水母 ***Latitiara orientalis***
（仿许振祖、黄加祺，1990b）
A. 侧面观；B. 口面观

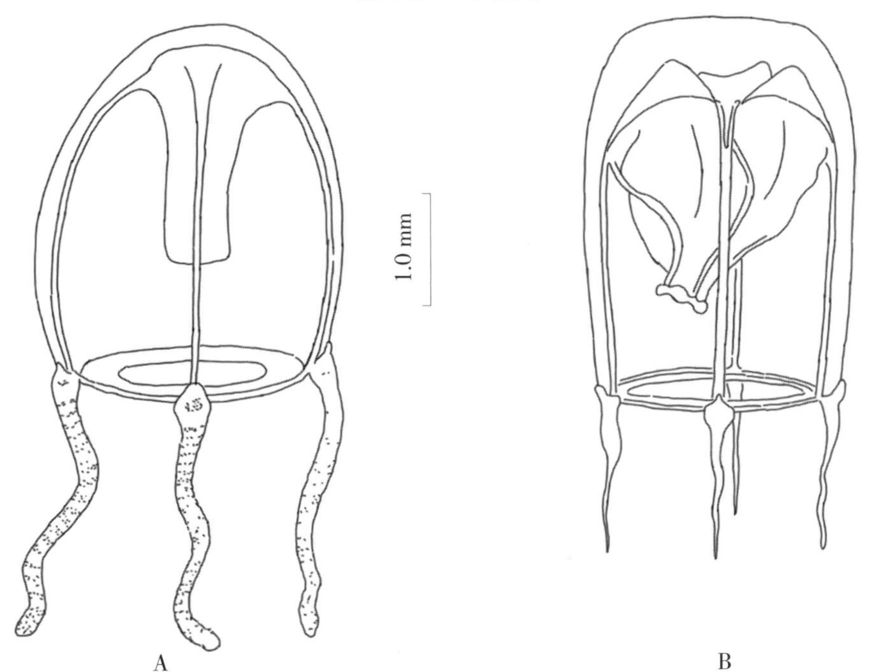

图 5.225　拟帽水母 ***Paratiara digitalis***
（A 仿许振祖、张金标，1978；B 仿 Kramp，1959b）

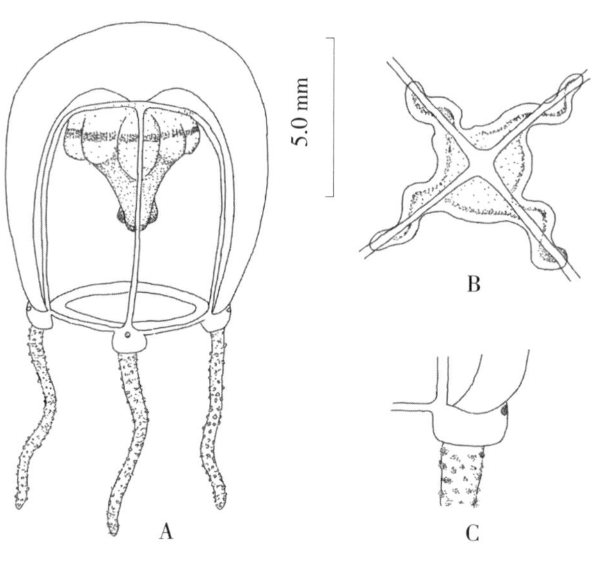

图 5.226 帽铃水母 ***Tiaricodon coeruleus***
（仿许振祖等，1978）
A. 水母体侧面观；B. 生殖腺顶面观；C. 触手基部侧面观

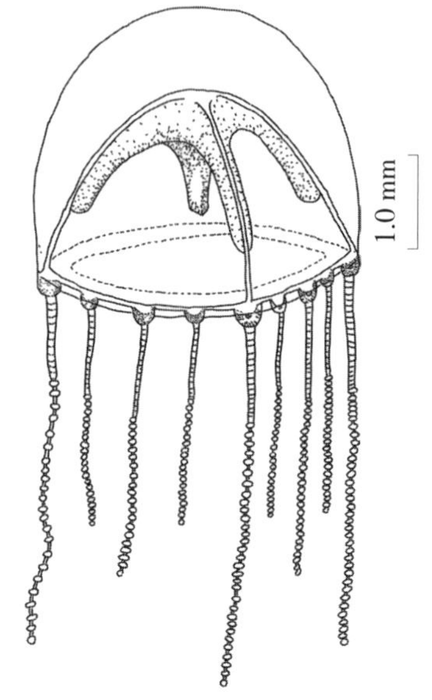

图 5.228 帕尔摩勒水母 ***Moerisia pallasi***
（仿许振祖、黄加祺，2006）

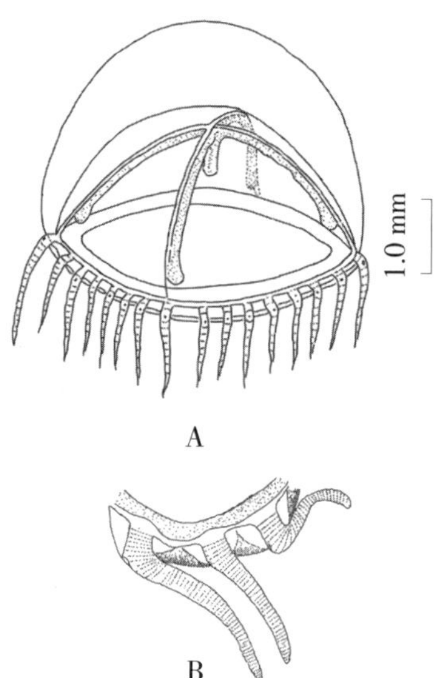

图 5.227 摩勒水母 ***Moerisia inkermanica***
（仿许振祖，1965）
A. 侧面观；B. 伞缘局部

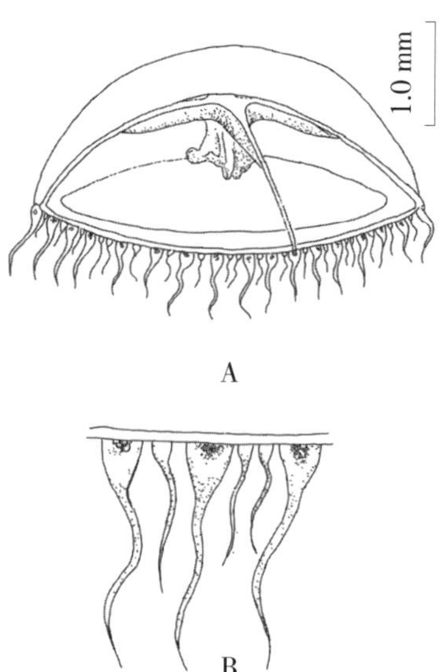

图 5.229 小手奥德水母 ***Odessia microtentaculata***
（仿许振祖等，1991）
A. 侧面观；B. 伞缘局部

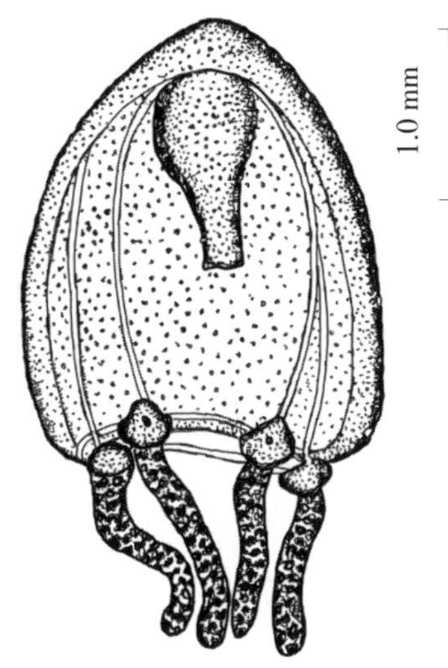

图 5.230　广口拟棍螅水母 ***Hydrocoryne miurensis***
（仿许振祖、张金标，1964）

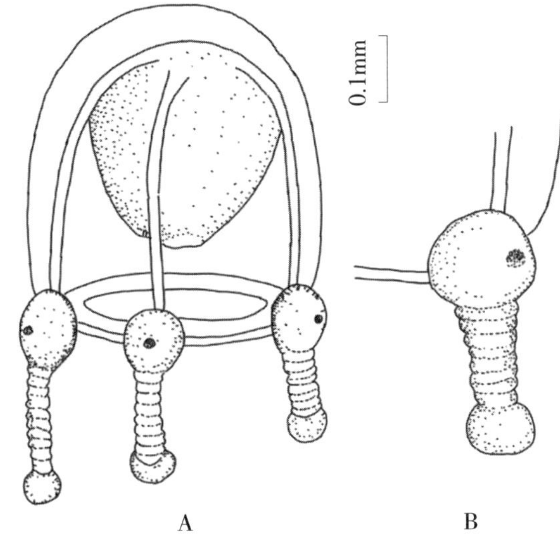

图 5.231　大胃拟棍螅水母 ***Hydrocoryne macrogastera***
（仿许振祖、黄加祺，2006）
A. 侧面观；B. 触手

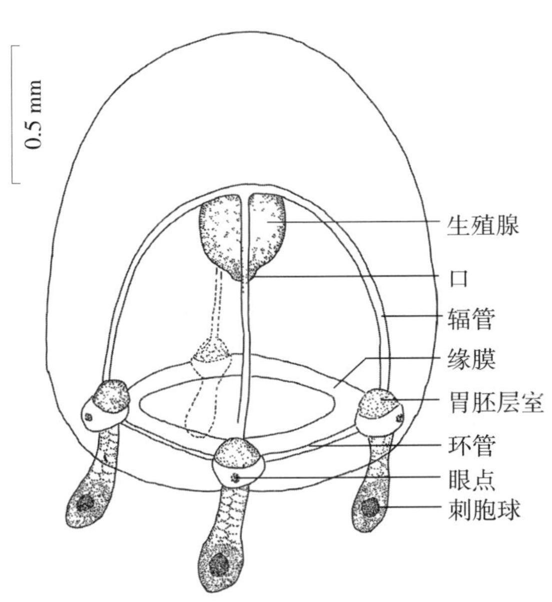

图 5.232　原伞拟棍螅水母 ***Hydrocoryne condensa***
（仿杜飞雁等，2013）

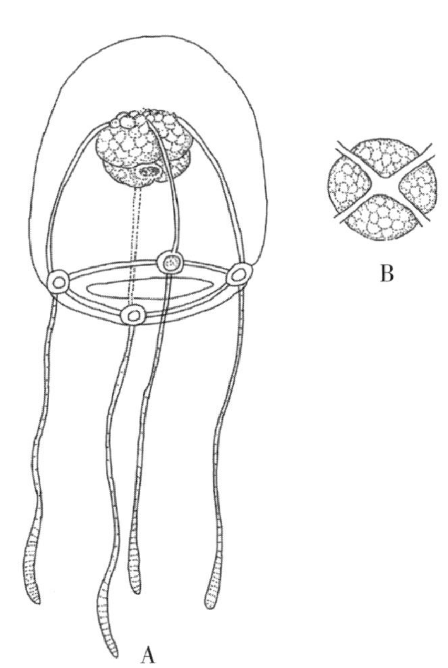

图 5.233　长手拟棍螅水母 ***Hydrocoryne longitentaculata***
（仿许振祖等，2019）
A. 侧面观；B. 顶面观，示生殖腺间辐位

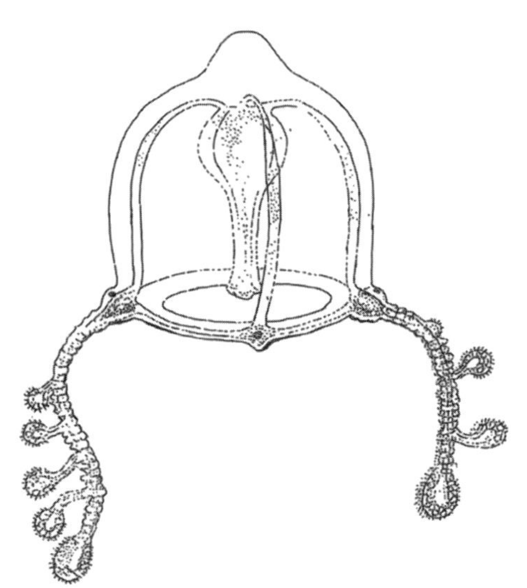

图 5.234　双叉似镰螅水母 ***Zancleopsis dichotoma***
（仿 Mayer，1900）

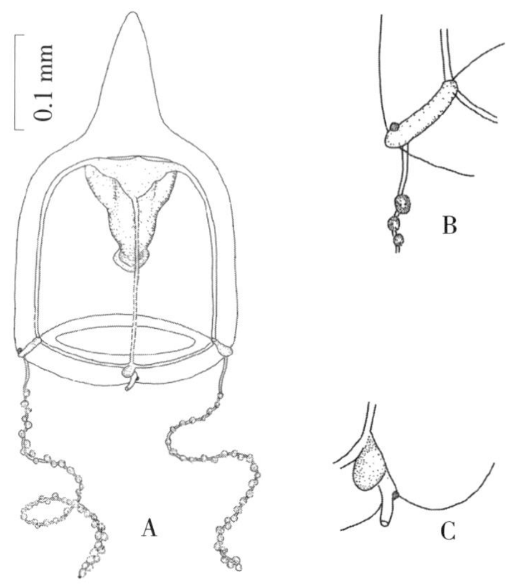

图 5.235　椭圆似镰螅水母 ***Zancleopsis oblongus***
（仿王春光等，2016）
A. 侧面观；B. 长触手基球放大；C. 短触手基球侧面观

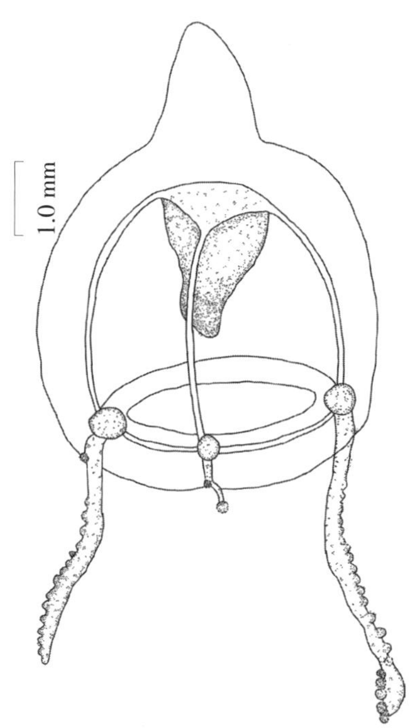

图 5.236　棒状似镰螅水母
Zancleopsis claviformis sp. nov.
（仿许振祖等，本书）

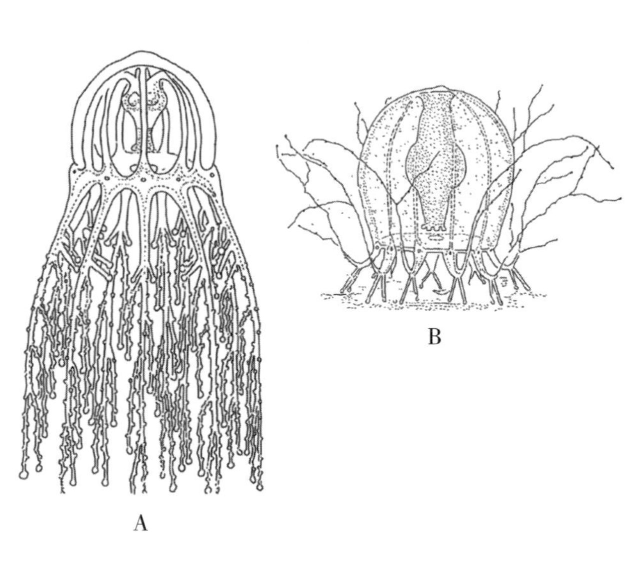

图 5.237　辐状枝手水母 ***Cladonema radiatum***
A. 水母体（仿 Russell，1953）；
B. 水母体在底部爬行（仿 Hincks，1868）

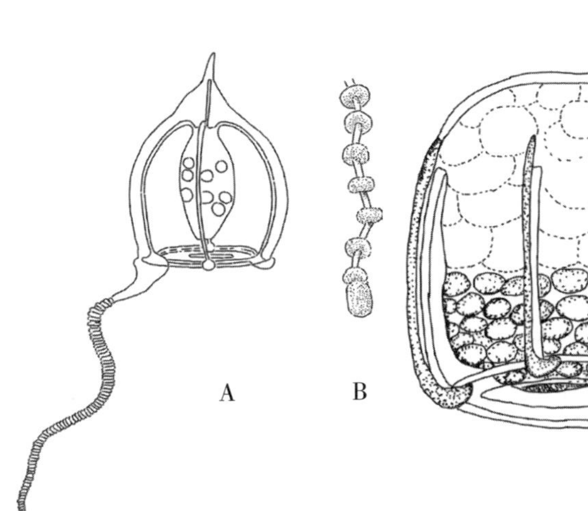

图 5.238　珠手棒状水母

Corymorpha nutans

A. 成熟水母体（仿 Kramp，1959b）；
B. 触手末端（仿 Russell，1953）

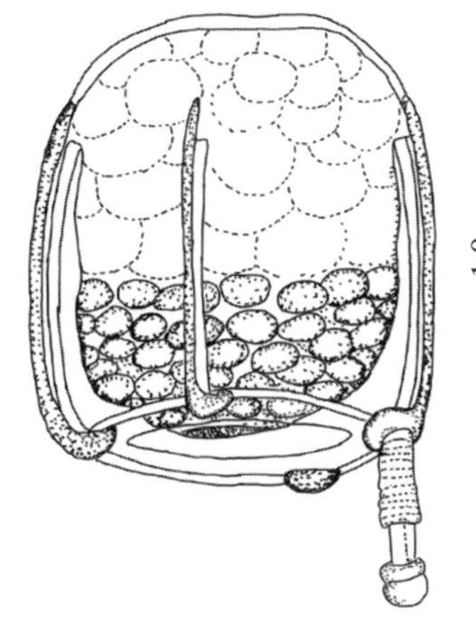

图 5.239　南海肋突水母

Costa nanhainensis

（仿黄加祺等，2012b）

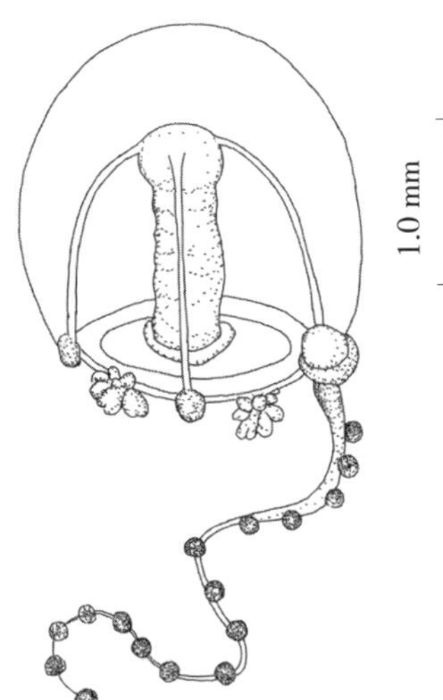

图 5.240　幼芽真囊水母

Euphysora gemmifera

（仿黄加祺等，2012b）

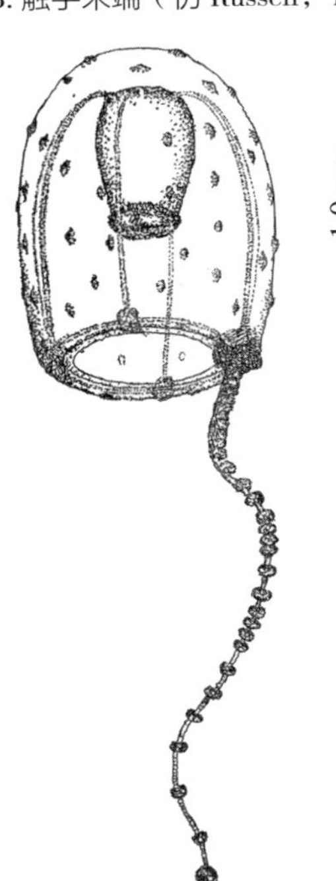

图 5.241　疣真囊水母

Euphysora verrucosa

（仿 Bouillon，1978b）

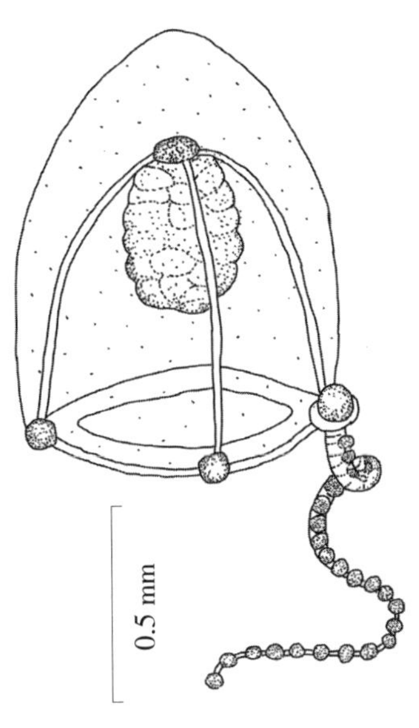

图 5.242　刺胞真囊水母

Euphysora knides

（仿 Huang，1999）

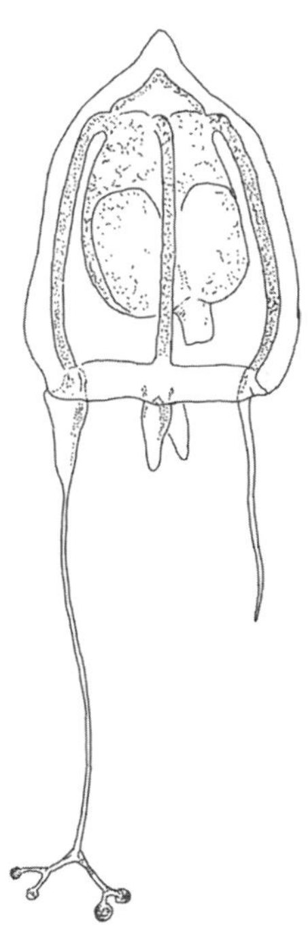

图 5.243　叉真囊水母

Euphysora furcata

（仿 Kramp，1959b）

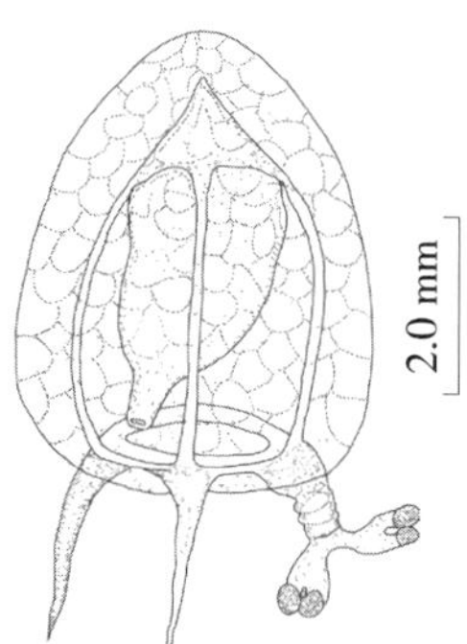

图 5.244　似叉真囊水母
Euphysora valdiviae
（仿郑连明等，待刊）

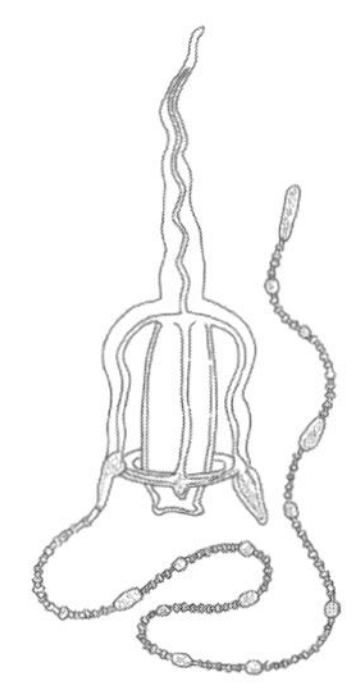

图 5.245　细真囊水母
Euphysora gracilis
（仿 Mayer，1910）

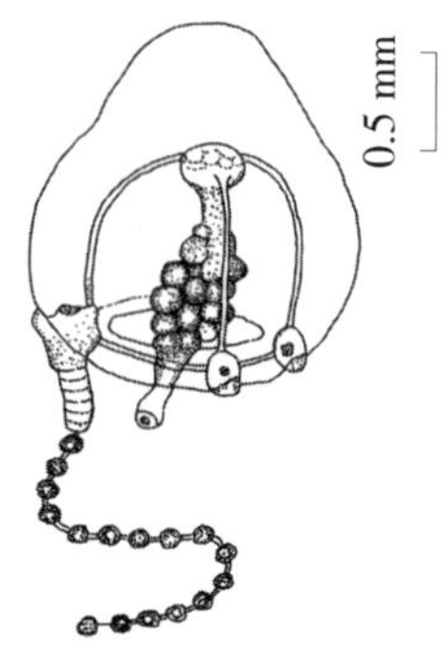

图 5.246　福建真囊水母
Euphysora fujianensis
（仿许振祖、黄加祺，2006）

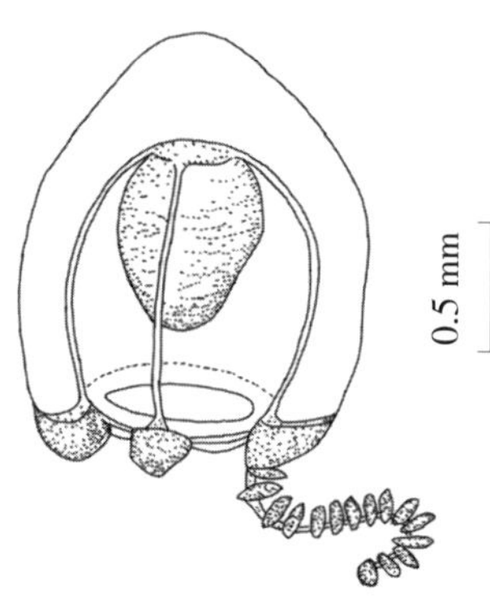

图 5.247　台湾真囊水母
Euphysora taiwanensis
（仿许振祖、黄加祺，2003）

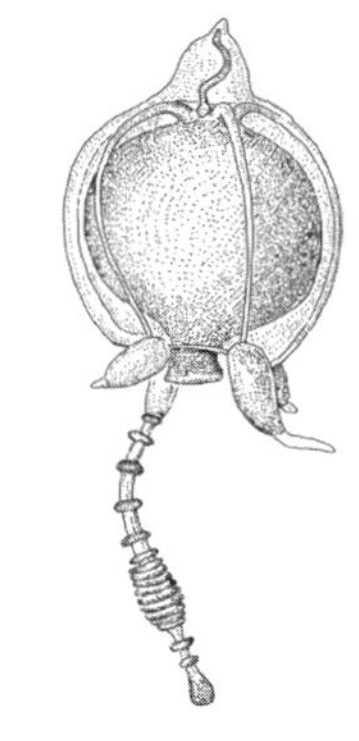

图 5.248　球真囊水母
Euphysora annulata
（仿 Kramp，1928）

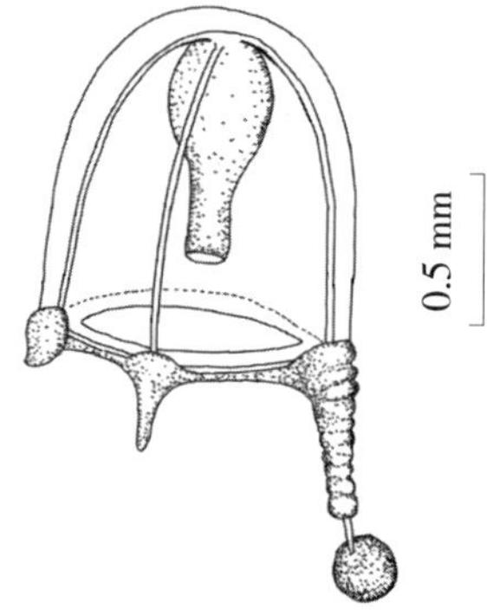

图 5.249　硬手真囊水母
Euphysora solidonema
（仿黄加祺，1999）

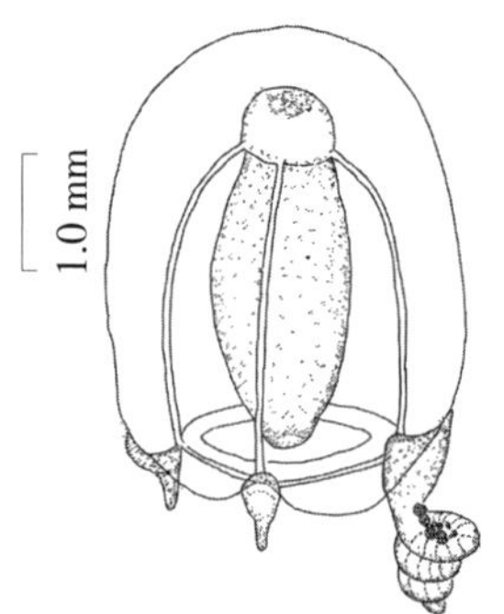

图 5.250　大室真囊水母
***Euphysora macrochambera* sp. nov.**
侧面观（仿许振祖等）

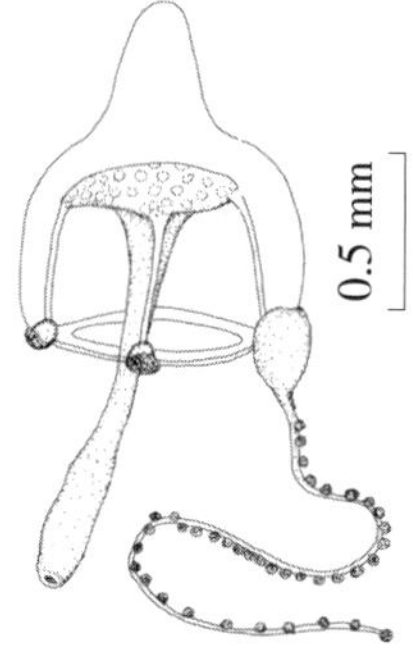

图 5.251　泡状真囊水母
Euphysora vacuola
（仿 Du et al.，2012）

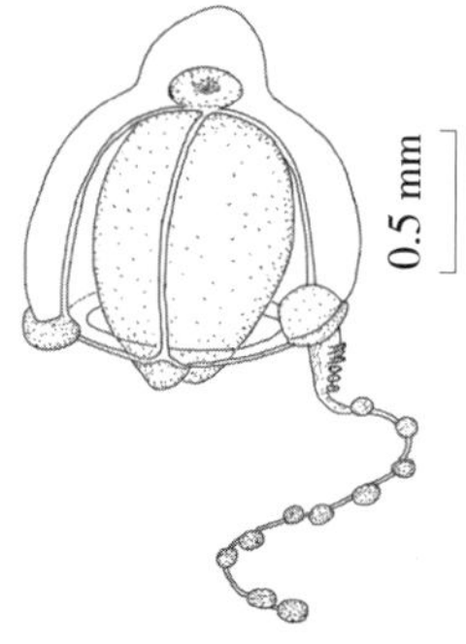

图 5.252　顶室真囊水母
Euphysora apiciloculifera
（仿许振祖、黄加祺，2003）

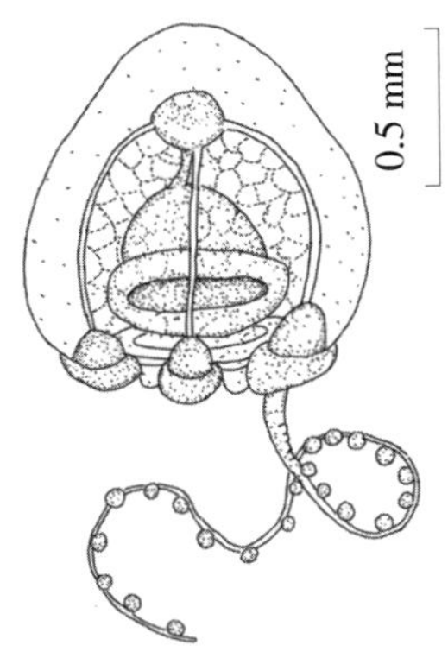

图 5.253　帽状真囊水母 ***Euphysora pileiformis***
（仿许振祖等，2014）

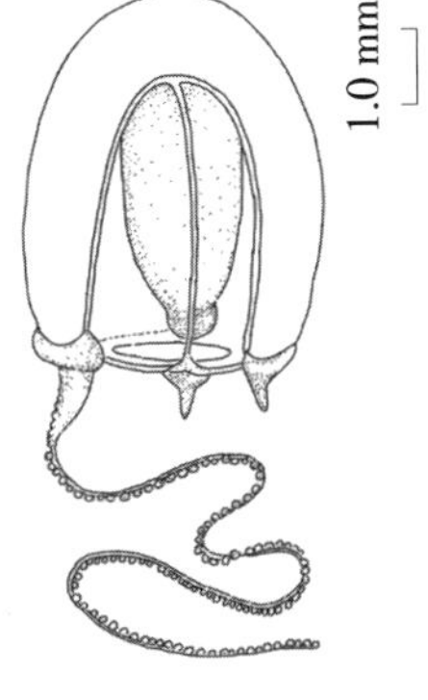

图 5.254　多刺胞真囊水母 ***Euphysora multiknoba***
（仿许振祖等，2014）

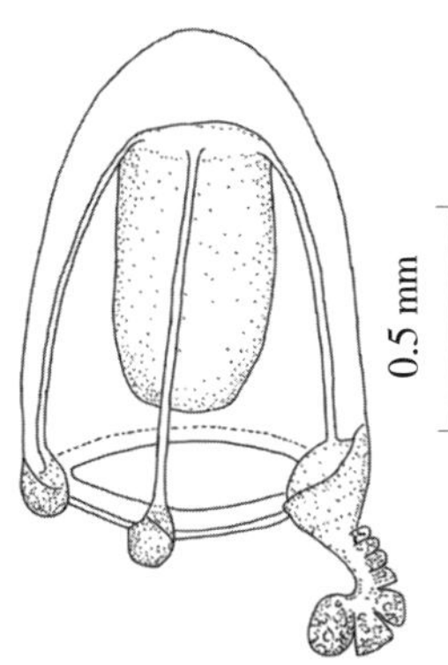

图 5.255　背轴真囊水母 ***Euphysora abaxialis***
（仿许振祖、黄加祺，2003）

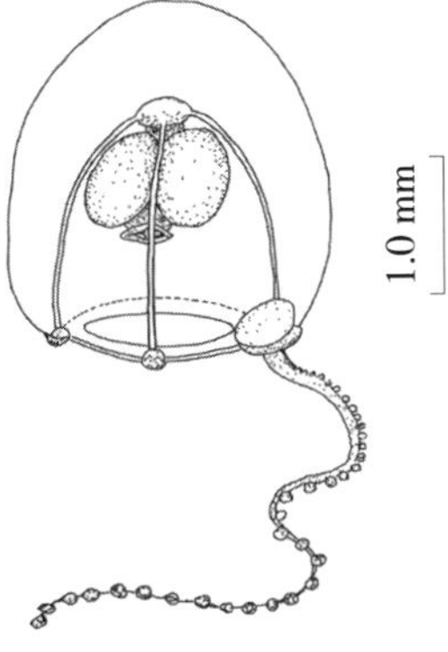

图 5.256　间腺真囊水母 ***Euphysora interogona***
（仿许振祖、黄加祺，2003）

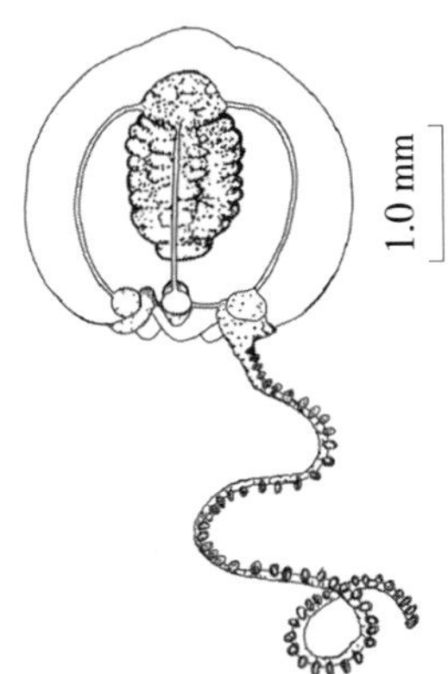

图 5.257　褐色真囊水母 ***Euphysora brunnescentis***
（仿黄加祺，1999）

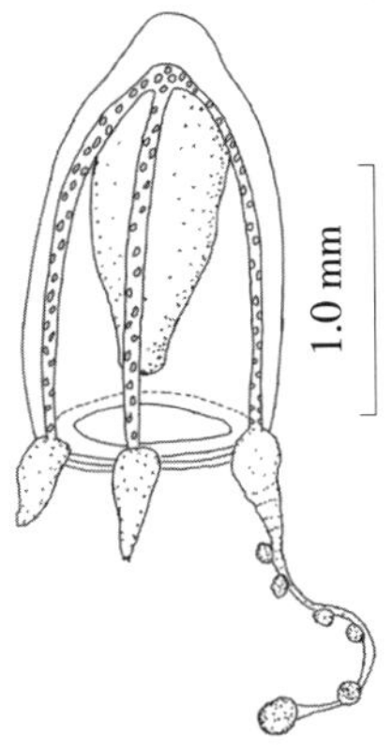

图 5.258　粗管真囊水母 ***Euphysora crassocanalis***
（仿许振祖、黄加祺，2003）

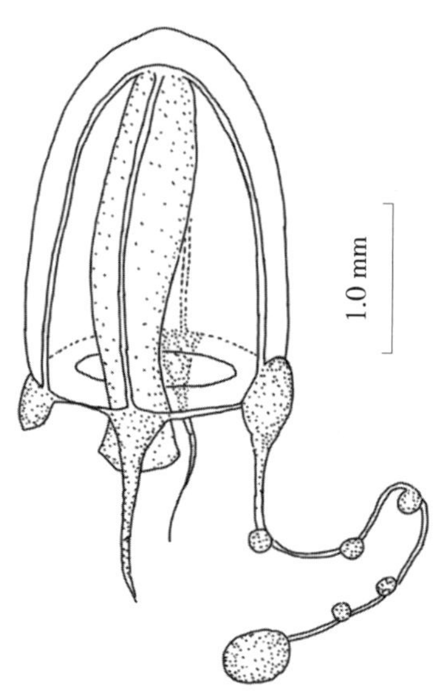

图 5.259　大球真囊水母 ***Euphysora macrobulbus***
（仿许振祖、黄加祺，2003）

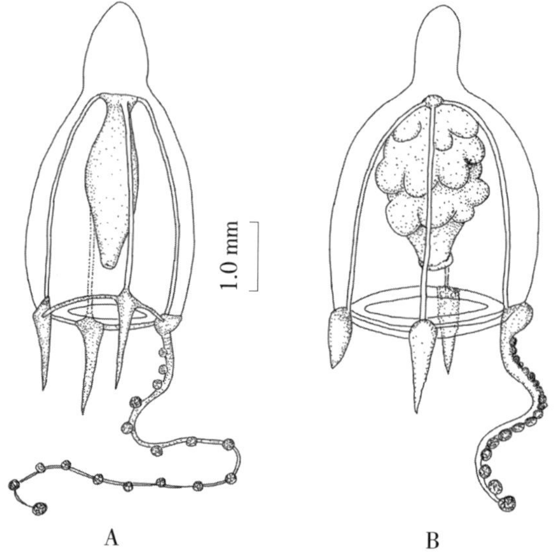

图 5.260　贝氏真囊水母 ***Euphysora bigelowi***
（仿许振祖等，2014）
A. 雄性个体；B. 雌性个体

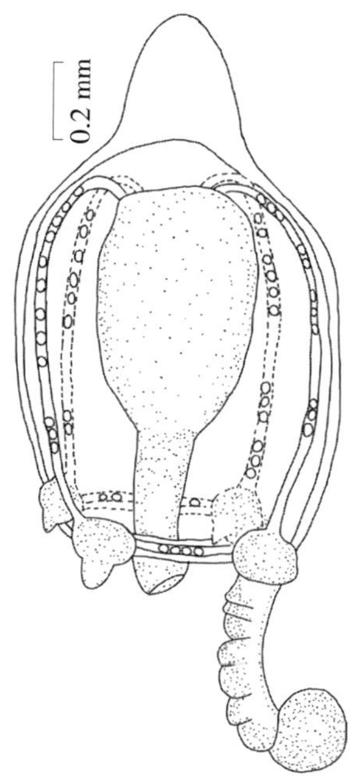

图 5.261　罗源真囊水母 ***Euphysora luoyuanensis***
（仿刘志勇等，2022）

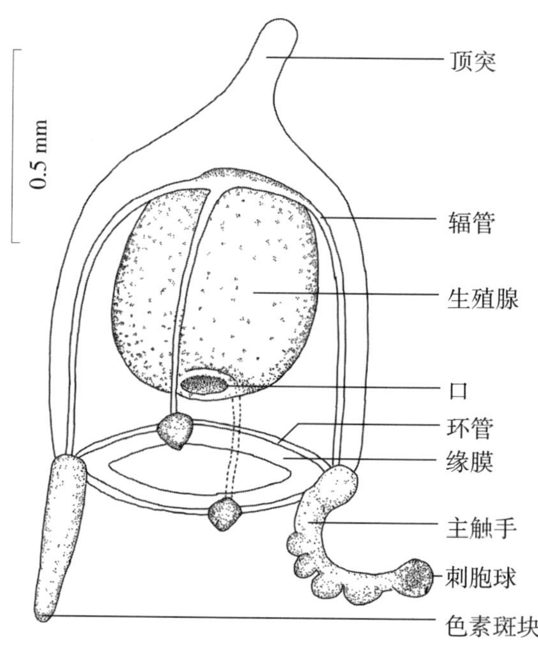

图 5.262　美济真囊水母 ***Euphysora meijiensis***
（仿杜飞雁等，2013）

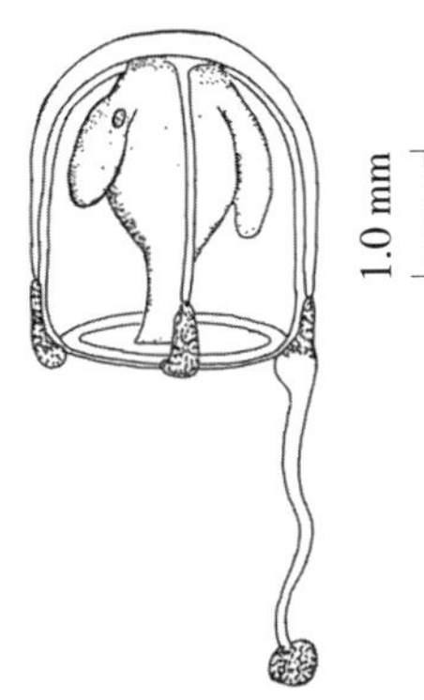

图 5.263 正型单手水母 ***Gotoea typica***
（仿许振祖、张金标，1981）

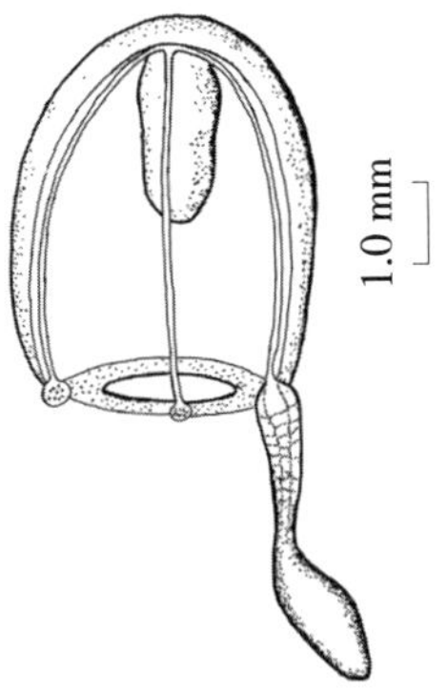

图 5.264 粗端梅尔水母 ***Mayeri forbesi***
（仿许振祖，1965）

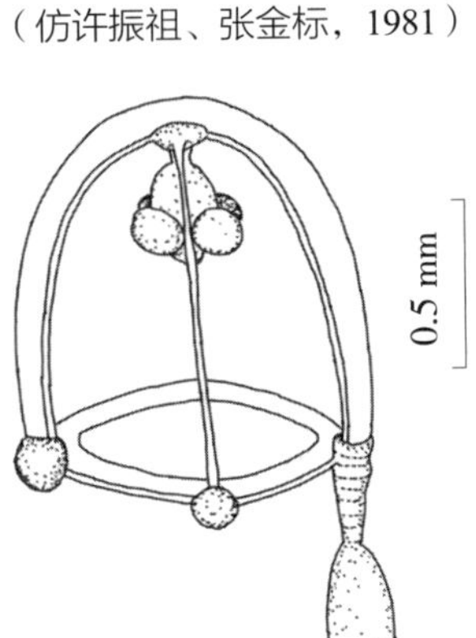

图 5.265 间腺梅尔水母 ***Mayeri intergona***
（仿黄加祺等，2012b）

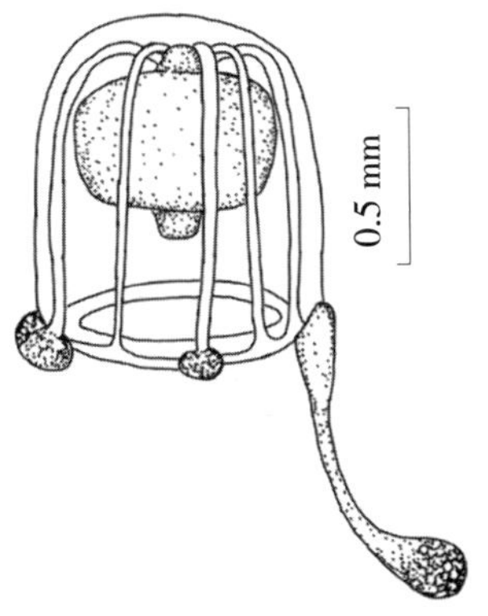

图 5.266 张金标八辐水母 ***Octovannuccia zhangjinbiaoi***
（仿 Xu et al.，2010）

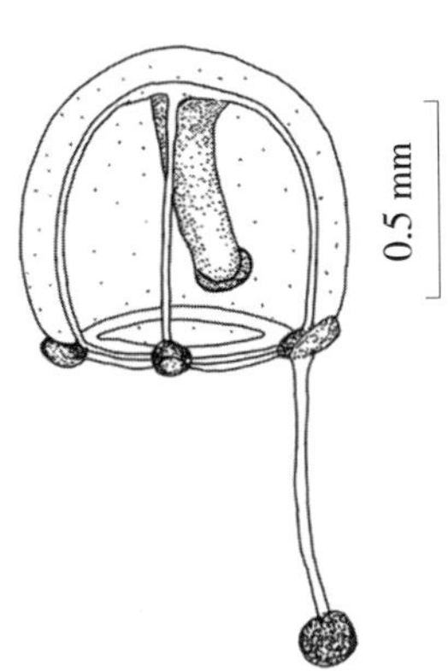

图 5.267 深水拟单手水母 ***Paragotoea bathybia***
（仿杜飞雁等，2009）

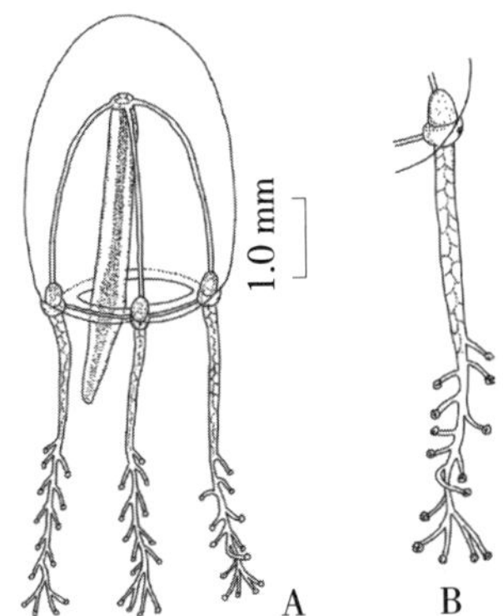

图 5.268 泉州枝萨水母 ***Cladosarsia quanzhouensis***
（仿黄加祺等，2008）

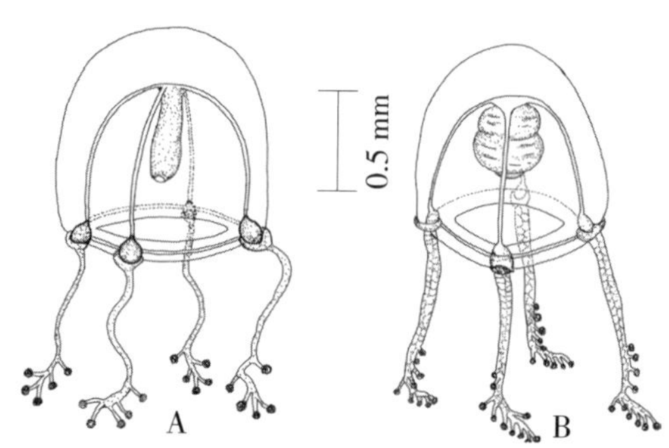

图 5.269 鼓浪枝萨水母 ***Cladosarsia gulangensis***
（仿许振祖、黄加祺，2006）
A. 雄性个体；B. 雌性个体

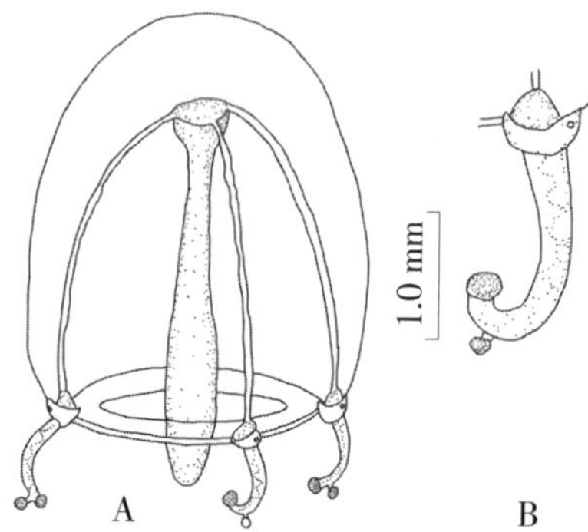

图 5.270 简单枝萨水母 ***Cladosarsia simplex***
（仿张才学，2020）
A. 侧面观；B. 触手

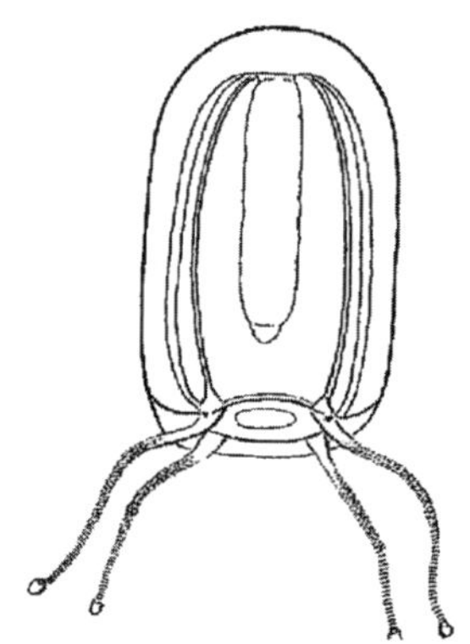

图 5.271 细棍螅水母 ***Coryne gracilis***
（仿 Kramp，1959b）

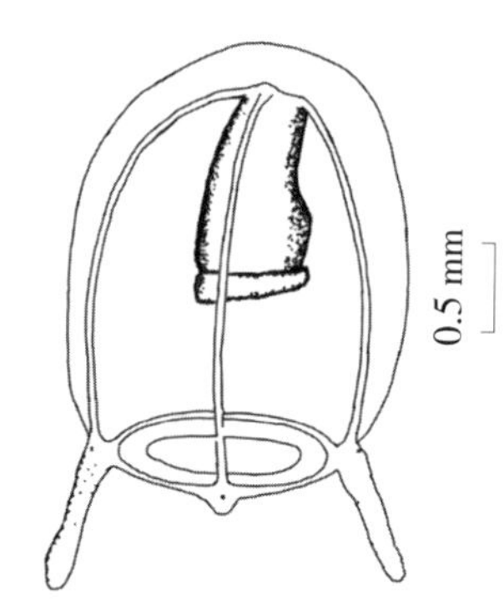

图 5.272 双球棍螅水母 ***Coryne jeffersoni***
（仿 Mayer，1900）

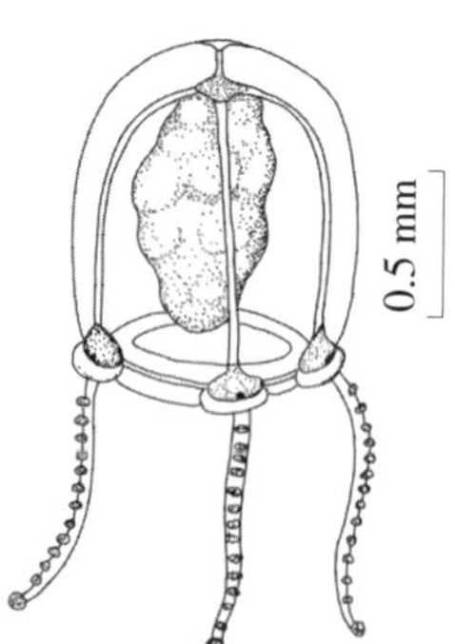

图 5.273 延长横萨水母 ***Stauridiosarsia producta***
（仿 Bouillon et al.，2004）

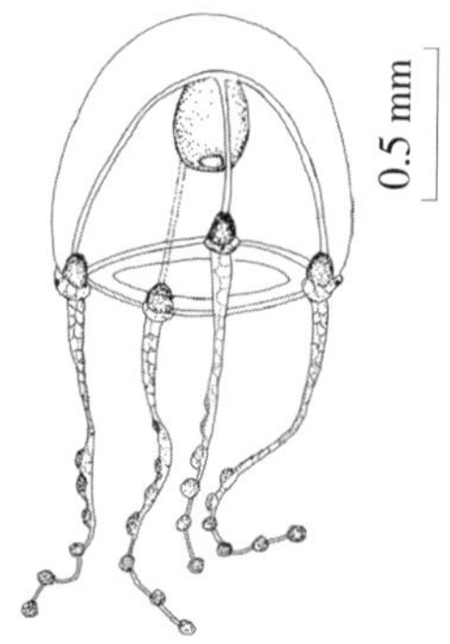

图 5.274 长手横萨水母 ***Stauridiosarsia japonica***
（仿黄加祺等，2006）

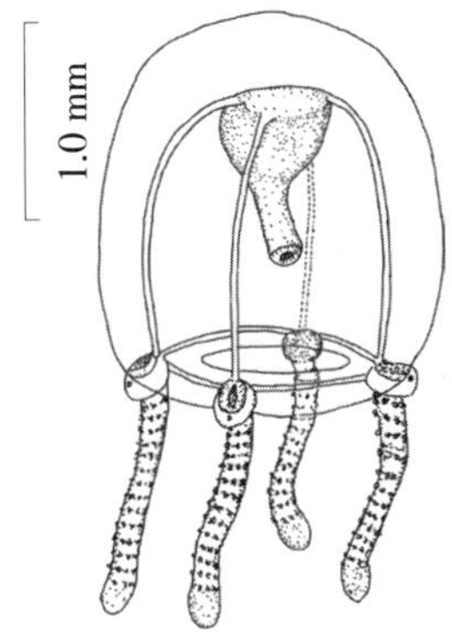

图 5.275　日本横萨水母 ***Stauridiosarsia nipponica***
（仿高哲生等，1958）

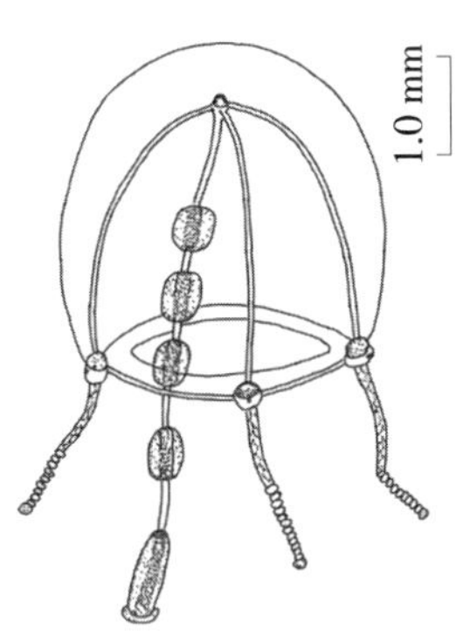

图 5.276　长管横萨水母 ***Stauridiosarsia ophiogaster***
（仿许振祖，1965）

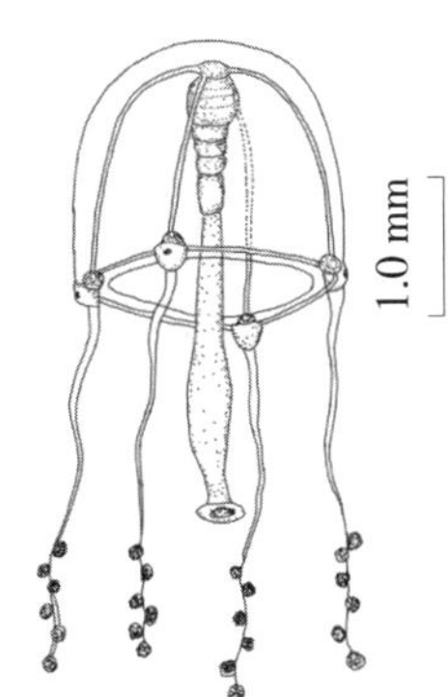

图 5.277　泉州横萨水母 ***Stauridiosarsia quanzhouensis***
（仿许振祖等，2014）

图 5.278　厦门横萨水母 ***Stauridiosarsia xiamenensis***
（仿许振祖等，2014）

图 5.279　波克横萨水母
Stauridiosarsia baukalion
（仿 Pagès et al.，1992）

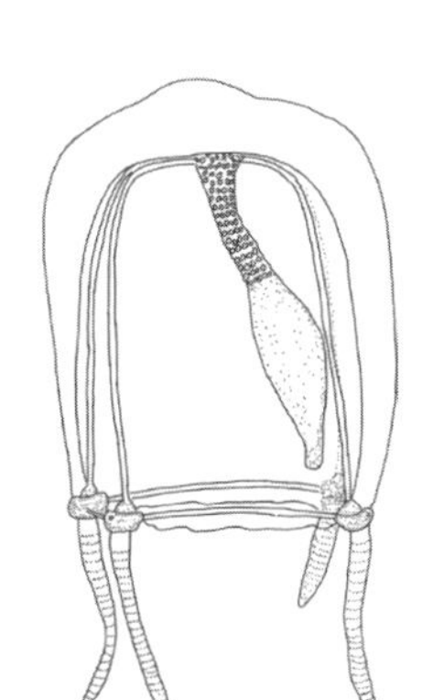

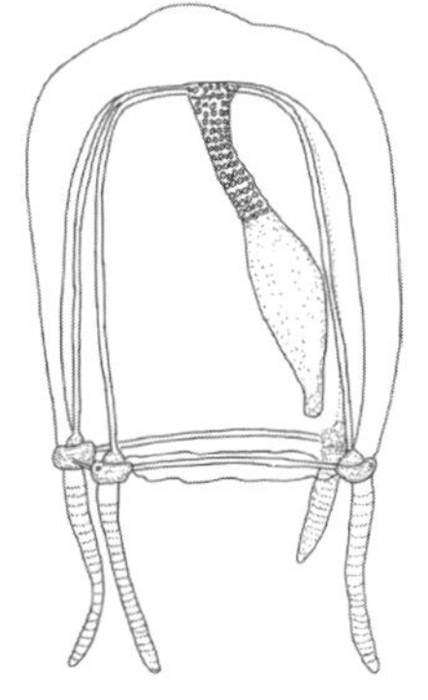

图 5.280　顶平横萨水母
Stauridiosarsia apiciloflata
（仿 Chen et al.，待刊）

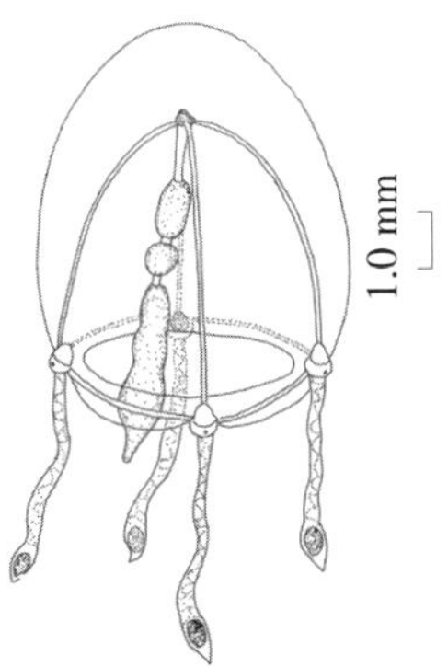

图 5.281　缢斯拉水母
Slabberia strangulata
（仿许振祖、张金标，1974）

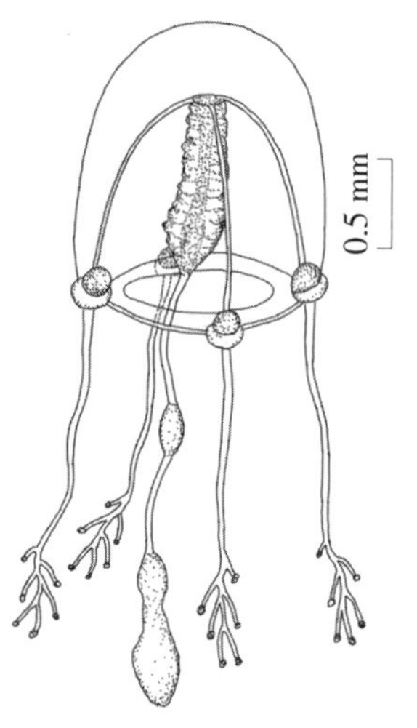

图 5.282　东山拟长管水母
Dipurenella dongshanensis
（仿黄加祺等，2011）

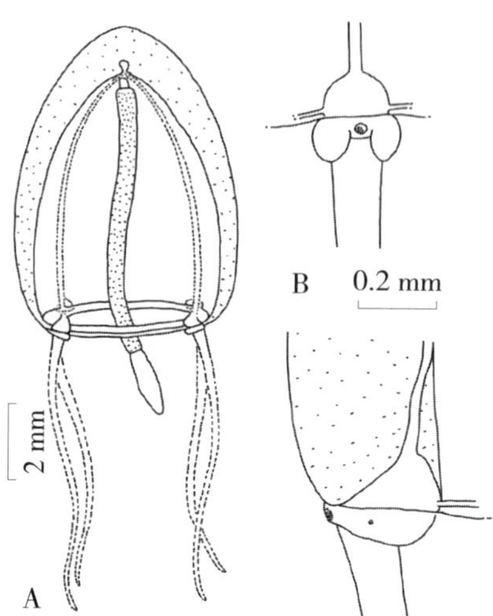

图 5.283　短锥萨氏水母 ***Sarsia apicula***
（仿 Murback & Shearer，1902）
A. 成熟水母体侧面观；
B. 触手基球背面和侧面观

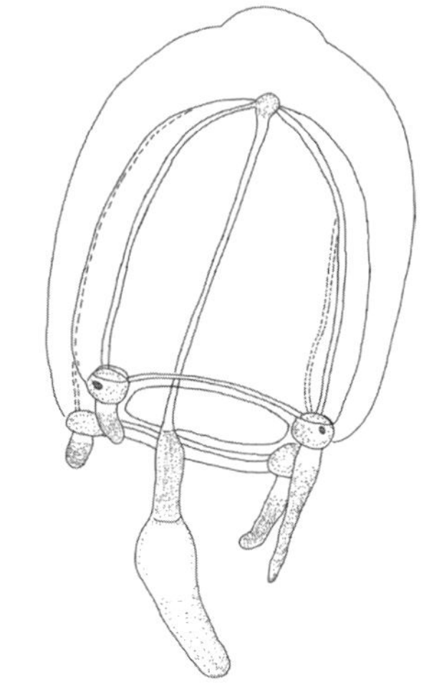

图 5.284　渤海萨氏水母
Sarsia bohaiensis
（仿 Xu，Chen & Wang，2022）

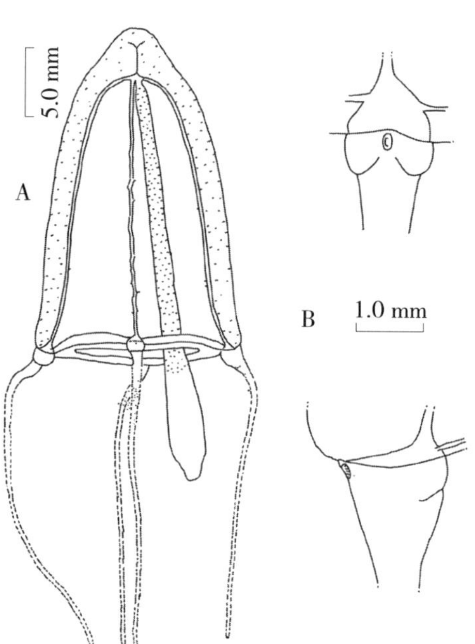

图 5.285　首要萨氏水母 ***Sarsia princeps***
（仿 Haeckel，1879）
A. 成熟个体侧面观；B. 触手基球背面和侧面观

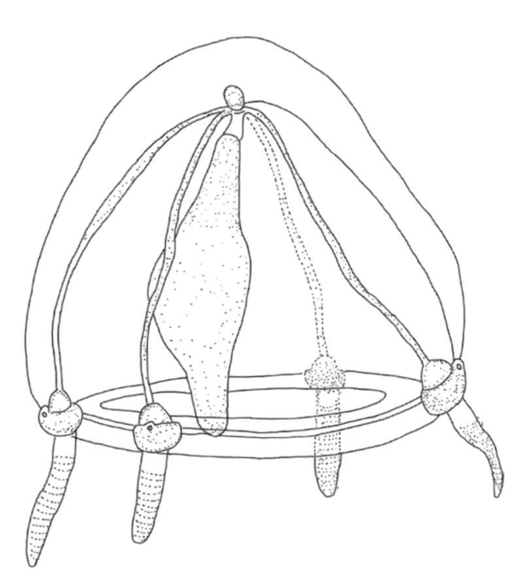

图 5.286　大胃萨氏水母 ***Sarsia macrogastera***
（仿 Xu，Chen & Wang，2022）

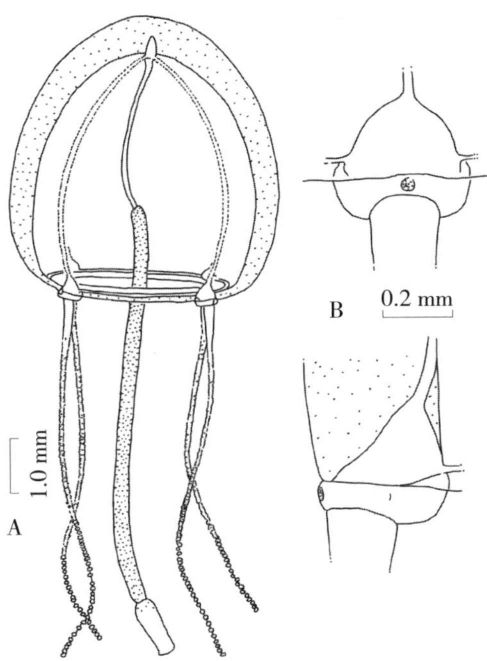

图 5.287　绿色萨氏水母 ***Sarsia viridis***
（仿 Brinckmann-Voss，1980）
A. 成熟水母体侧面观；B. 触手基球背面和侧面观

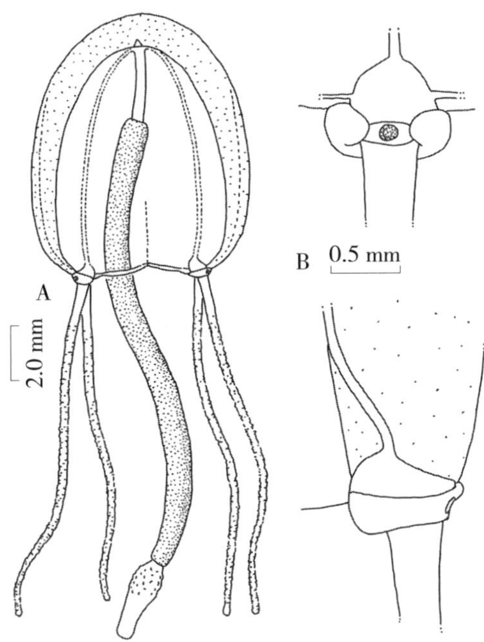

图 5.288　管萨氏水母 ***Sarsia tubulosa***
（仿 Edwards，1978）

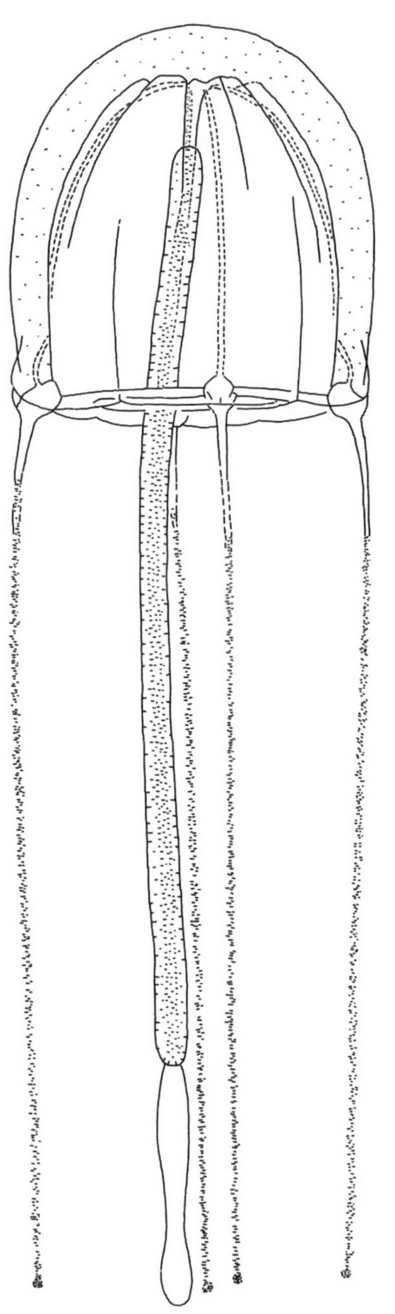

图 5.289 条纹萨氏水母 ***Sarsia striata***
（仿 Edwards，1983）

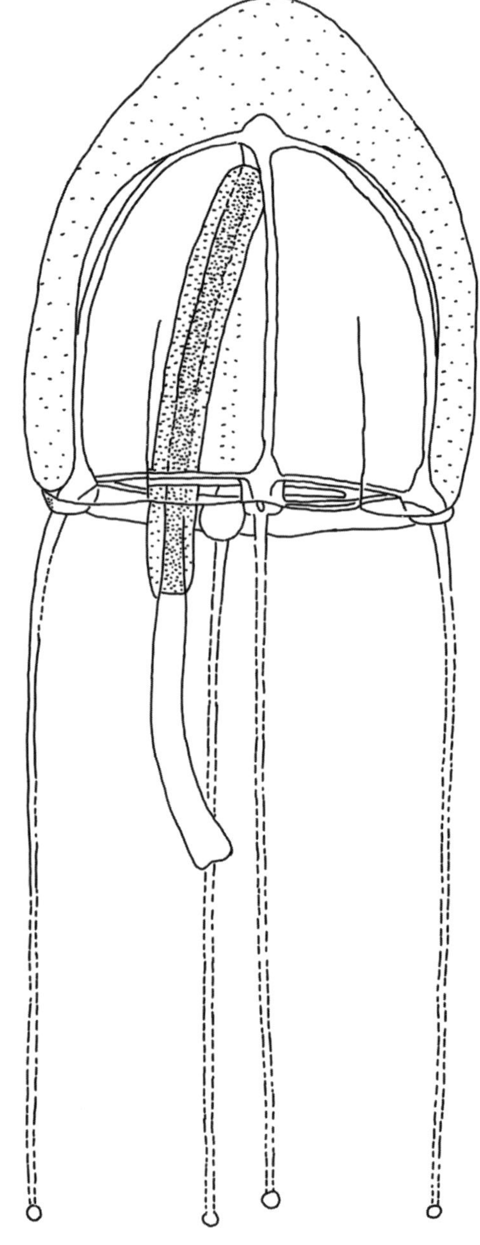

图 5.290 梨形萨氏水母 ***Sarsia piriforma***
侧面观（仿 Edwards，1983）（伞高 7.3 mm）

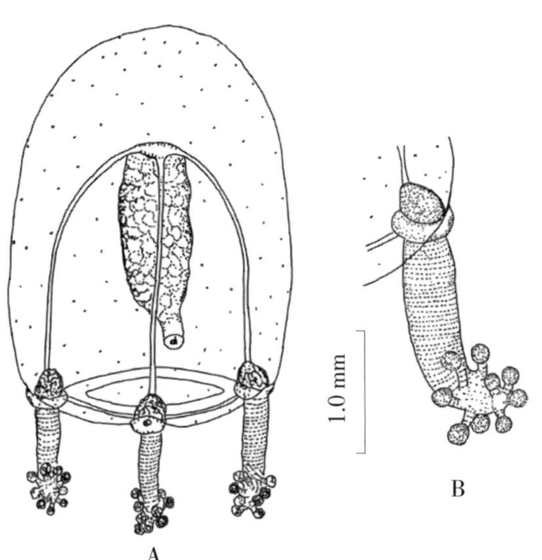

图 5.291　眼刺铃水母 ***Cnidocodon ocellata***
（仿黄加祺等，2008）
A. 侧面观；B. 触手放大

图 5.292　刺铃水母 ***Cnidocodon leopoldi***
（仿 Bouillon，1978b）

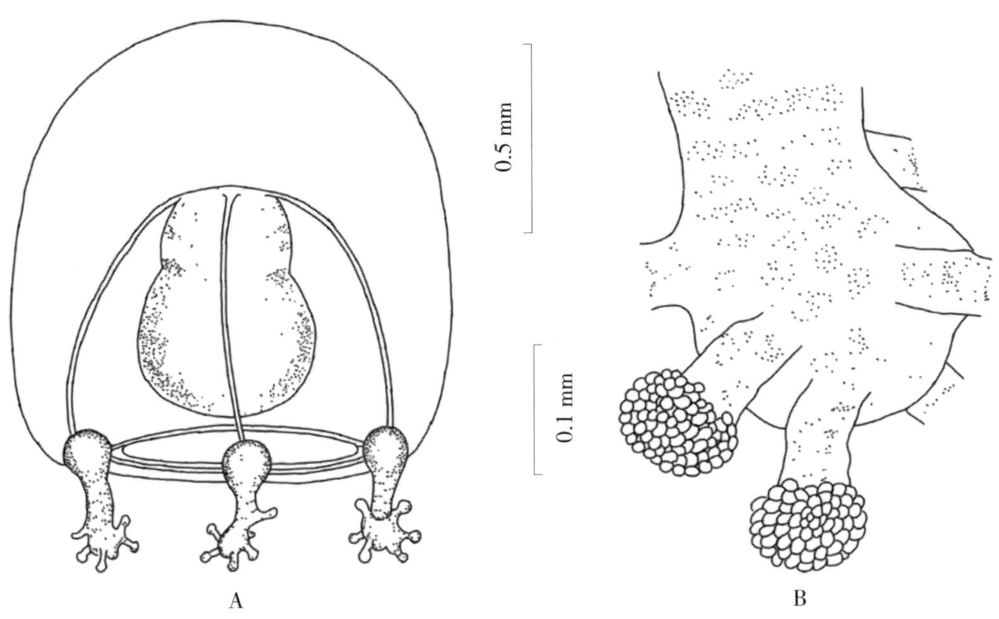

图 5.293　厦门刺铃水母 ***Cnidocodon xiamenensis***
（仿张金标、吴玉清，1981）
A. 侧面观；B. 触手末端放大

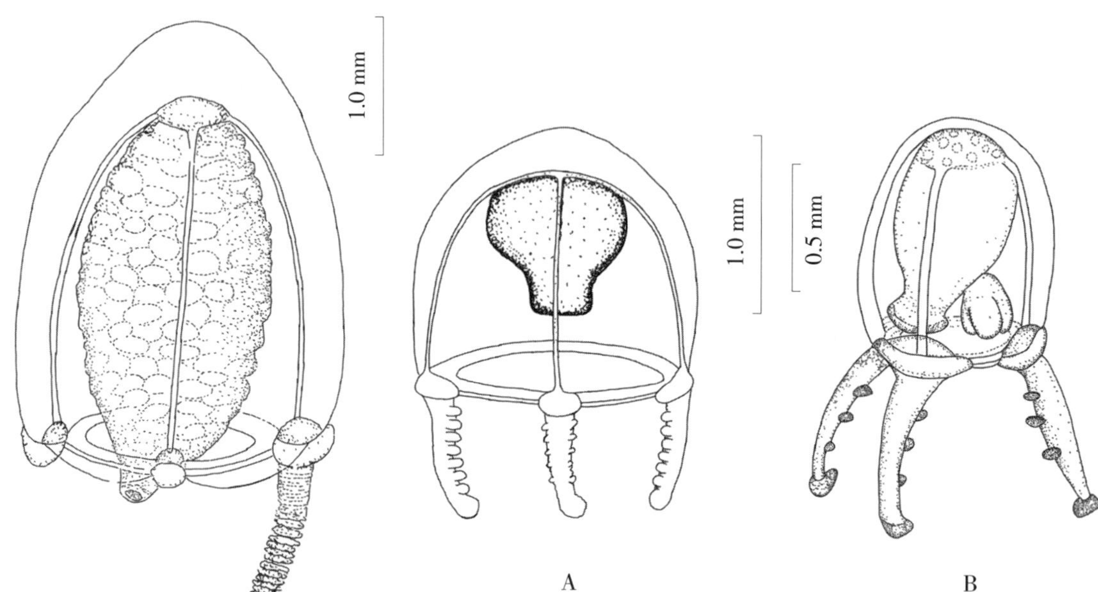

图 5.294　耳状囊水母 ***Euphysa aurata***
（仿周太玄、黄明显，1958）

图 5.295　锥胃内胞水母 ***Euphysilla pyramidata***
A. 水母体侧面观（仿许振祖、张金标，1981）；
B. 具有水母芽的另一个体（仿 Xu & Huang，2004）

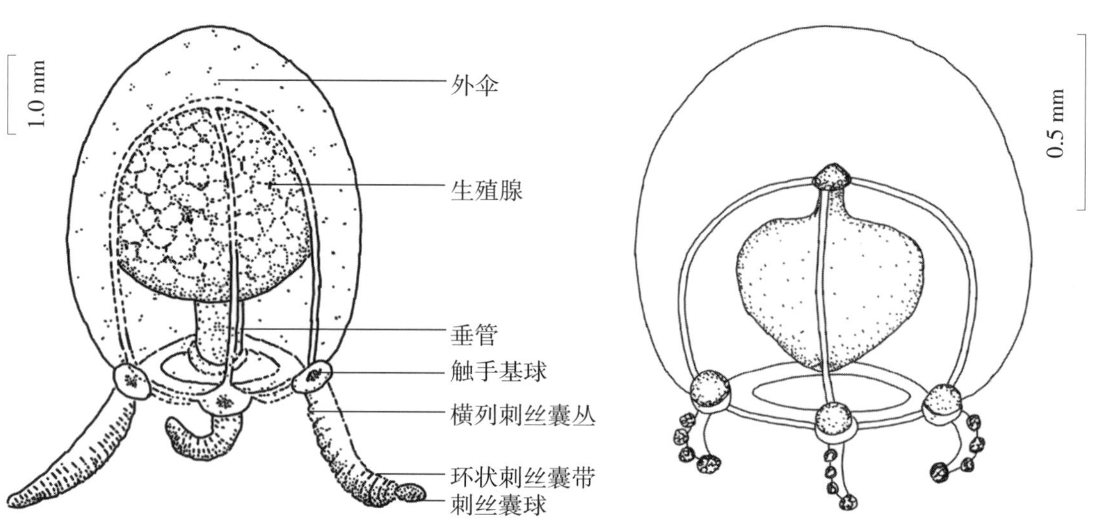

图 5.296　管内胞水母 ***Euphysilla tubularia***
（仿黄加祺等，2015）

图 5.297　短拟内胞水母 ***Euphysomma brevia***
（仿 Kramp，1962）

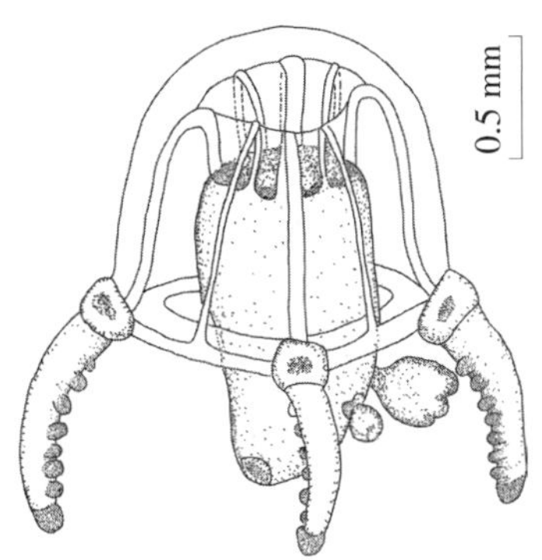

图 5.298　台湾似内胞水母 ***paraeuphysilla taiwanensis***
（仿 Wang et al.，2011）

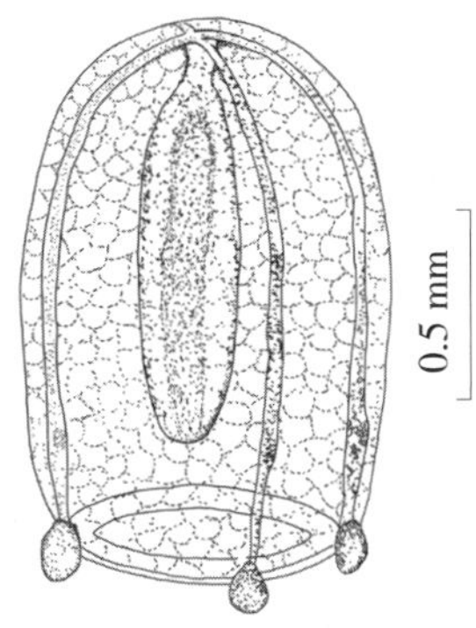

图 5.299　泡状笔螅水母 ***Pennaria blistera***
（仿许振祖、黄加祺，2006）

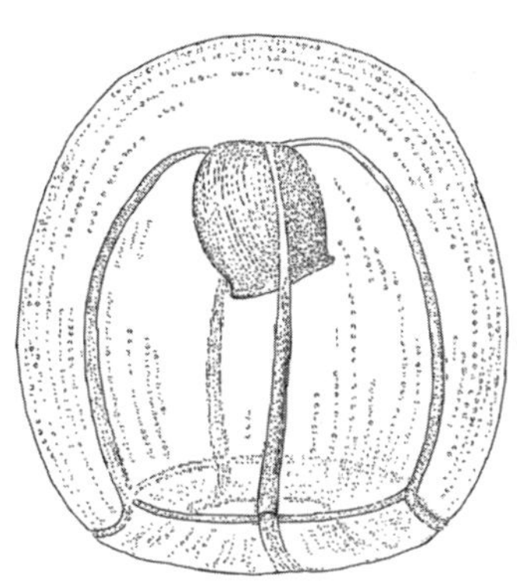

图 5.300　大笔螅水母 ***Pennaria grandis***
（仿 Kramp，1968）

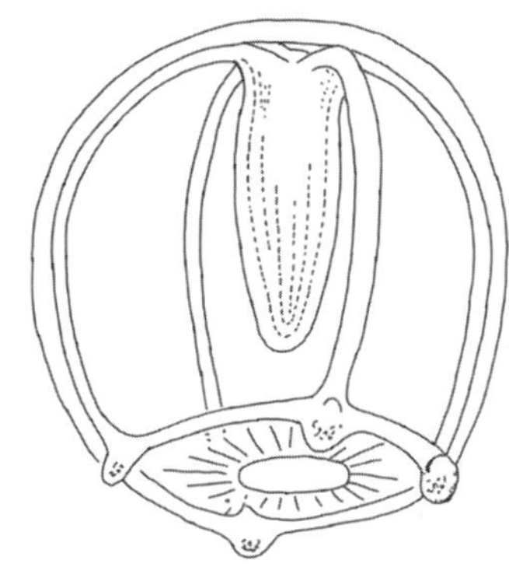

图 5.301　两列笔螅水母 ***Pennaria disticha***
（仿 Kramp，1959b）

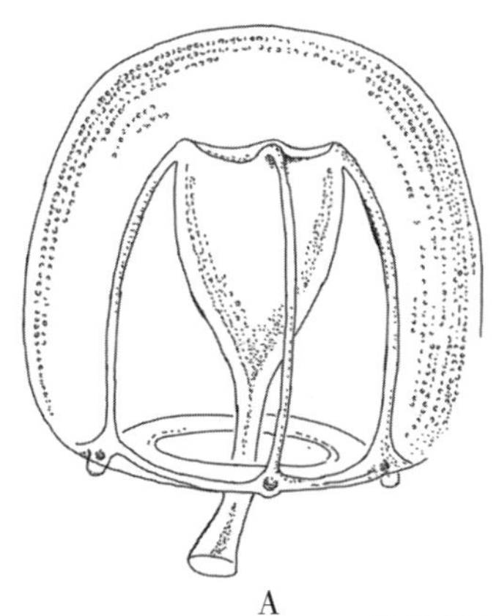

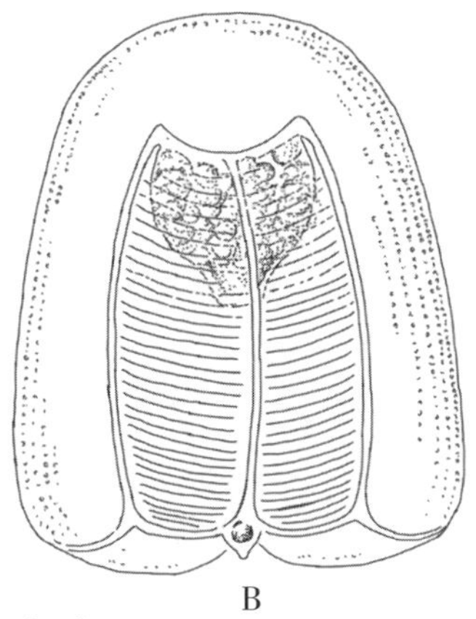

图 5.302　玻璃笔螅水母 ***Pennaria vitrea***
（仿 A. Agassiz & Mayer，1899）
A. 雄性；B. 雌性

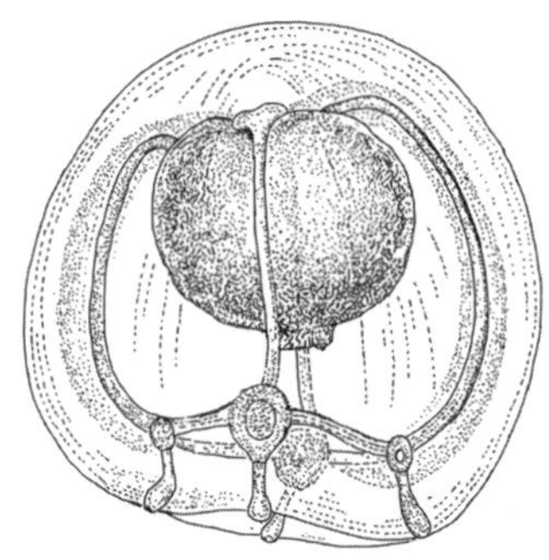

图 5.303　武装笔螅水母 ***Pennaria armata***
（仿 Kramp，1968）

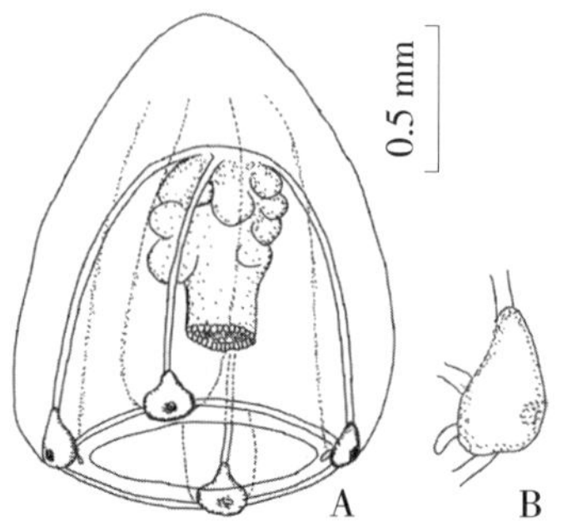

图 5.304　无手外肋水母 ***Ectopleura atentaculata***
（仿许振祖、黄加祺，2006）
A. 侧面观；B. 缘基球

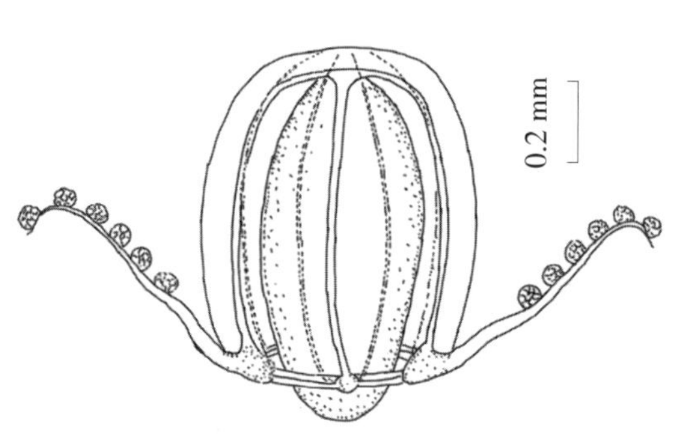

图 5.305　厦门外肋水母 ***Ectopleura xiamenensis***
（仿张金标、林茂，1984）

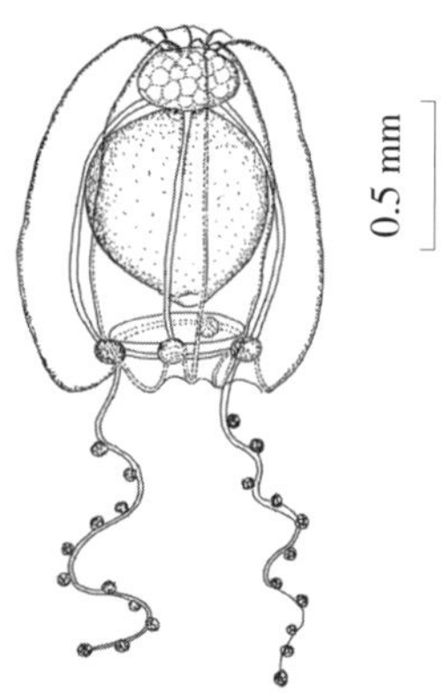

图 5.306　顶囊外肋水母 ***Ectopleura apicisacciformis***
（仿 Xu et al.，2007a）

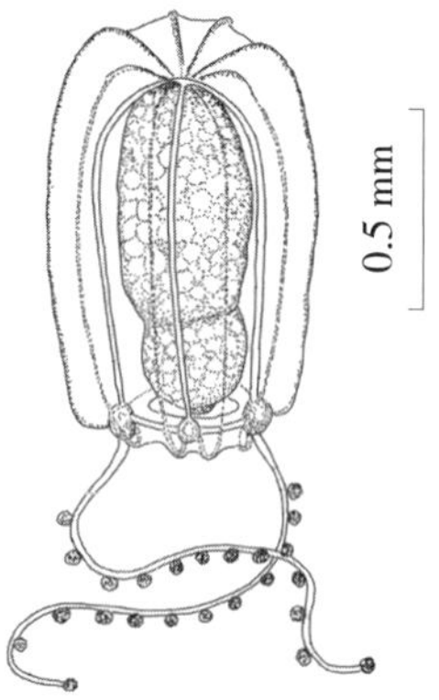

图 5.307　萱外肋水母 ***Ectopleura xuxuanae***
（仿 Xu et al.，2007a）

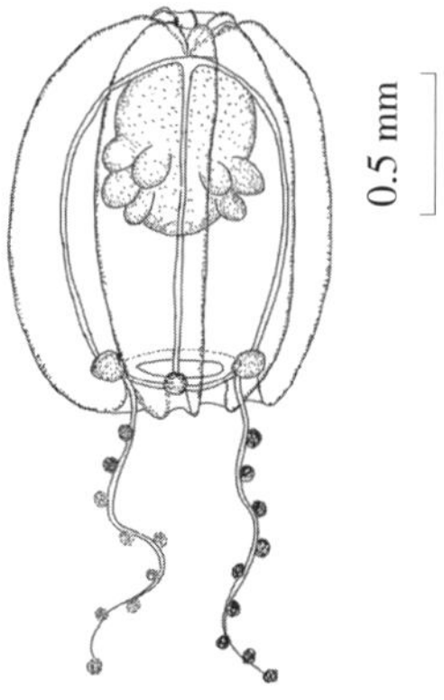

图 5.308　芽外肋水母 ***Ectopleura gemmifera***
（仿 Xu et al.，2007a）

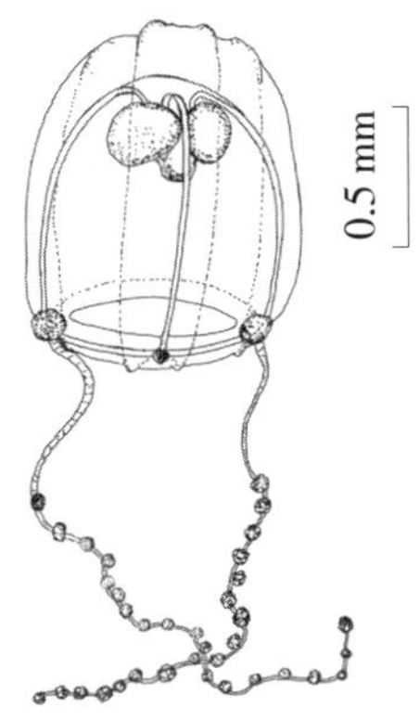

图 5.309　囊外肋水母 *Ectopleura sacculifera*
（仿许振祖等，1991）

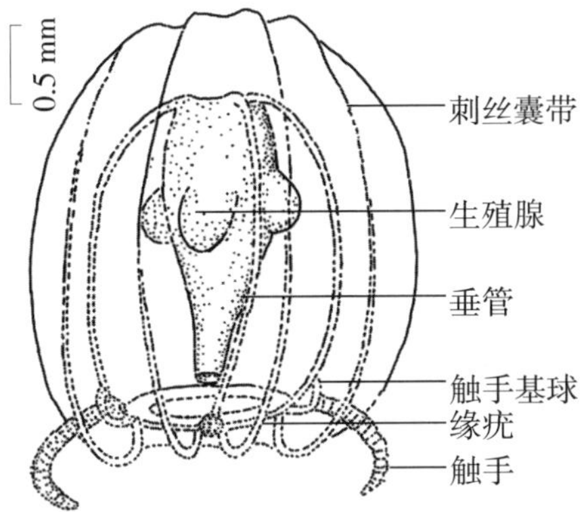

图 5.310　南海外肋水母 *Ectopleura nanhaiensis*
（仿黄加祺等，2015）

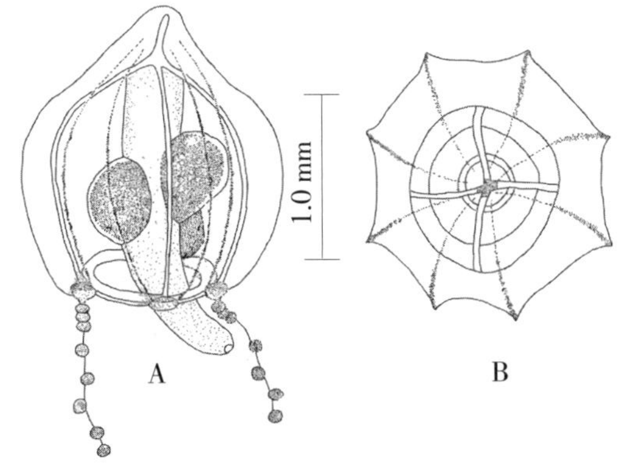

图 5.311　东山外肋水母 *Ectopleura dongshanensis*
（仿陈小银等，待刊）
A. 侧面观；B. 顶面观

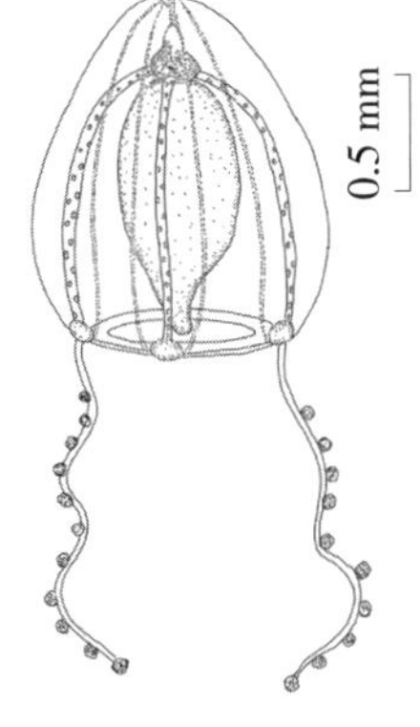

图 5.312　粗管外肋水母 *Ectopleura crassocanalis*
（仿黄加祺等，2011）

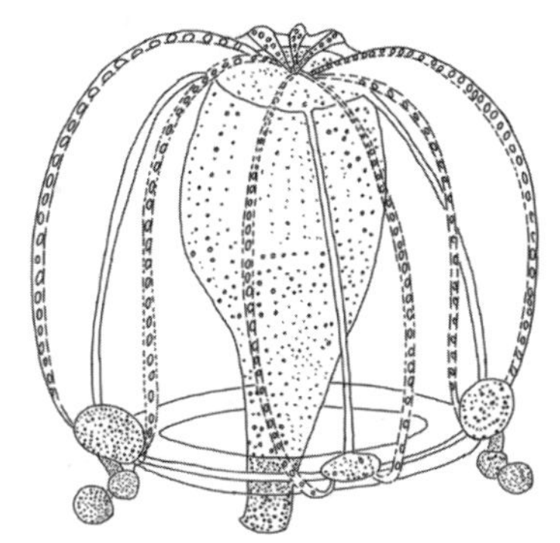

图 5.313　短手外肋水母 *Ectopleura brevinenma*
（仿 Chen et al.，待刊）

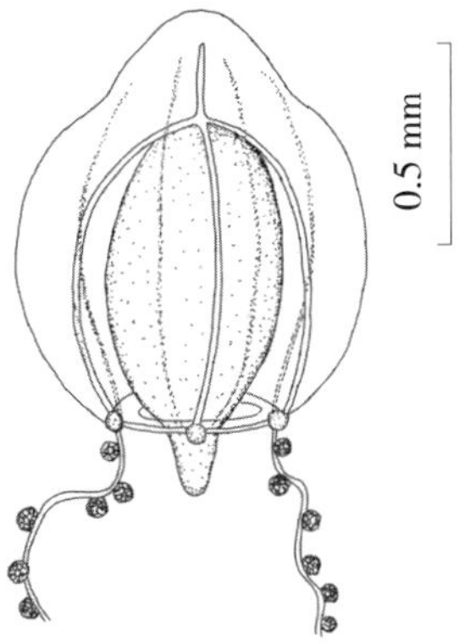

图 5.314　顶管外肋水母 *Ectopleura minerva*
（仿 Mayer，1900）

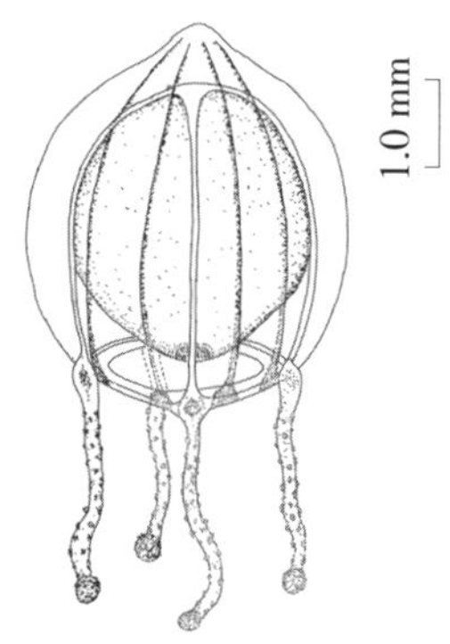

图 5.315 宽外肋水母 ***Ectopleura latitaeniata***
（仿 Xu & Zhang，1978）

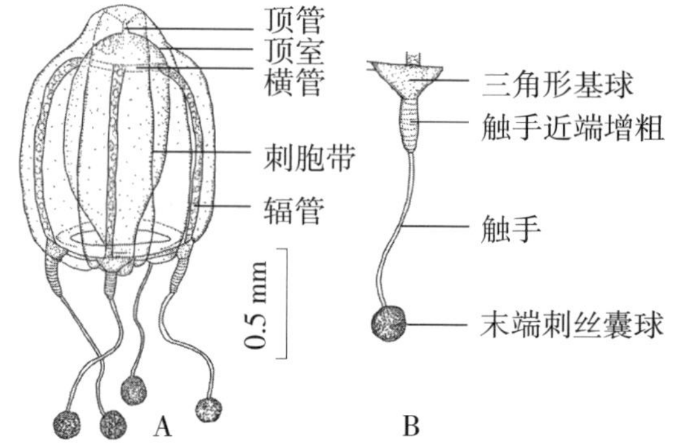

图 5.316 三角外肋水母 ***Ectopleura triangularis***
（仿 Lin et al.，2010）
A. 侧面观；B. 触手放大

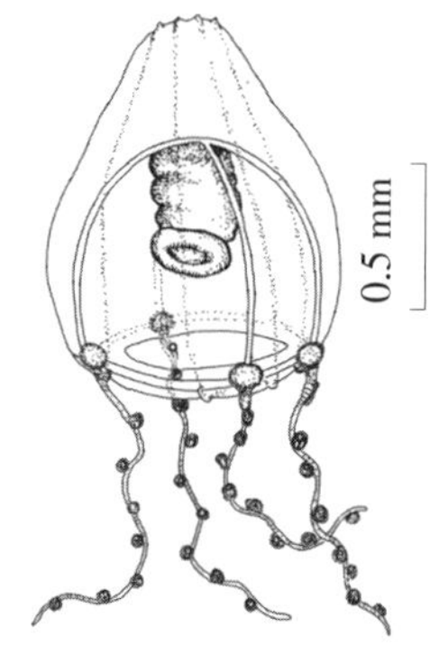

图 5.317 广东外肋水母
Ectopleura guangdongensis
（仿许振祖等，1991）

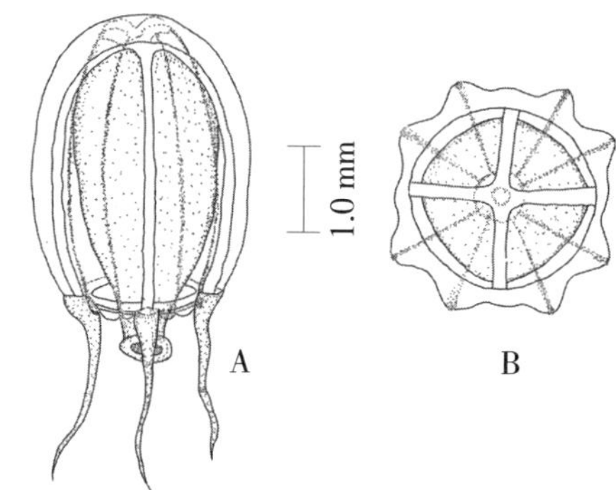

图 5.318 延长外肋水母 ***Ectopleura elongata***
（仿 Lin et al.，2010）
A. 侧面观；B. 顶面观

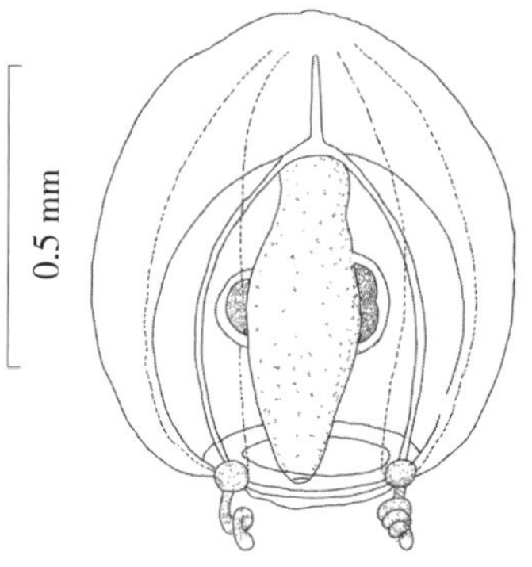

图 5.319 三沙外肋水母 ***Ectopleura sanshaensis*** sp. nov.
侧面观（仿许振祖等）

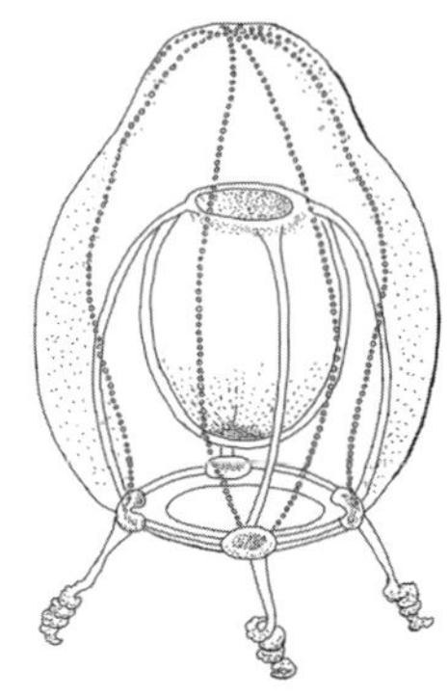

图 5.320 杜氏外肋水母 ***Ectopleura dumortieri***
（仿 Mayer，1910）

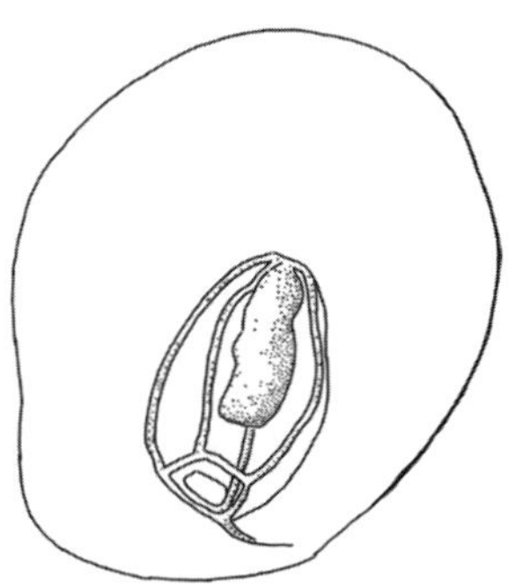

图 5.321　无手斜球水母 ***Hybocodon atentaculatus***
（仿 Uchida，1948）

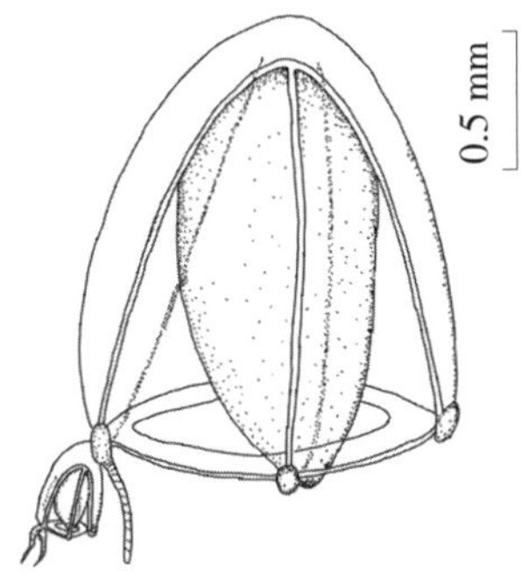

图 5.322　芽斜球水母 ***Hybocodon prolifer***
（仿许振祖、张金标，1964）

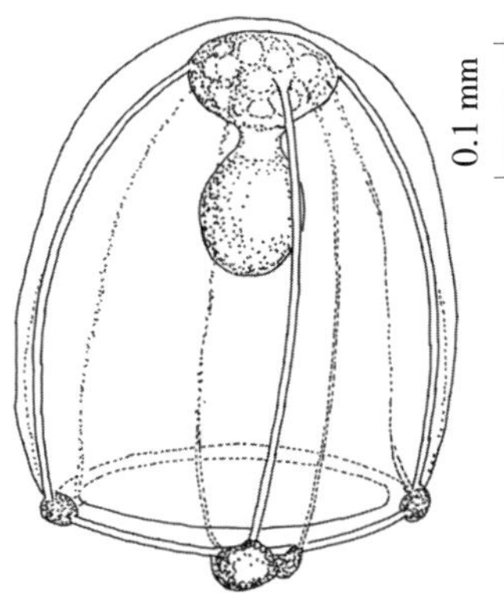

图 5.323　顶室斜球水母 ***Hybocodon apiciloculatus***
（仿许振祖、黄加祺，2006）

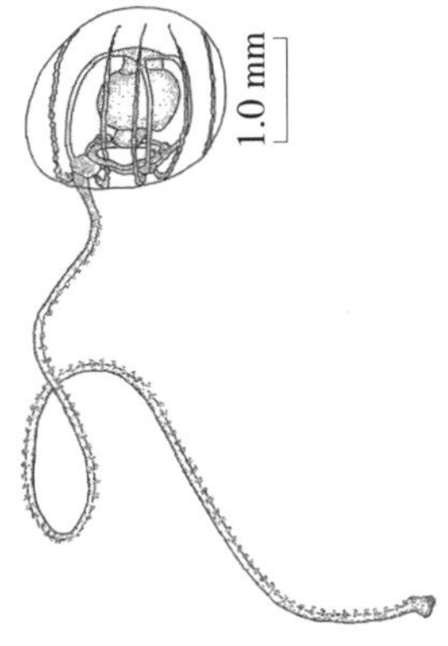

图 5.324　八肋斜球水母 ***Hybocodon octopleurus***
（仿高哲生等，1958）

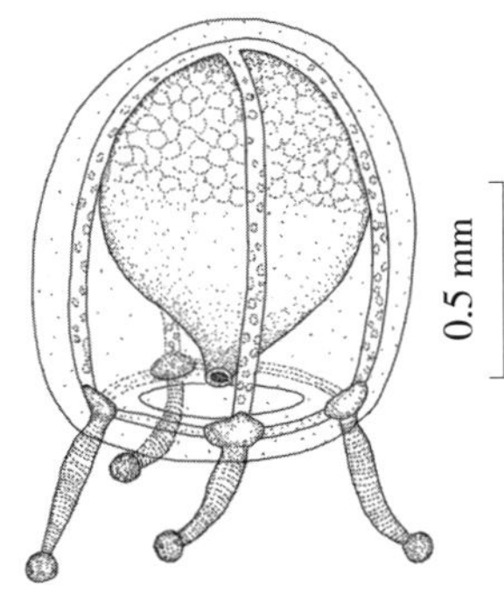

图 5.325　台湾刺泳水母 ***Plotocnide taiwanensis***
（仿黄加祺等，2010b）

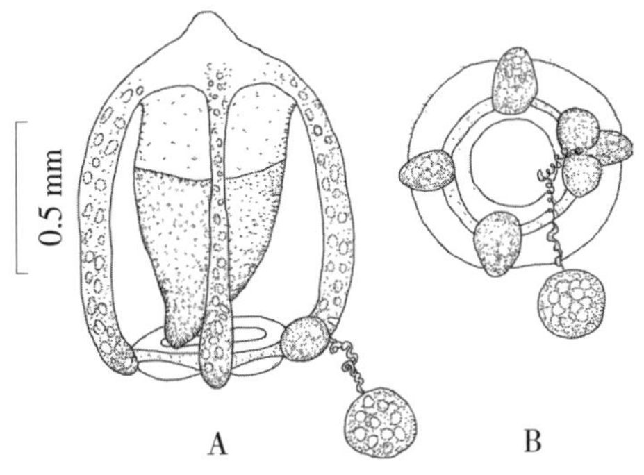

图 5.326　宽肋无球水母 ***Rhabdoon laticosta*** sp. nov.
（仿许振祖等）
A. 侧面观；B. 口面观

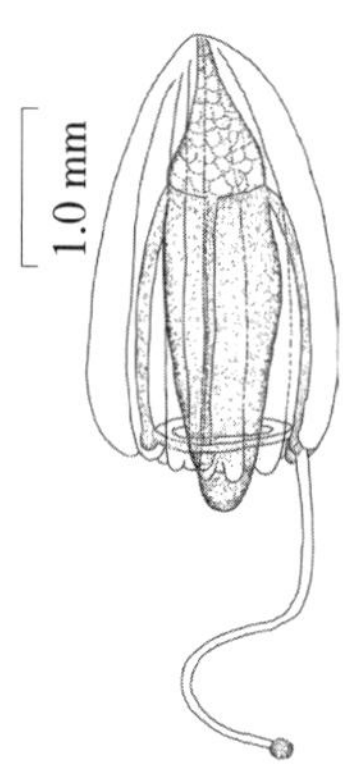

图 5.327　顶室无球水母 ***Rhabdoon apiciloculus***
侧面观（仿 Du et al.，2018）

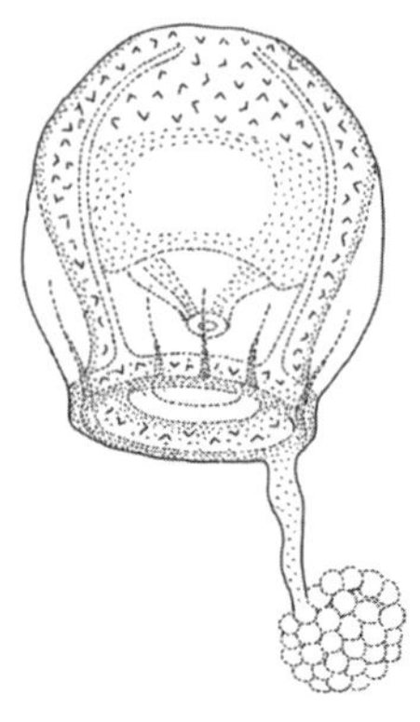

图 5.328　单手无球水母 ***Rhabdoon singulare***
（仿 Vannucci & Soares Moreira，1966）

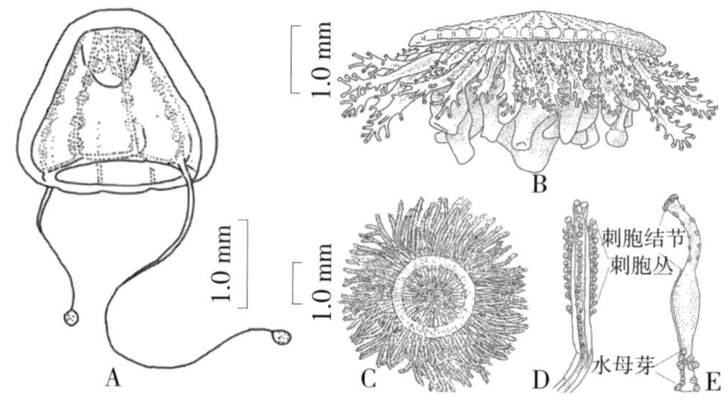

图 5.329　银币水母 ***Porpita porpita***
（A 仿 Bouillon，1984b；B 仿 Pagès et al.，1992；C 仿魏崇德，1959；D，E 仿丘书院，1957）
A. 水母体；B. 水螅体侧面观；C. 水螅体背面观；D. 指状体；E. 生殖体

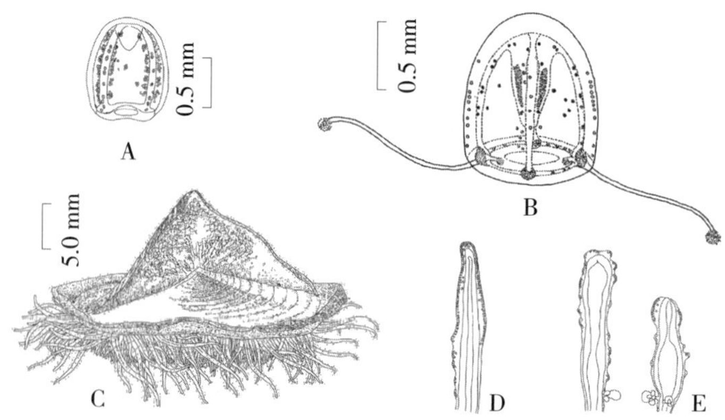

图 5.330　帆水母 ***Velella velella***
（A 仿 Schuchert，1996；B，D，E 仿 Brinckmann-Voss，1964；C 仿 Pagès et al.，1992）
A. 刚释放的水母体；B. 水母体；C. 水螅体；D. 指状体；E. 生殖体

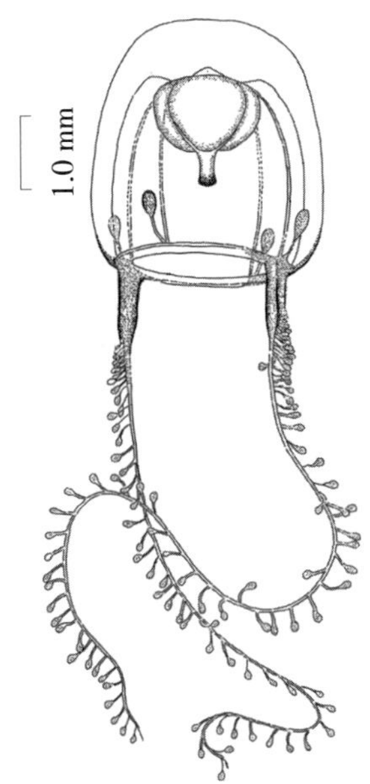

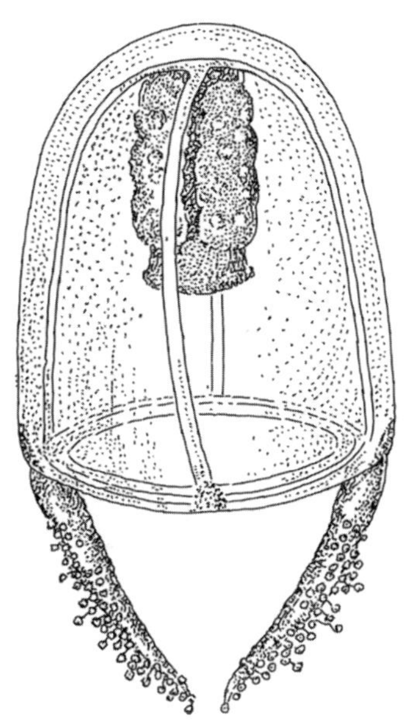

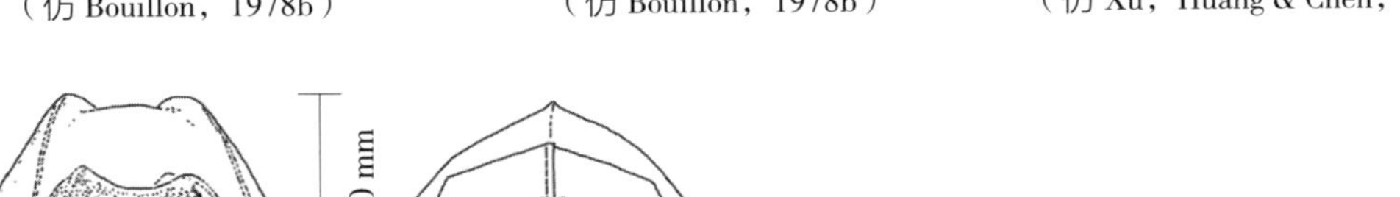

图 5.331　澳洲拟镰螅水母
Teissiera australe
（仿 Bouillon，1978b）

图 5.332　芽体拟镰螅水母
Teissiera medusifera
（仿 Bouillon，1978b）

图 5.333　螅芽拟镰螅水母
Teissiera polypofera
（仿 Xu，Huang & Chen，1991）

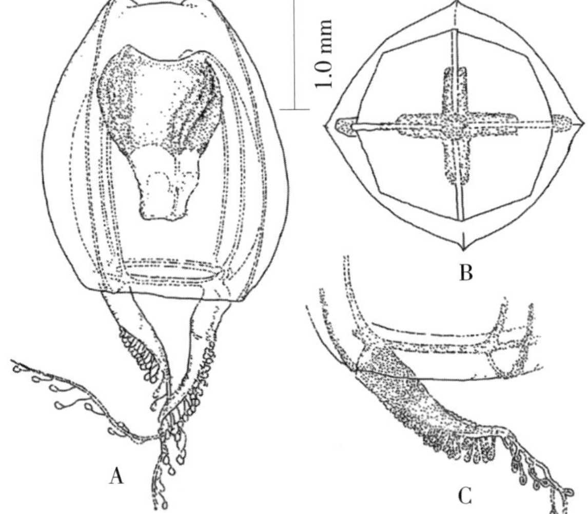

图 5.334　弗雷盐棍螅水母 ***Halocoryne frasca***
（仿 Boero et al.，2000）
A. 成熟水母体；B. 成熟水母体顶面观；
C. 成熟水母体触手和伞缘放大

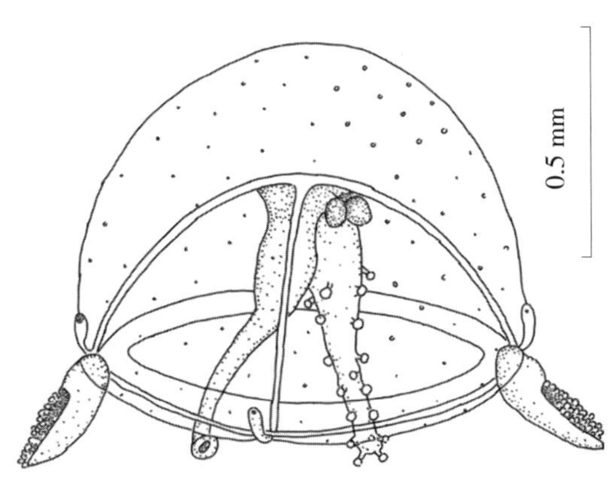

图 5.335　东方盐棍螅水母 ***Halocoryne orientalis***
（仿 Browne，1916）

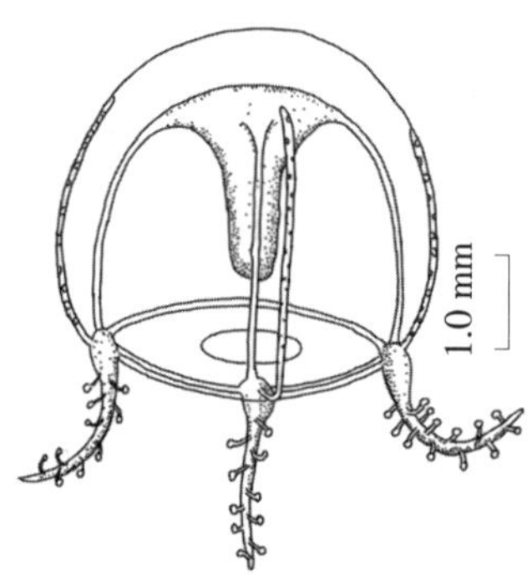

图 5.336 嵴状镰螅水母 ***Zanclea costata***
（仿张金标，1977）

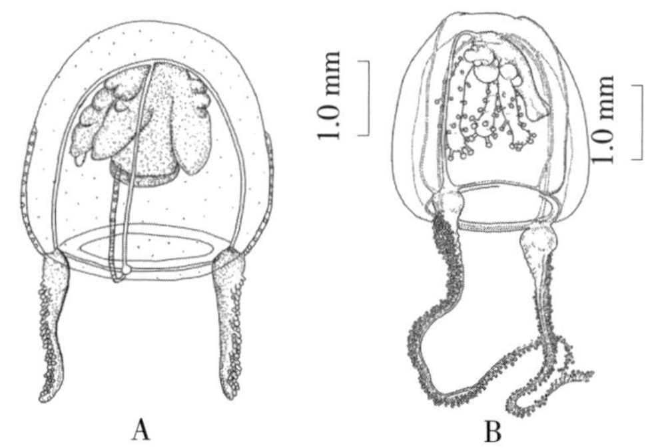

图 5.337 母螅镰螅水母 ***Zanclea medusapolypata***
A. 幼体（仿杜飞雁等，2009）；
B. 成体（仿 Boero et al.，2000）

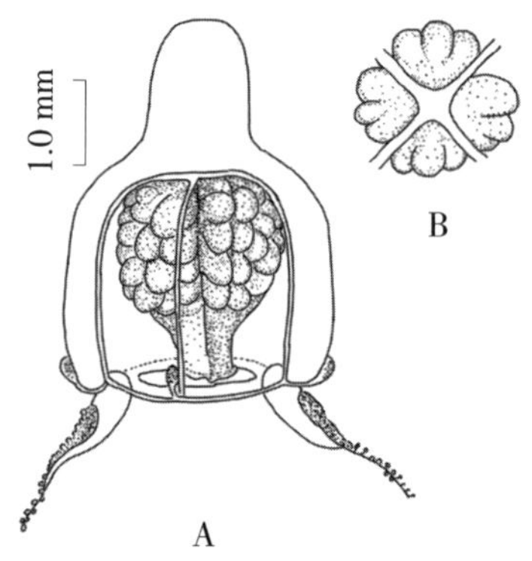

图 5.338 顶突镰螅水母 ***Zanclea apicata***
（仿许振祖等，2008b）
A. 侧面观；B. 生殖腺顶面观

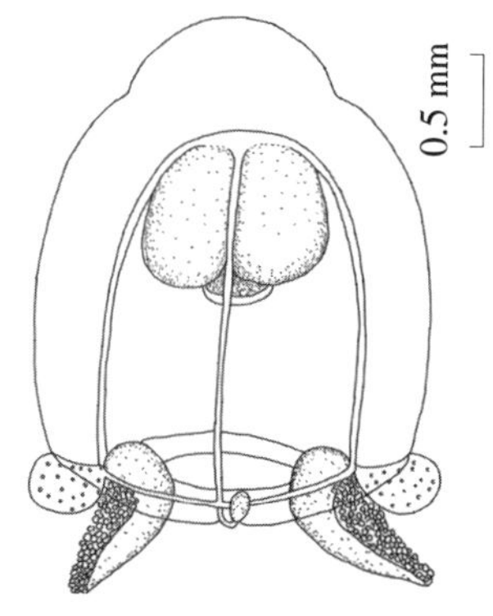

图 5.339 大囊镰螅水母 ***Zanclea macrocystae***
（仿许振祖等，1991）

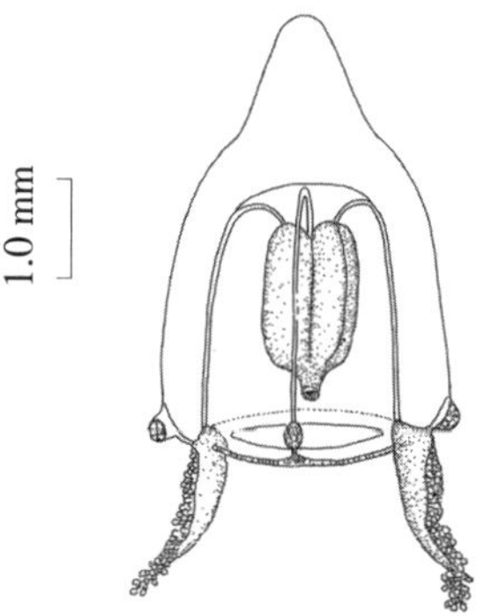

图 5.340 护镰螅水母 ***Zanclea protecta***
（仿许振祖等，2008b）

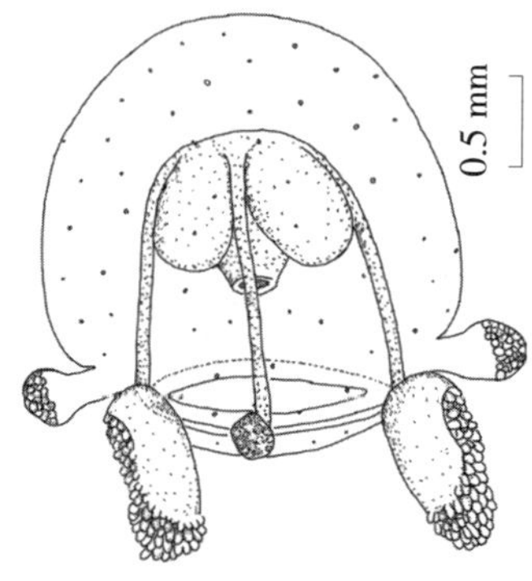

图 5.341 托镰螅水母 ***Zanclea apophysis***
侧面观（仿许振祖等，2008b）

5.2.2 兰卡水母亚纲

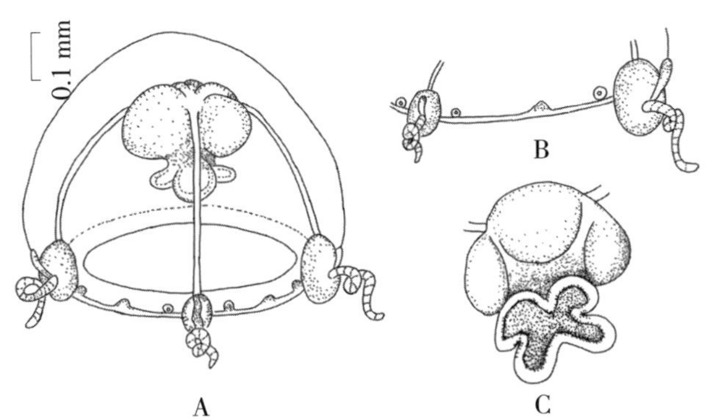

图 5.342　金德祥水母 ***Jindexiangus statocystus***
（仿许振祖、黄加祺，2006）
A. 侧面观；B. 伞缘局部；C. 生殖腺

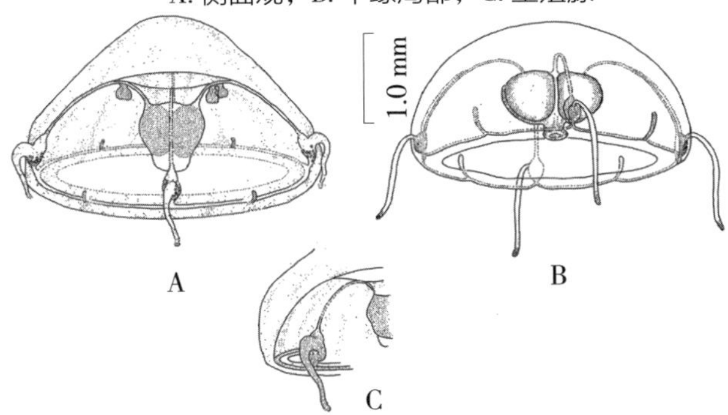

图 5.343　康德水母 ***Kantiella enigmatica***
（仿 Bouillon，1978a）
A，B. 水母体；C. 伞缘局部

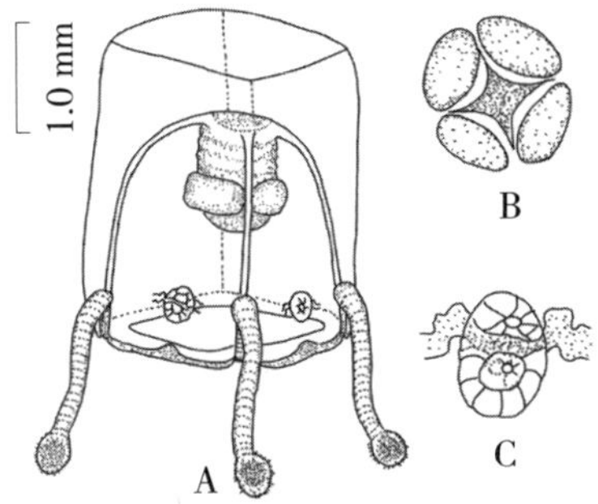

图 5.344　棱形康德水母 ***Kantiella prismaticus***
（仿 Xu，Huang & Guo，2014）
A. 侧面观；B. 生殖腺；C. 平衡囊

5.2.3 软水母亚纲

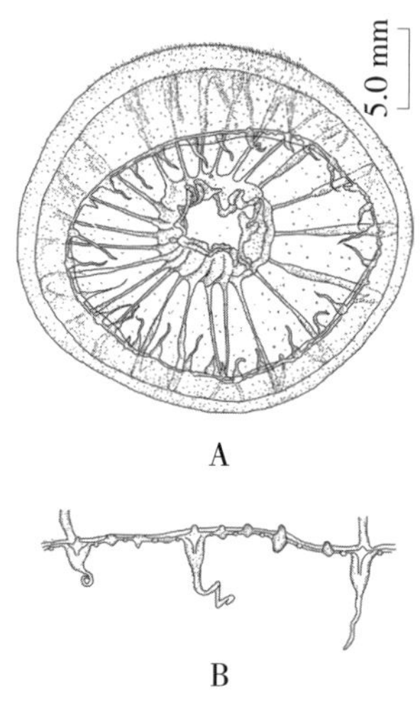

图 5.345 澳洲多管水母 *Aequorea australis*
（仿周太玄、黄明显，1958）
A. 口面观；B. 伞缘局部

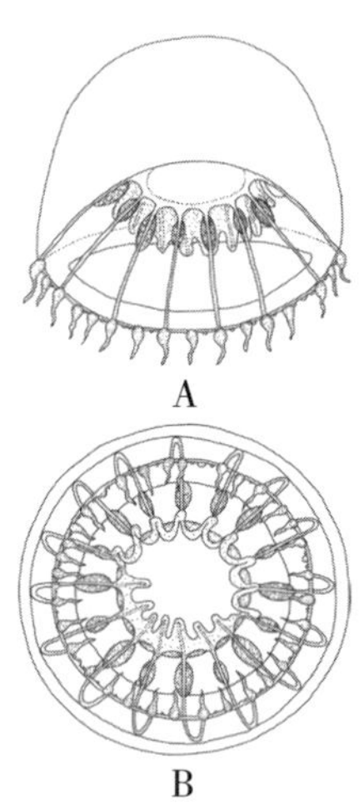

图 5.346 锥形多管水母 *Aequorea conica*
（仿丘书院，1954）
A. 侧面观；B. 口面观

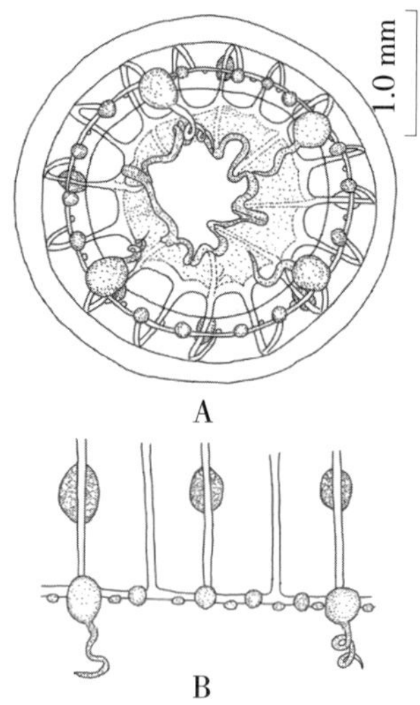

图 5.347 四手多管水母 *Aequorea tetranema*
（仿杜飞雁等，2009）
A. 口面观；B. 伞缘局部

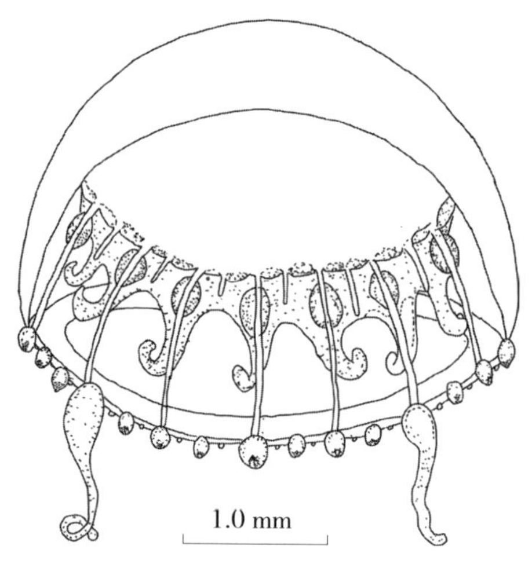

图 5.348 拟四手多管水母 *Aequorea paratetranema*
（仿黄加祺、许振祖、郭东晖，2020）

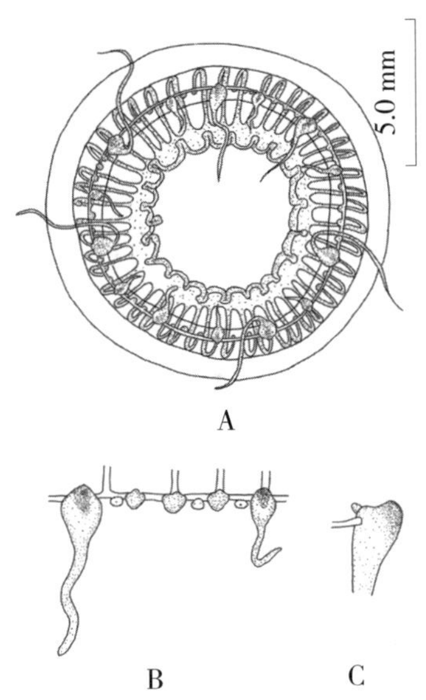

图 5.349　黑背多管水母 ***Aequorea atrikeelis***
（仿林茂等，2009）
A. 口面观；B. 伞缘局部；C. 触手基部

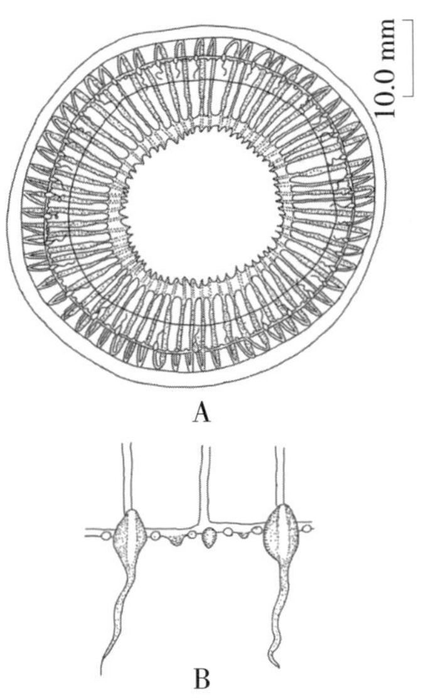

图 5.350　南海多管水母 ***Aequorea nanhainensis***
（仿杜飞雁等，2009）
A. 口面观；B. 伞缘局部

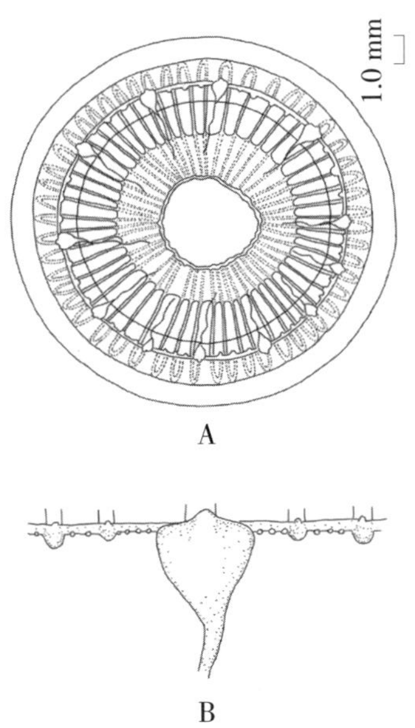

图 5.351　大型多管水母 ***Aequorea macrodactyla***
（仿许振祖、张金标，1978）
A. 口面观；B. 伞缘局部

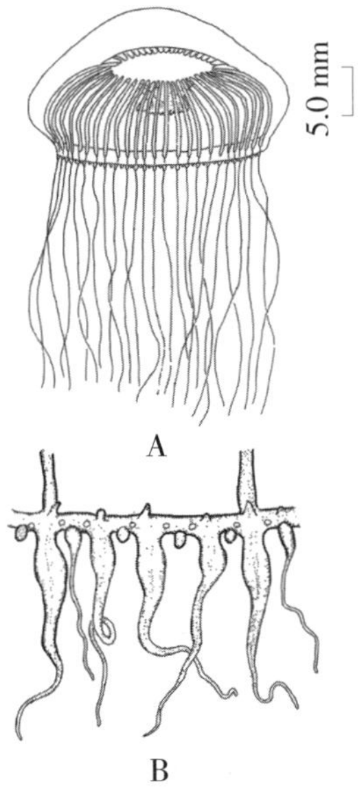

图 5.352　青色多管水母 ***Aequorea coerulescens***
A. 侧面观（仿高哲生等，1958）；
B. 伞缘局部（仿周太玄、黄明显，1958）

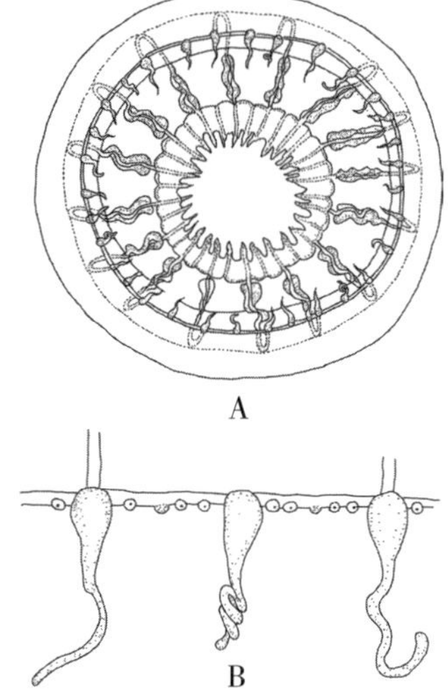

图 5.353　龚氏多管水母
Aequorea gongqiuhongae
（仿黄加祺、许振祖、郭东晖，2021）
A. 口面观；B. 伞缘局部

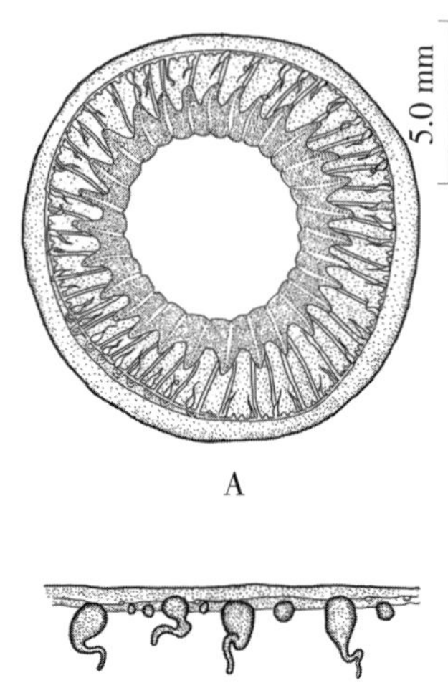

图 5.354　球形多管水母
Aequorea globosa
（仿许振祖、张金标，1964）
A. 口面观；B. 伞缘局部

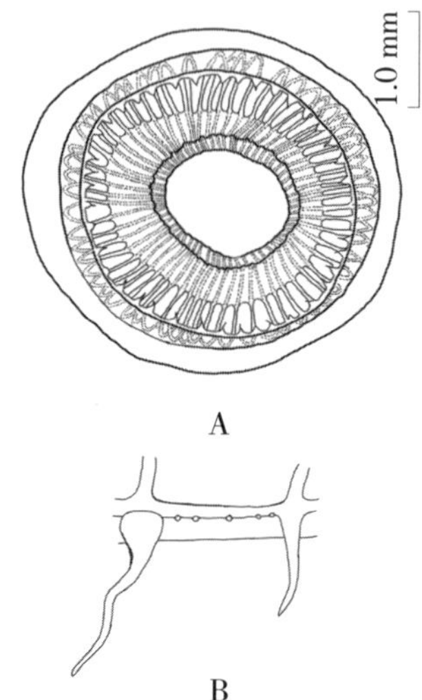

图 5.355　福斯多管水母
Aequorea forskalea
（仿许振祖、张金标，1978）
A. 口面观；B. 伞缘局部

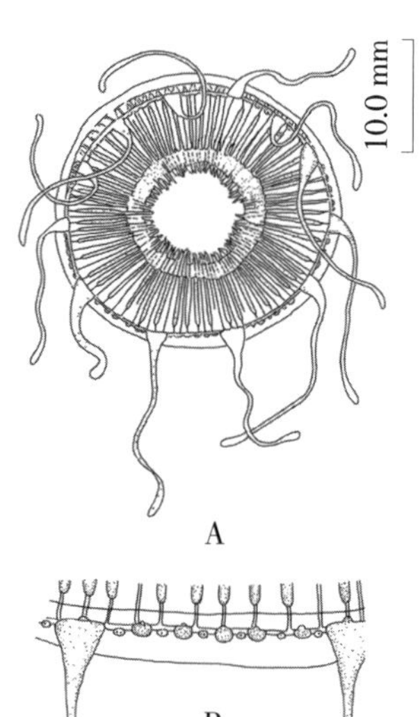

图 5.356　台湾多管水母
Aequorea taiwanensis
（仿郑连明等，2008）
A. 口面观；B. 伞缘局部

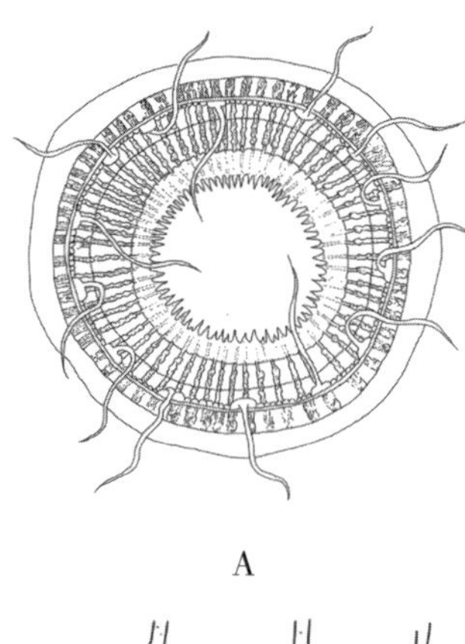

图 5.357　乳突多管水母
Aequorea papillata
（仿黄加祺等，1994a）
A. 口面观；B. 触手基部

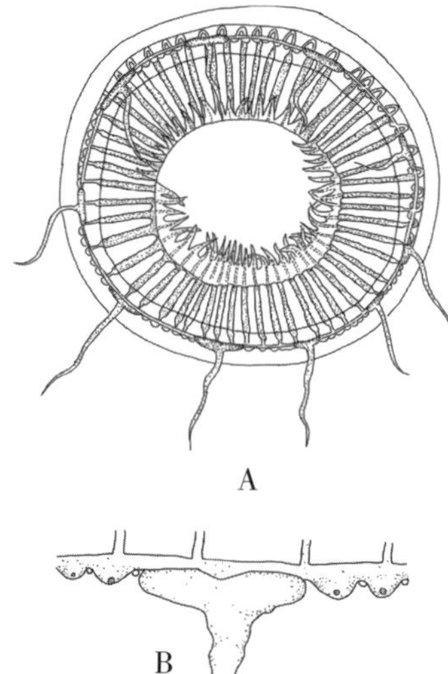

图 5.358　细小多管水母
Aequorea parva
A. 口面观（仿丘书院，1954）；
B. 触手基部（仿黄加祺等，1994a）

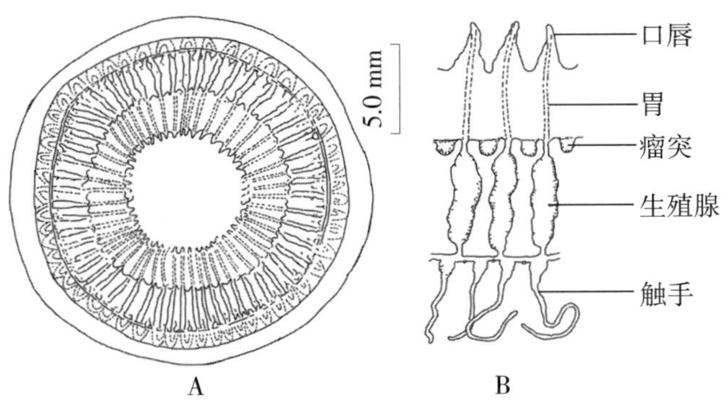

图 5.360　广东胃瘤水母 ***Gangliostoma guangdongensis***
（仿许振祖，1983a）
A. 口面观；B. 口面局部

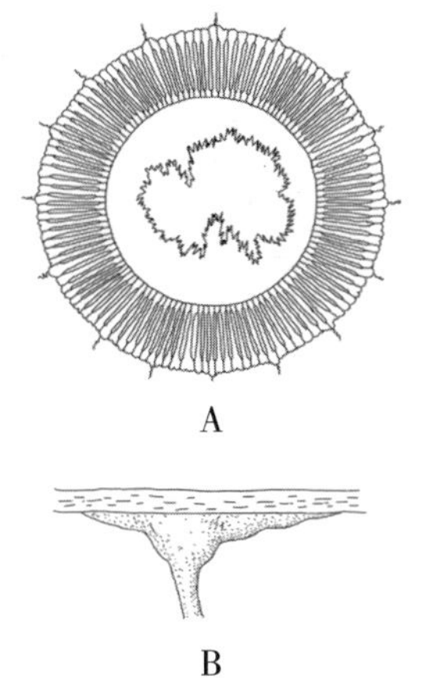

图 5.359　镜形多管水母 ***Aequorea pensilis***
A. 口面观（仿 Russell，1953）；
B. 伞缘局部（仿 Hincks，1868）

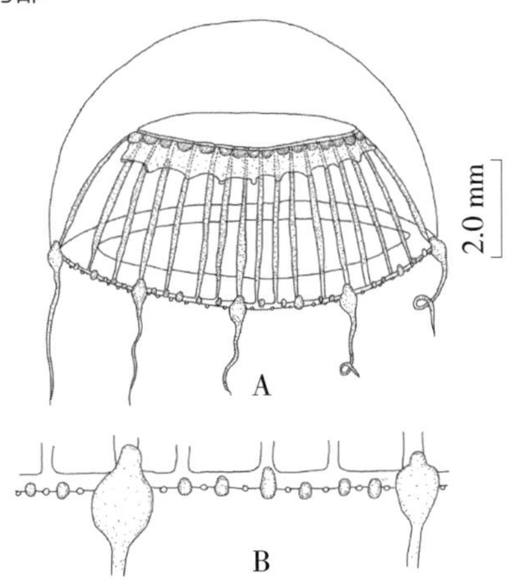

图 5.362　背距胃瘤水母 ***Gangliostoma abaxialispura***
A. 侧面观（仿 Guo et al.，2019）；B. 伞缘局部

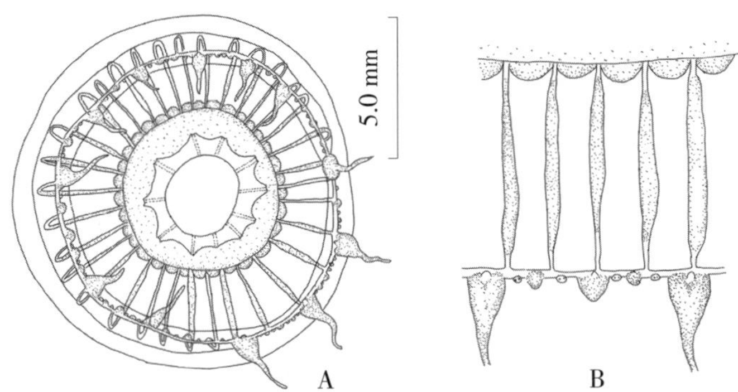

图 5.361　大亚湾胃瘤水母 ***Gangliostoma dayaensis***
（仿 Du et al.，2010）
A. 口面观；B. 内伞部分放大

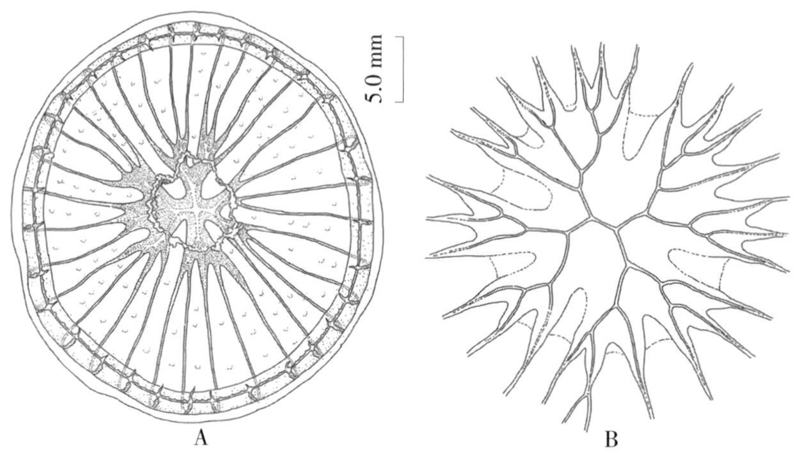

图 5.363 枝多管水母 ***Zygocanna vagans***
A. 口面观（仿 Pagès et al.，1992）；B. 胃背面观（仿 Bigelow，1919）

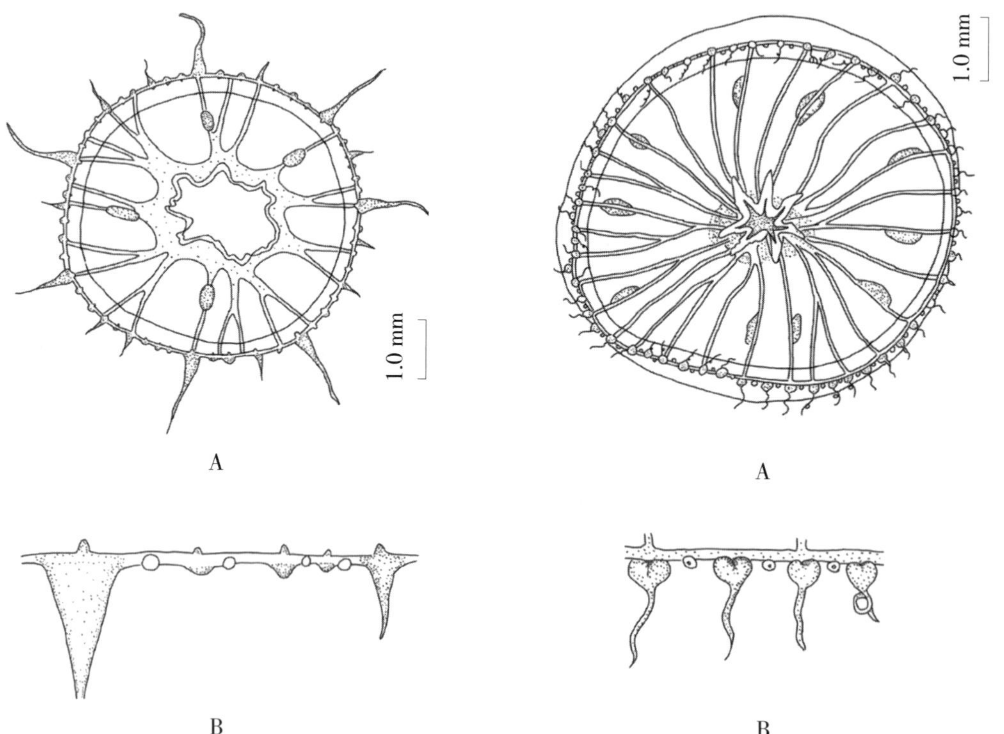

图 5.364 平枝多管水母 ***Zygocanna planatus***
（仿 Wang et al.，2011）
A. 口面观；B. 伞缘局部

图 5.365 无突枝多管水母 ***Zygocanna apapillatus***
（仿 Xu，Huang & Guo，2014）
A. 口面观；B. 伞缘局部

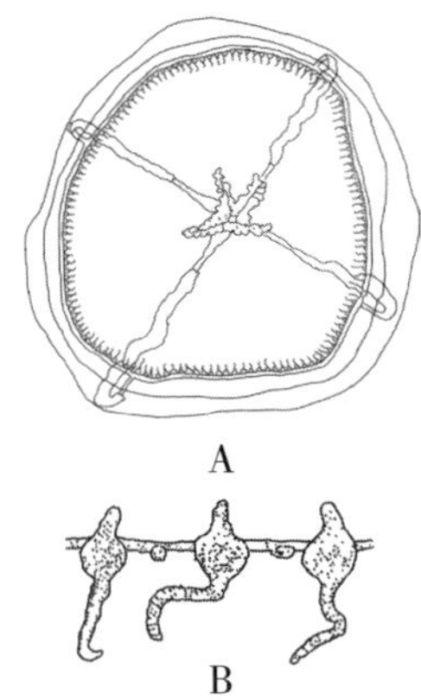

图 5.366　多手指突水母 ***Blackfordia polytentaculata***
（仿许振祖、金德祥，1962）
A. 口面观；B；伞缘局部

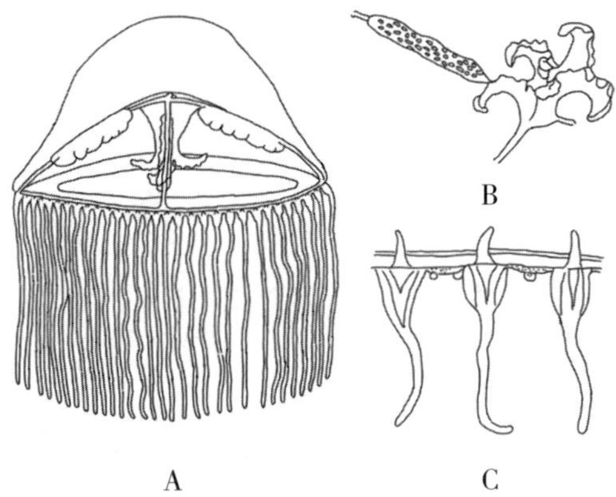

图 5.367　弗州指突水母 ***Blackfordia virginica***
（仿许振祖、金德祥，1962）
A. 侧面观；B. 生殖腺及口唇；C. 伞缘局部

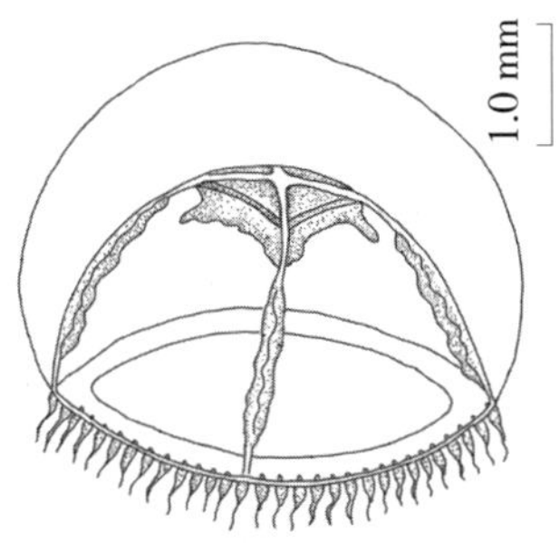

图 5.368　指突水母 ***Blackfordia manhattensis***
（仿高哲生、张志南，1962）

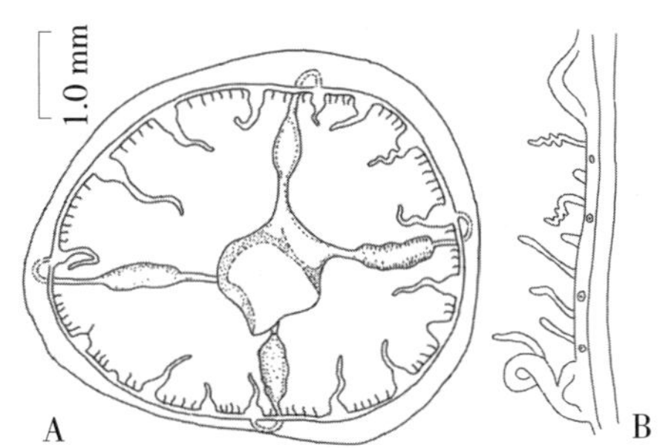

图 5.369　多手卷丝水母 ***Cirrholovenia polynema***
（仿许振祖、张金标，1978）
A. 口面观；B 伞缘局部

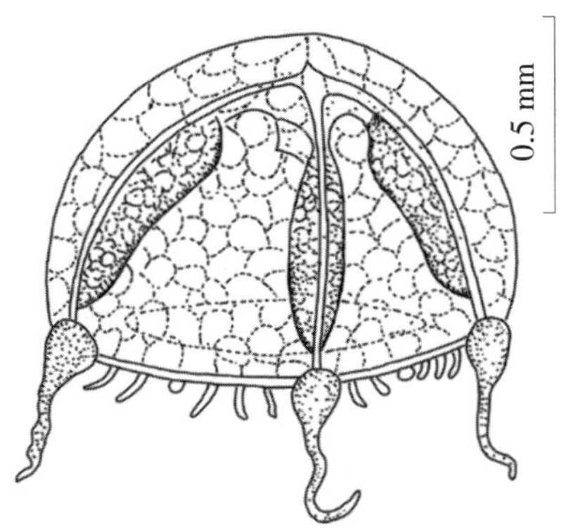

图 5.370　网状卷丝水母 ***Cirrholovenia reticulata***
侧面观（仿许振祖、黄加祺，2004）

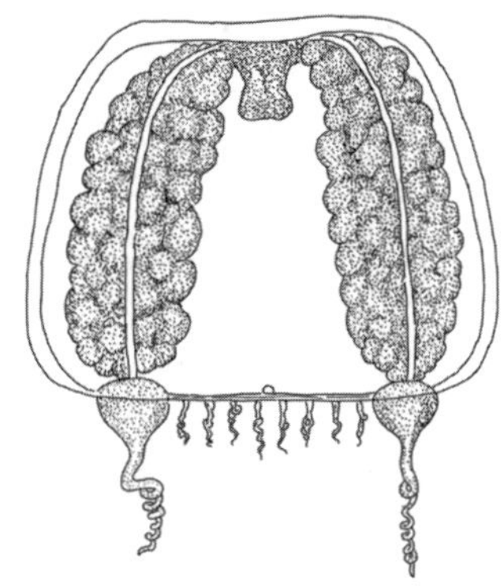

图 5.371　四手卷丝水母 ***Cirrholovenia tetranema***
侧面观（仿 Kramp，1959）

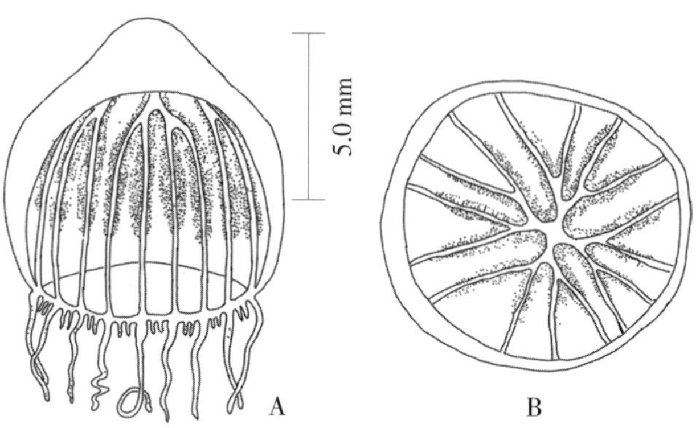

图 5.372 管叉水母 ***Dichotomia cannoides***
（仿许振祖、张金标，1978）
A. 侧面观；B. 顶面观

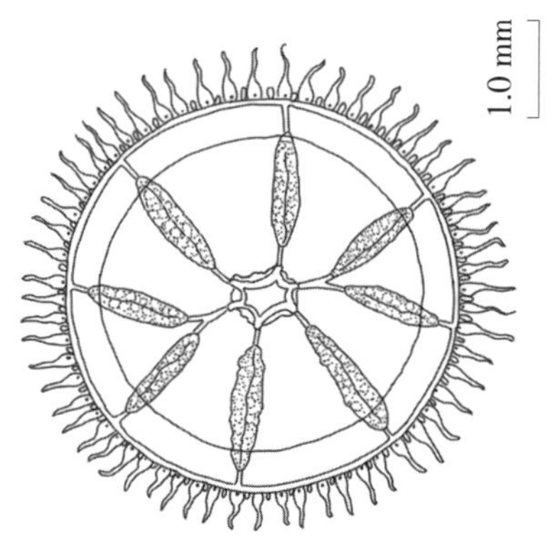

图 5.373 太平洋侧管水母 ***Dipleurosoma pacificum***
（仿张金标等，1999）

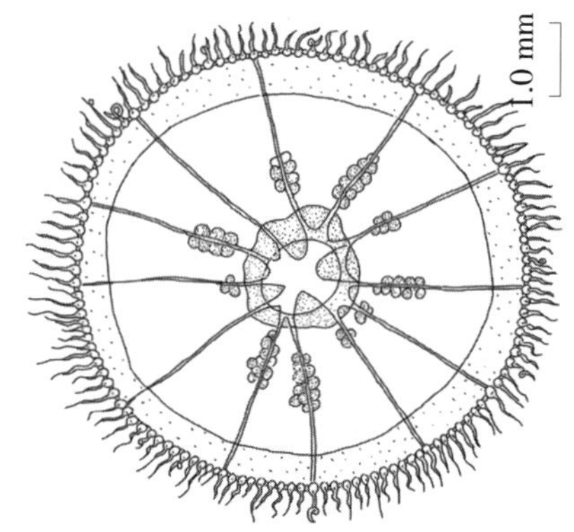

图 5.374 正型侧管水母 ***Dipleurosoma typicum***
（仿黄加祺等，2009b）

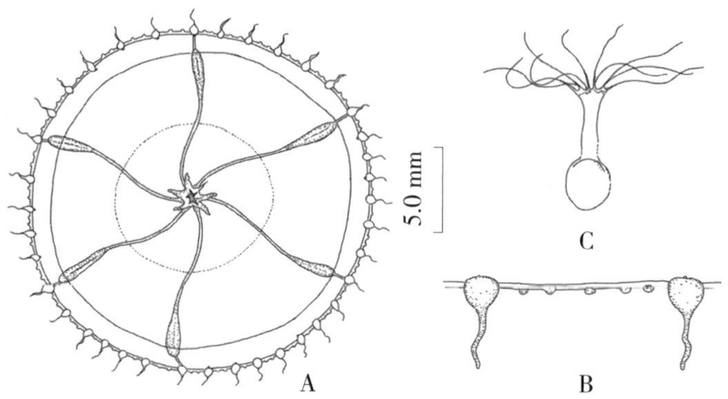

图 5.375 六辐和平水母 ***Eirene hexanemalis***
（A，B 仿丘书院，1954；C 仿 Bouillon，1983）
A. 水母体口面观；B. 伞缘局部；C. 水螅体

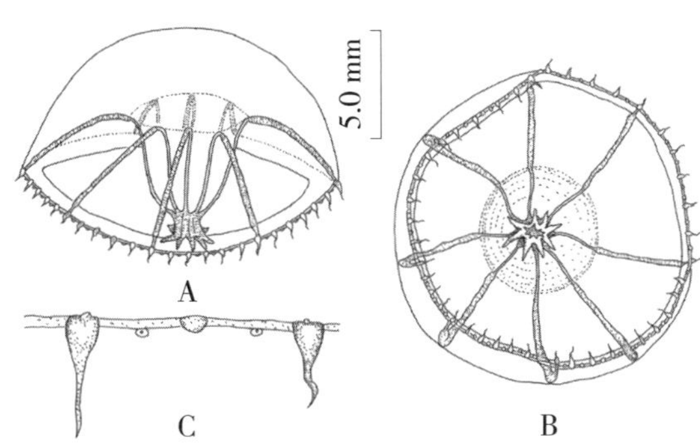

图 5.376 八辐和平水母 ***Eirene octonemalis***
（仿 Guo et al.，2008）
A. 侧面观；B. 口面观；C. 伞缘局部

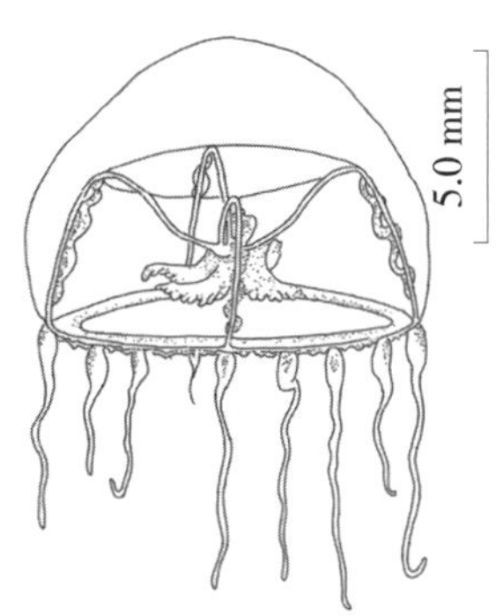

图 5.377 胶州和平水母 ***Eirene chiaochowensis***
（仿高哲生等，1958）

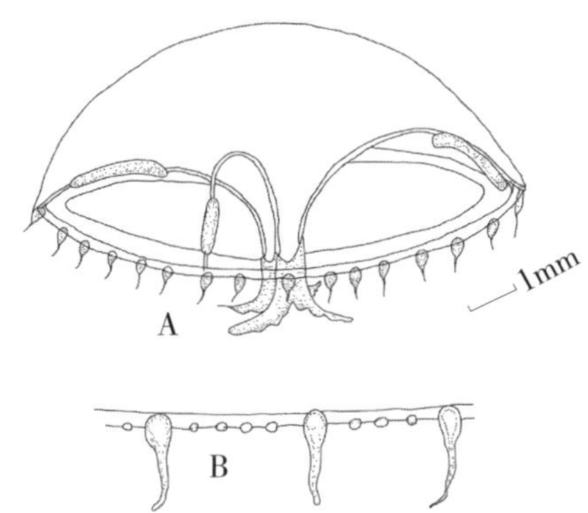

图 5.378 鸡屿和平水母 ***Eirene jiyuensis***，sp.nov.
（仿许振祖等）
A. 侧面观；B. 伞缘局部

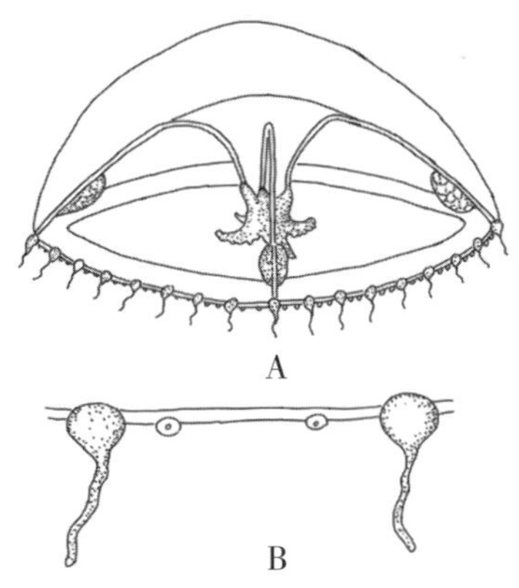

图 5.379 蟹形和平水母 ***Eirene kambara***
（仿许振祖等，1964）
A. 侧面观；B. 伞缘局部

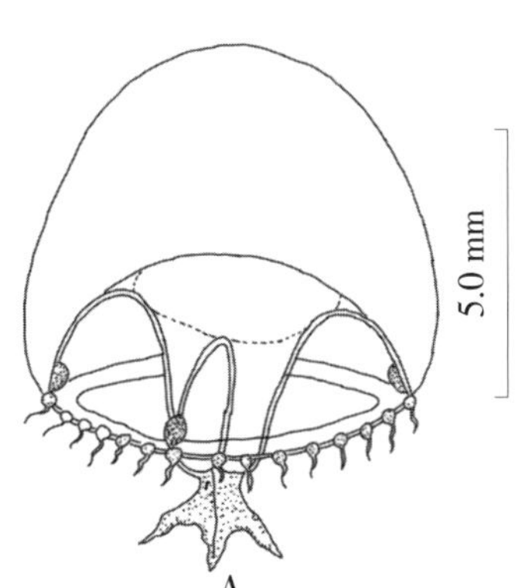

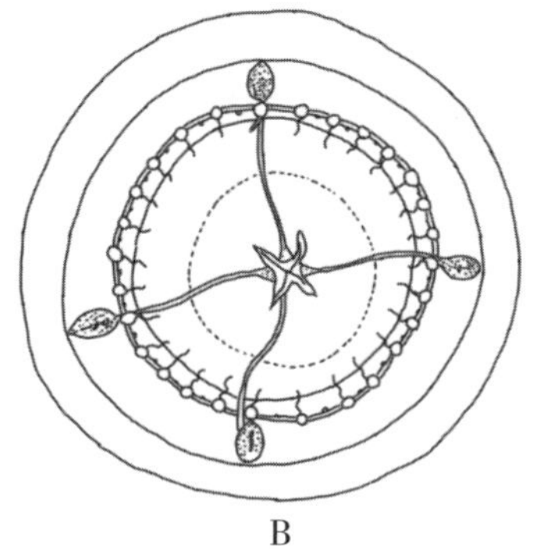

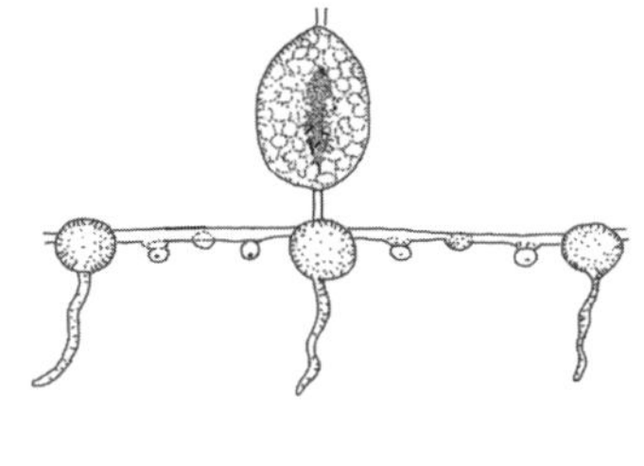

图 5.380 锥形和平水母 ***Eirene conica***
（仿 Du et al.，2010）
A. 侧面观；B. 口面观；C. 伞缘局部

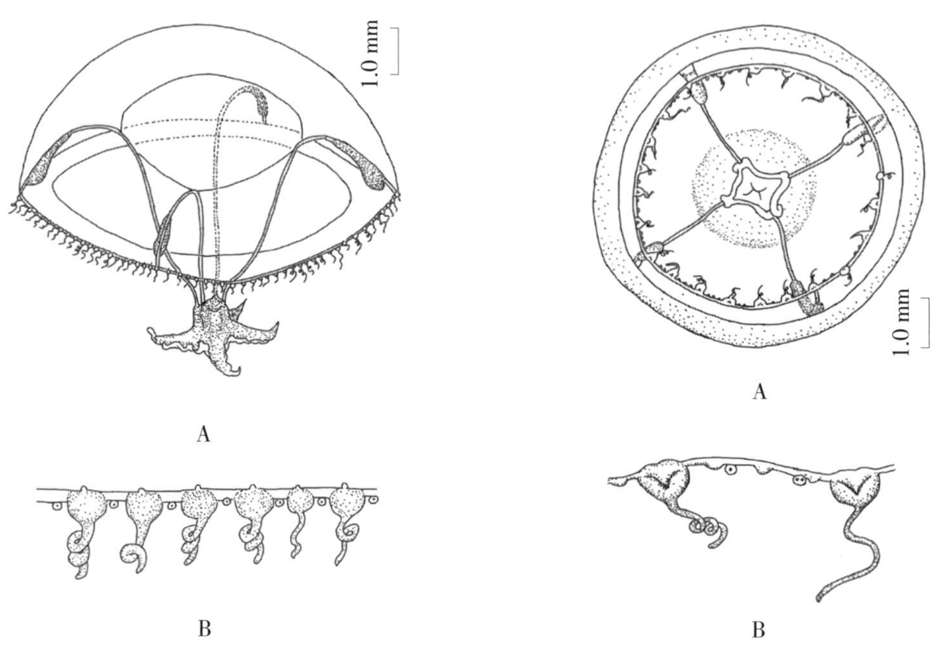

图 5.381　塔形和平水母 ***Eirene pyramidalis***
（仿 L. Agassiz，1862）
A. 侧面观；B. 伞缘局部

图 5.382　细腺和平水母 ***Eirene tenuis***
（仿许振祖、黄加祺，1983a）
A. 口面观；B. 伞缘局部

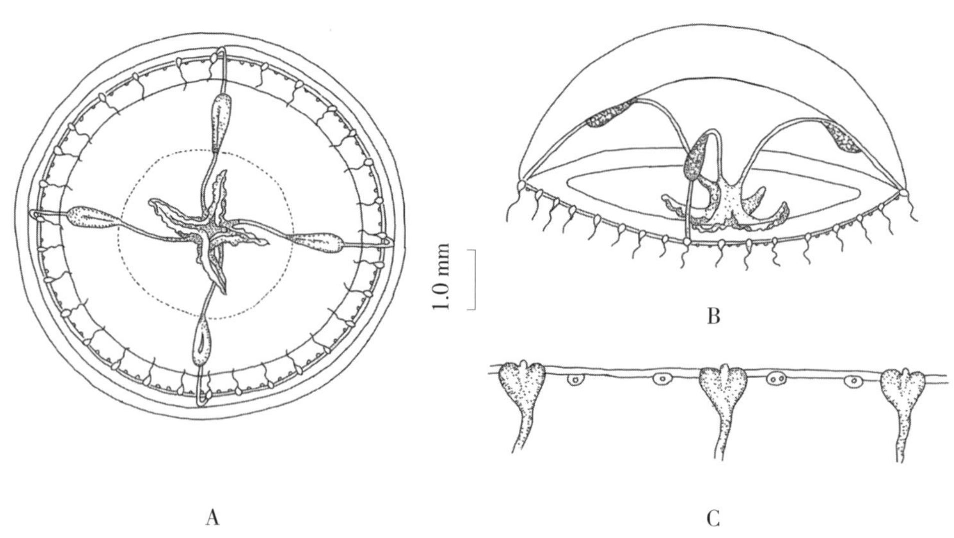

图 5.383　厦门和平水母 ***Eirene xiamenensis***
（仿黄加祺等，2010d）
A. 口面观；B. 侧面观；C. 伞缘局部

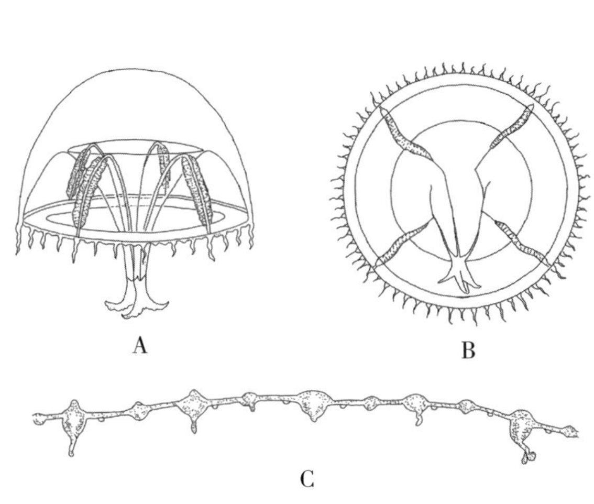

图 5.384 绿色和平水母 ***Eirene viridula***
（仿 Kramp，1968）
A，B. 侧面观和口面观；C. 伞缘局部

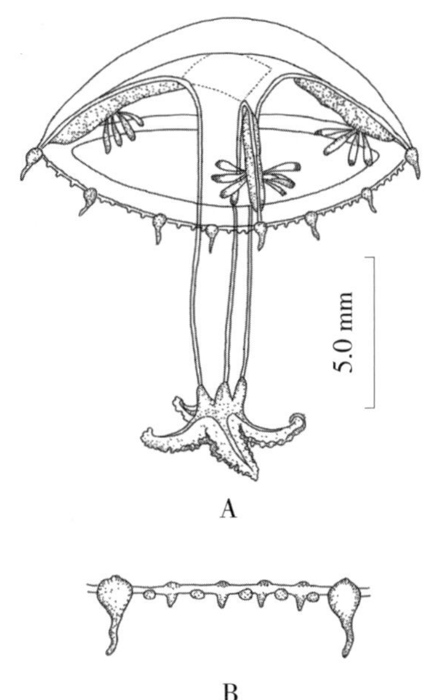

图 5.386 埃利和平水母 ***Eirene elliceana***
（仿 Du et al.，2010）
A. 侧面观；B. 伞缘局部

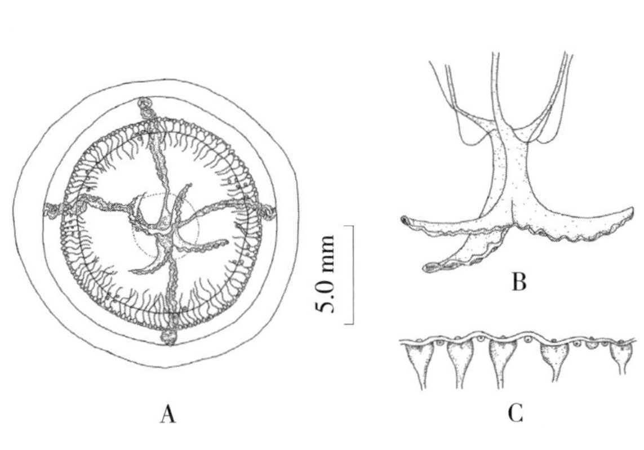

图 5.385 拟柄突和平水母 ***Eirene lacteoides***
（仿黄加祺等，2009a）
A 口面观；B. 胃柄和口唇；C. 伞缘局部

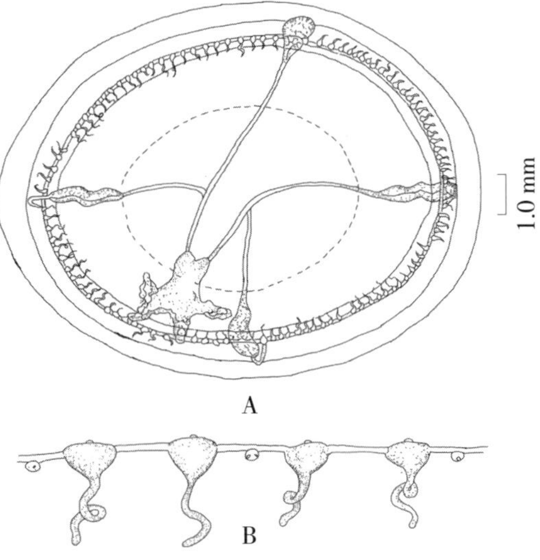

图 5.387 湛江和平水母 ***Eirene zhanjiangensis***
（仿张才学等，2019）
A. 口面观；B. 伞缘局部

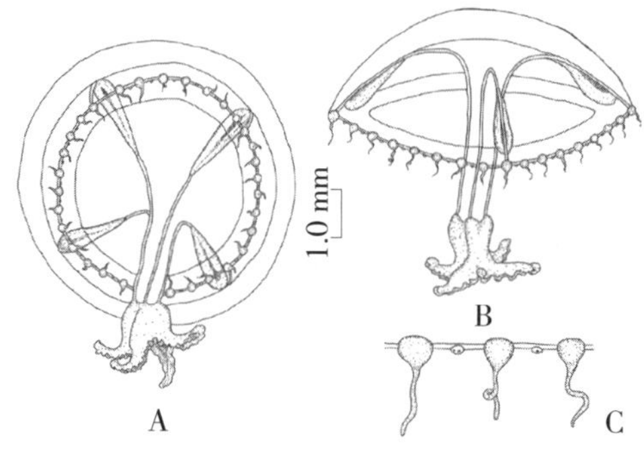

图 5.388　无疣和平水母 ***Eirene averuciformis***
（仿 Du et al.，2010）
A. 口面观；B. 侧面观；C. 伞缘局部

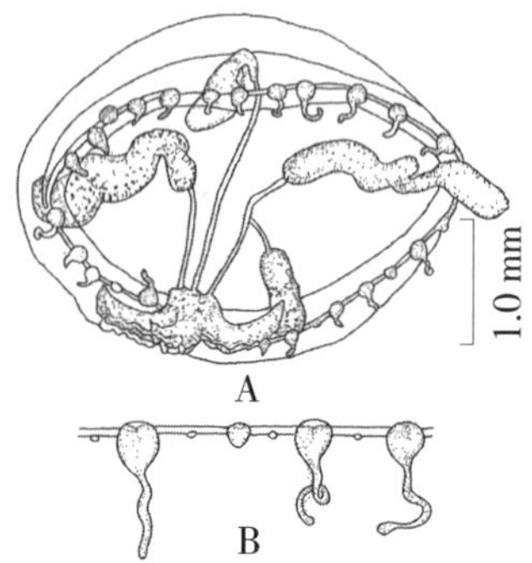

图 5.389　大腺和平水母 ***Eirene macrogonia***
（仿张才学等，2019）
A. 口面观；B. 部分伞缘放大

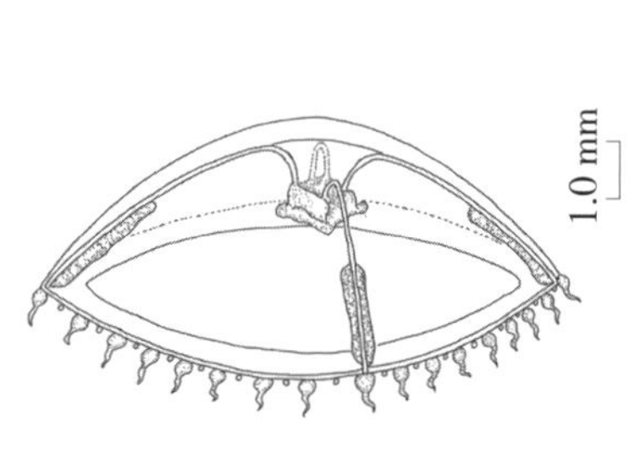

图 5.390　短柄和平水母
Eirene brevistylis
（仿黄加祺、许振祖，1994a）

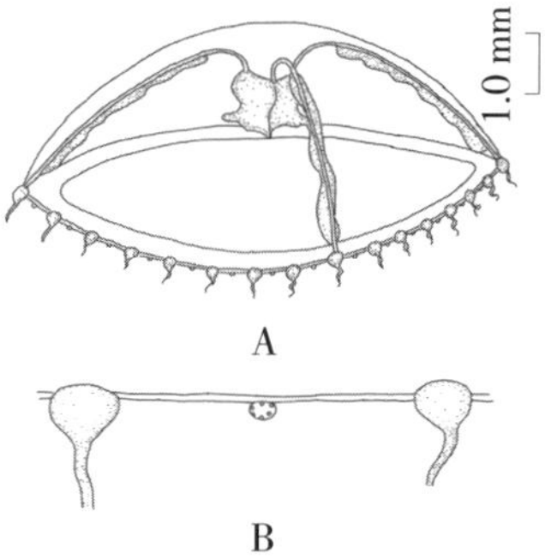

图 5.391　拟短柄和平水母
Eirene brevistyloides
（仿 Du et al.，2010）
A. 侧面观；B. 伞缘局部

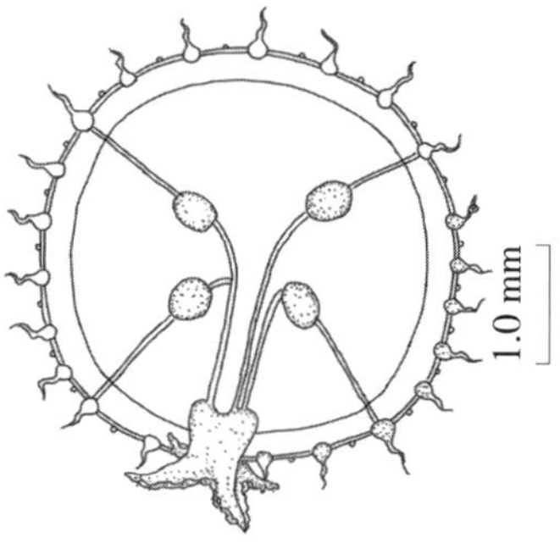

图 5.394　短腺和平水母
Eirene brevigona
（仿 Kramp，1959）

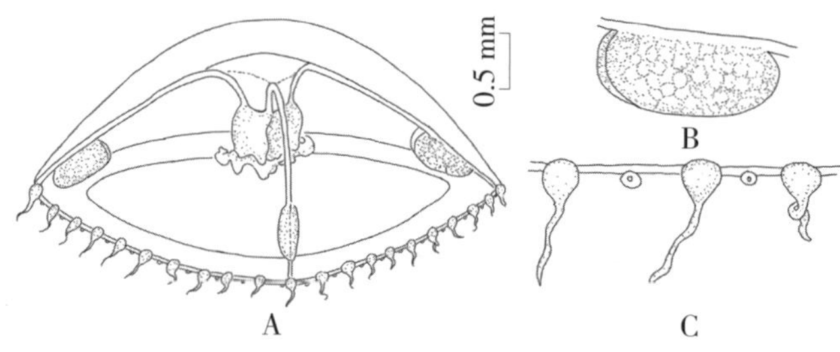

图 5.392　侧扁和平水母 ***Eirene compressa***
（仿许振祖等，2019）
A. 侧面观；B. 生殖腺侧面观；C. 部分伞缘放大

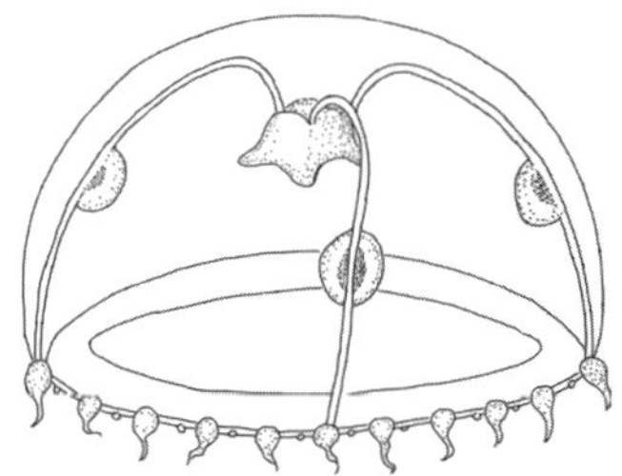

图 5.393　球腺和平水母 ***Eirene globogonia***
（仿陈小银等，2020）

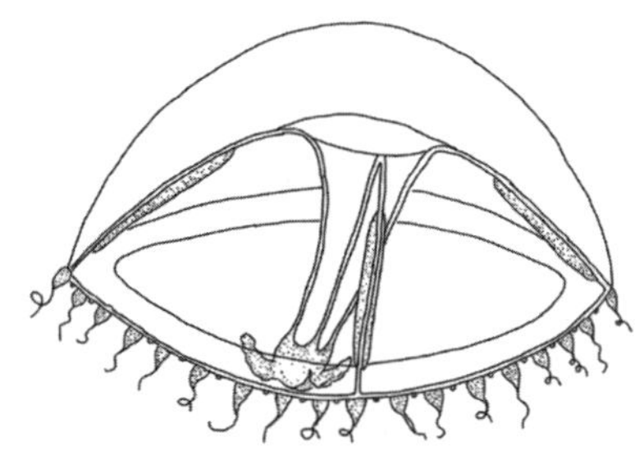

图 5.395　细颈和平水母
Eirene menoni
（仿许振祖等，1964）

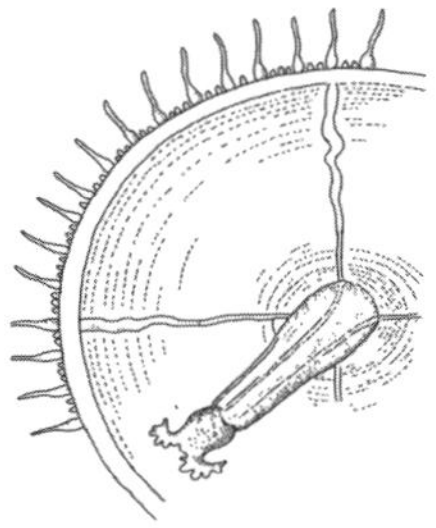

图 5.396　帕克和平水母
Eirene palkensis
（仿 Browne，1905b）

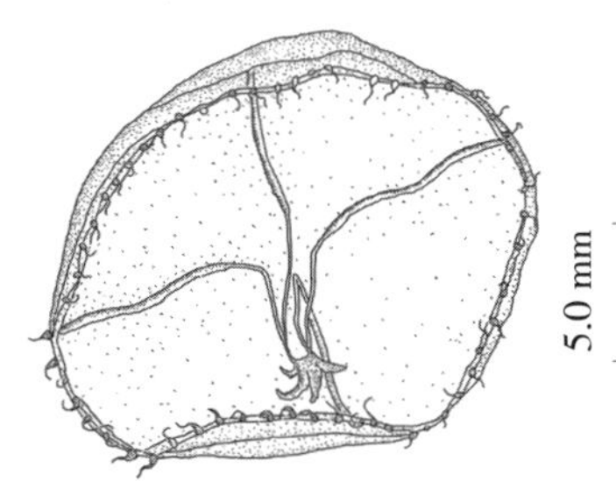

图 5.397　锡兰和平水母
Eirene ceylonensis
（仿丘书院，1954）

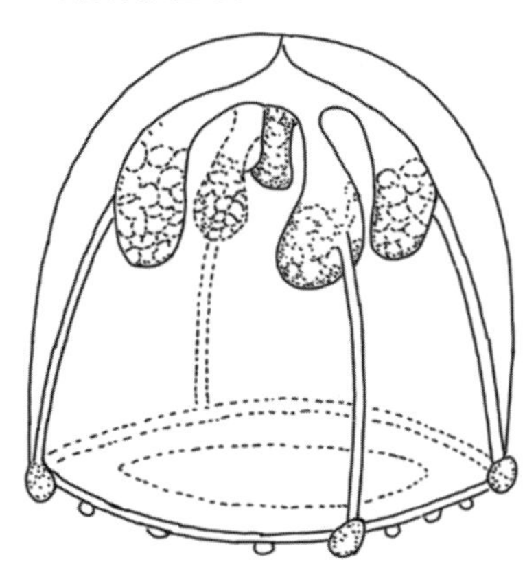

图 5.398　日本蚰贝水母 ***Eugymnanthea japonica***
（仿许振祖、黄加祺，2004）

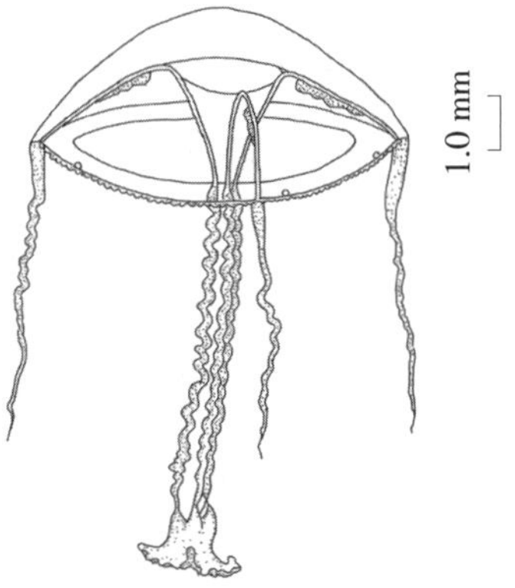

图 5.400　怪真瘤水母 ***Eutima mira***
（仿许振祖、张金标，1964）

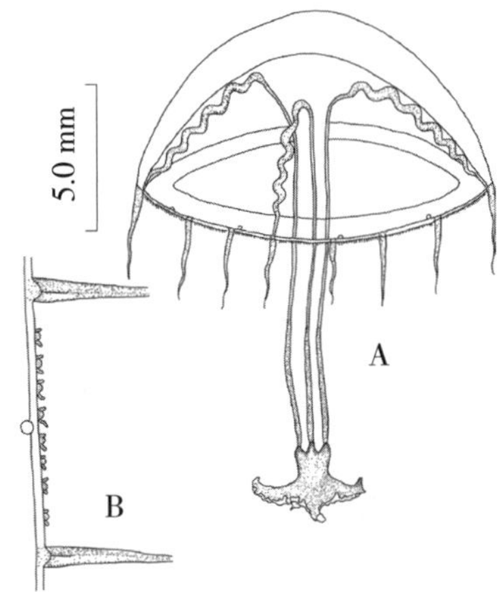

图 5.399　台湾真瘤水母 ***Eutima taiwanensis***
（仿郭东晖等，2019）
A. 侧面观；B. 伞缘局部

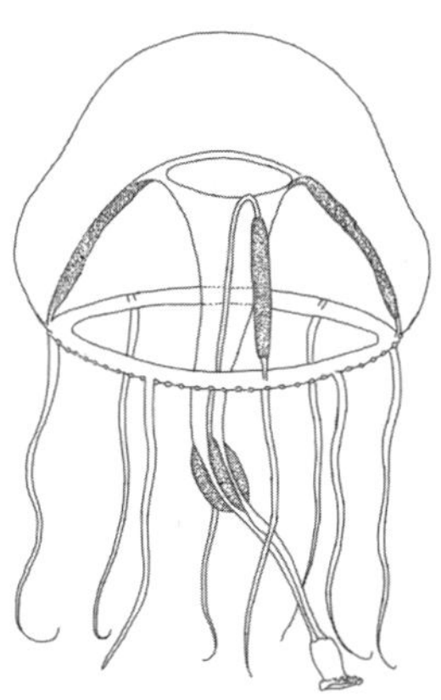

图 5.401　八蕊真瘤水母 ***Eutima gegenbauri***
（仿高哲生等，1958）

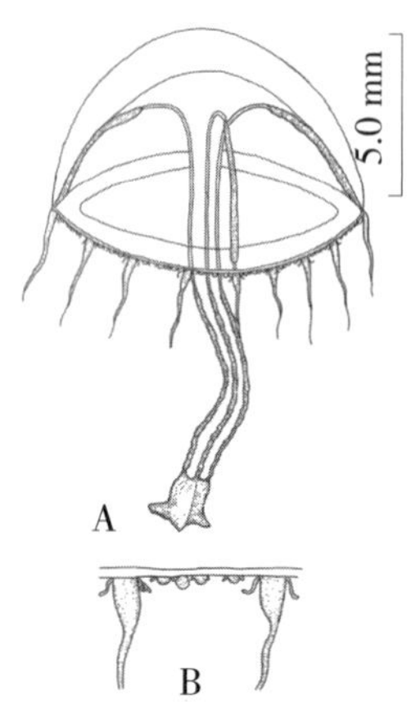

图 5.402 异手真瘤水母 ***Eutima variabilis***
（仿许振祖、张金标，1974）
A. 侧面观；B. 伞缘局部

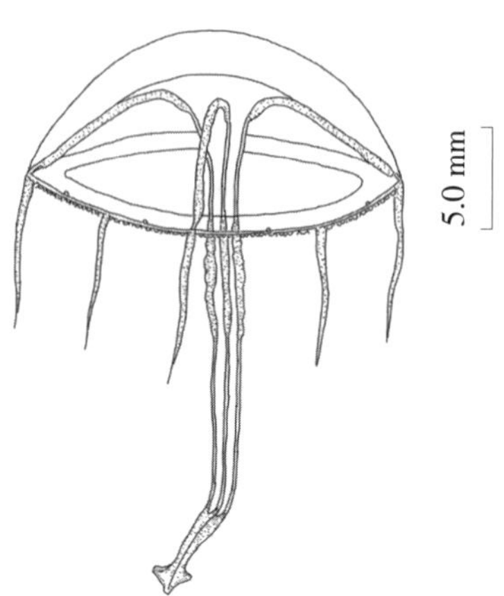

图 5.403 真瘤水母 ***Eutima levuka***
（仿丘书院，1954）

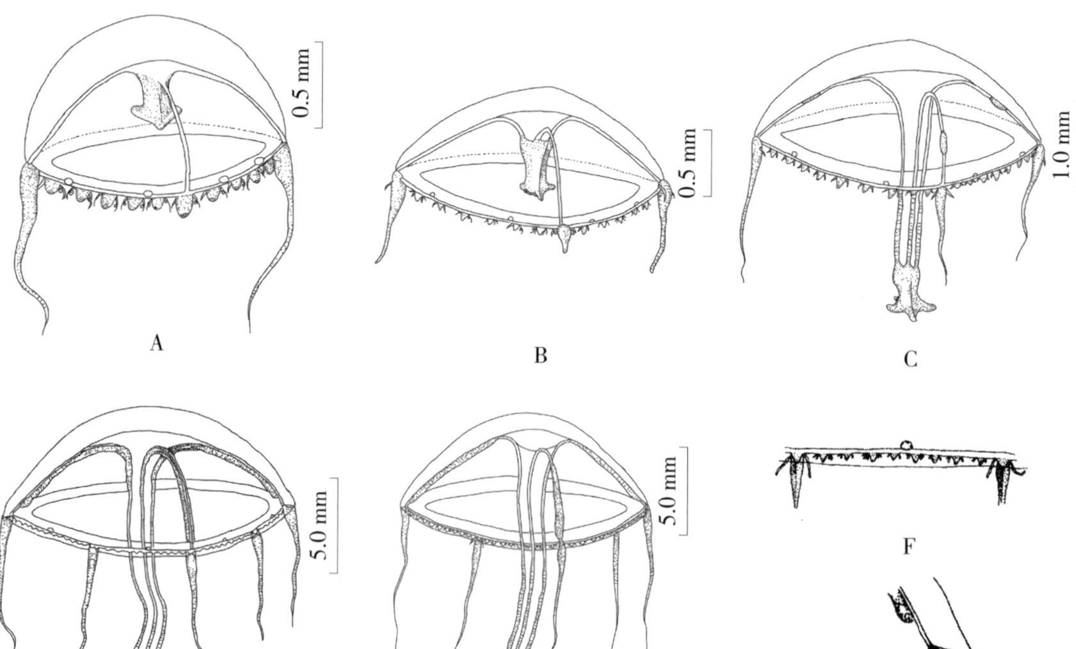

图 5.404 黑疣真瘤水母 ***Eutima krampi***
（仿 Guo et al.，2008）
A. 二手无柄期；B. 二手有柄期；C. 四手发育期；D. 八手发育期；
E. 成熟期；F. 八手发育期伞缘局部；G. 成熟期触手基部

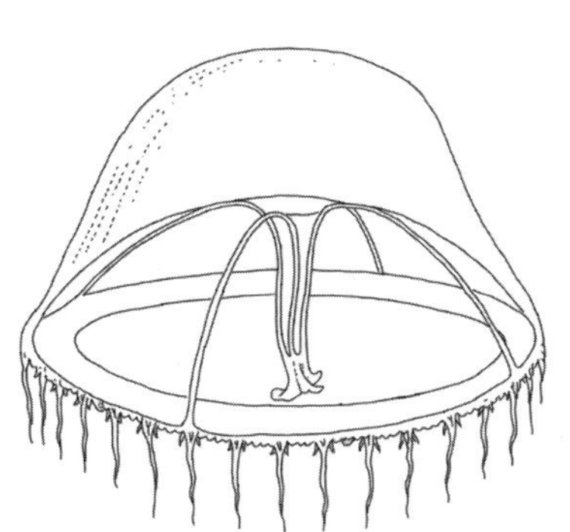

图 5.405 青色真瘤水母
Eutima coerulea
（仿 Mayer，1910）

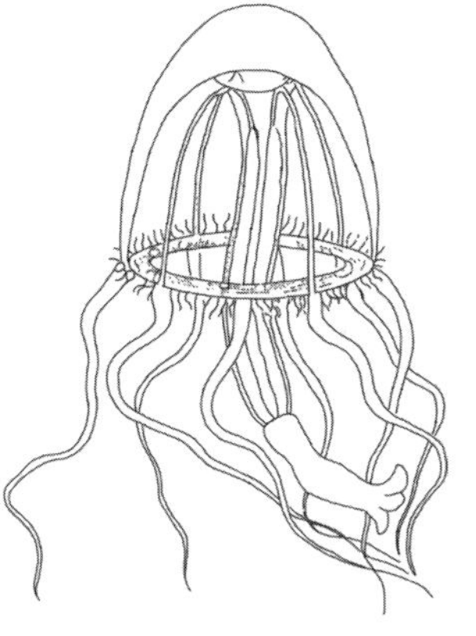

图 5.406 情帽真瘤水母
Eutima gentiana
（仿 Haeckel，1879）

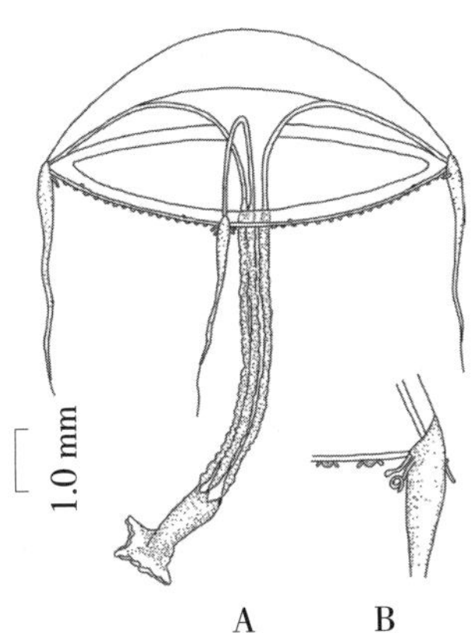

图 5.407 弯真瘤水母 *Eutima curva*
（仿许振祖等，1983）
A. 侧面观；B. 伞缘局部

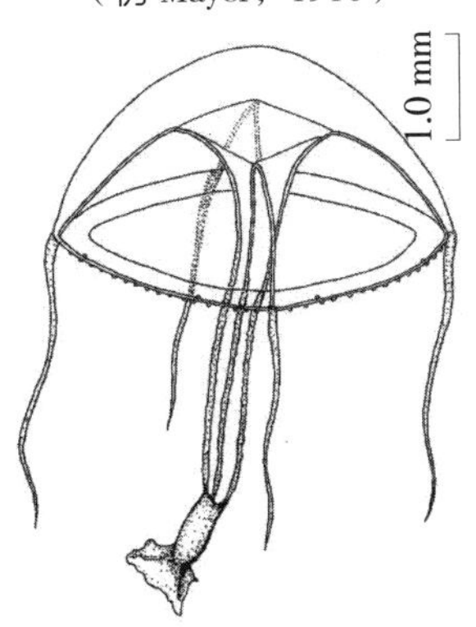

图 5.408 细真瘤水母
Eutima gracilis
（仿许振祖，1965）

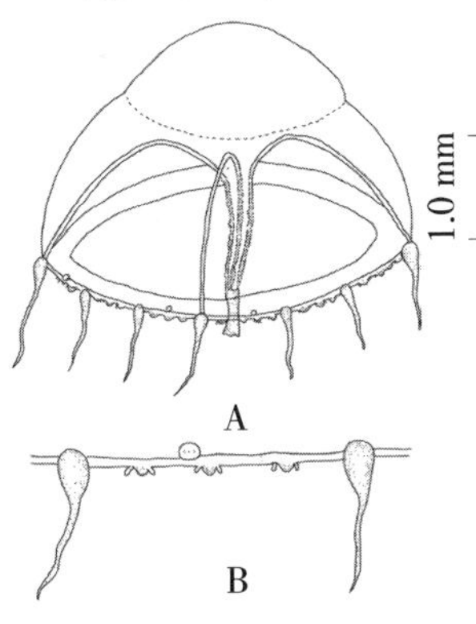

图 5.409 塔形真瘤水母
Eutima pyramidalis sp. nov.
（仿 Xu，Huang & Zheng）
A. 侧面观；B. 伞缘部分放大

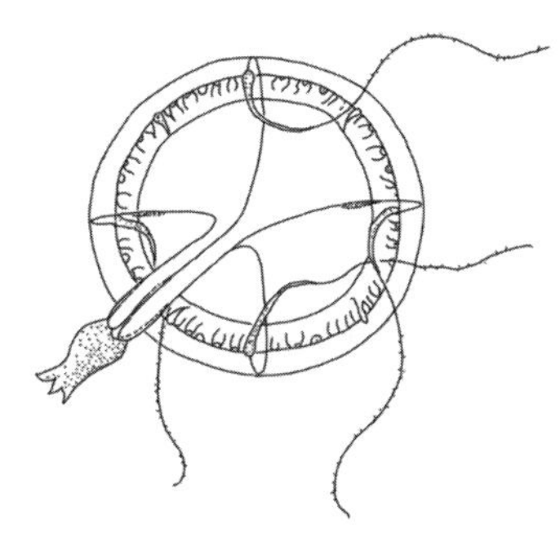

图 5.410 新卡真瘤水母
Eutima neucaledonia
（仿 Uchida，1964）

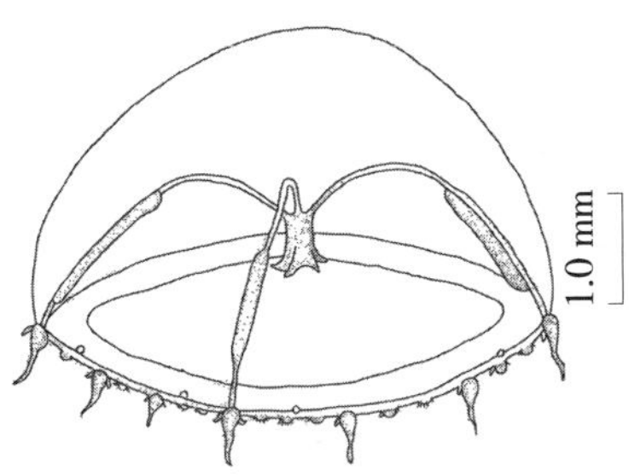

图 5.411 短柄真瘤水母
Eutima brevistyla sp. nov.
侧面观（仿 Xu，Huang & Zheng，2018）

图 5.412 端庄真瘤水母
Eutima modesta
（仿 Hartlaub，1909）

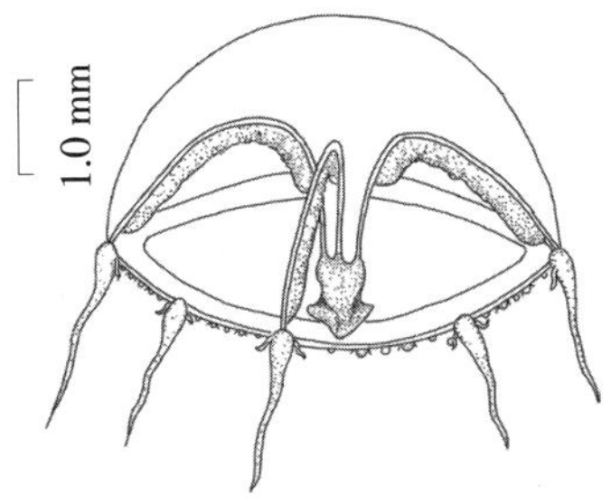

图 5.413 日本真瘤水母
Eutima japonica
（仿许振祖、黄加祺，1983a）

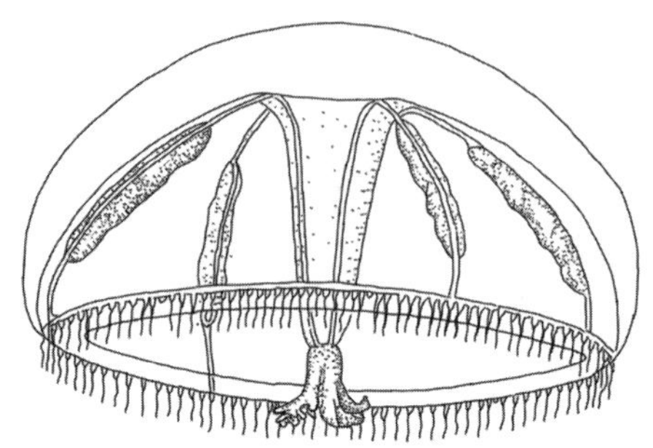

图 5.414 印度强壮水母 ***Eutonina indicans***
（仿 Kramp，1968）

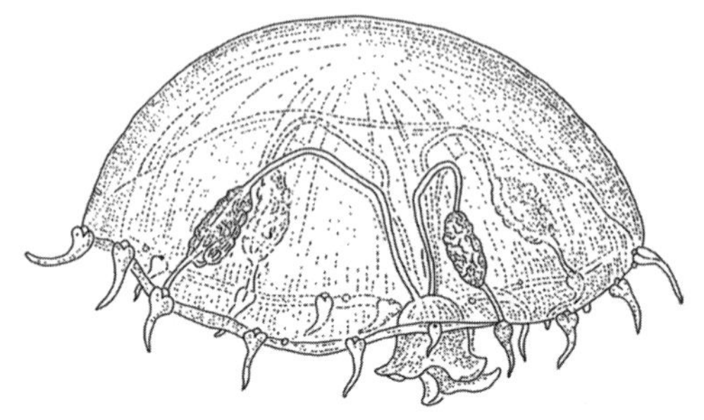

图 5.415 真强壮水母 ***Eutonina scintillans***
（仿 Kramp，1968）

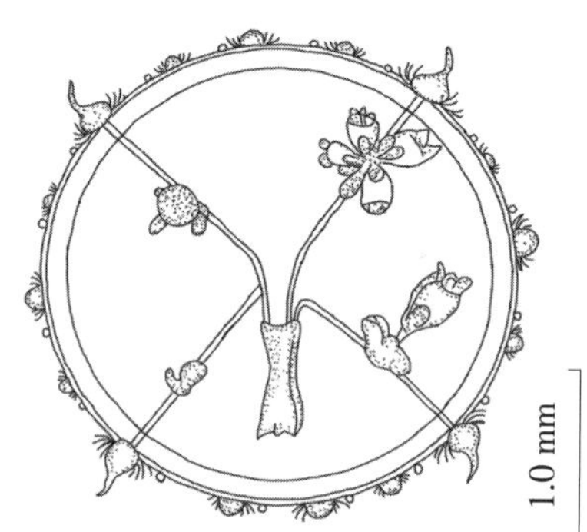

图 5.416 芽侧丝水母 ***Helgicirrha gemmifera***
（仿许振祖、黄加祺，2004）

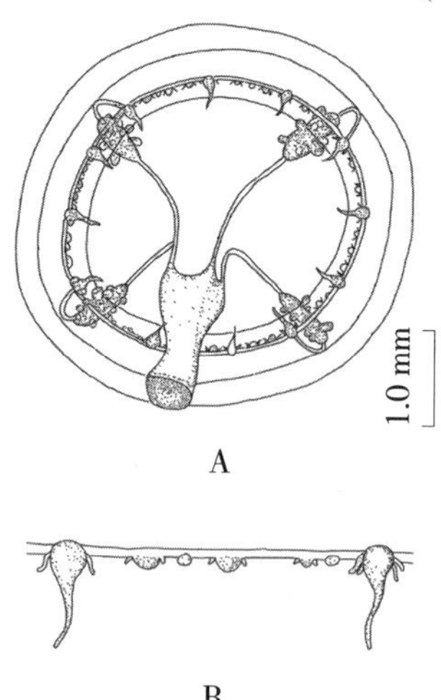

图 5.417 母芽侧丝水母 ***Helgicirrha medusifera***
（仿王春光等，2013）
A. 口面观；B. 伞缘局部

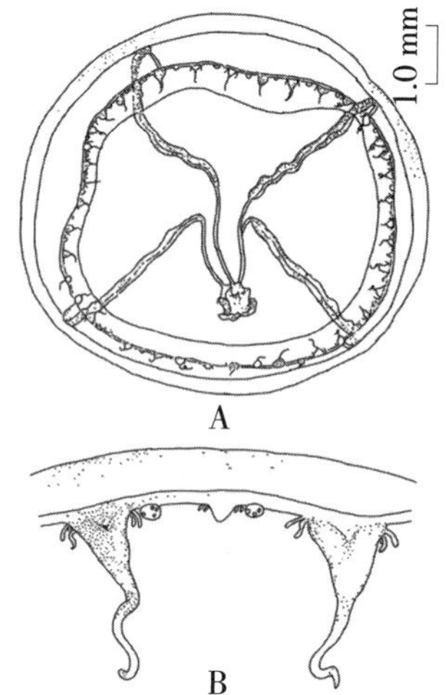

图 5.418 短柄侧丝水母 ***Helgicirrha brevistyla***
（仿许振祖、黄加祺，1983a）
A. 口面观；B. 伞缘局部

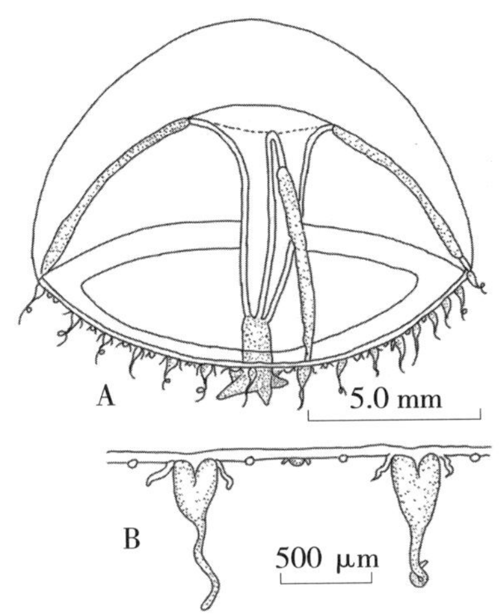

图 5.419　无突侧丝水母 ***Helgicirrha apapillata***
（仿陈小银等，2020）
A. 侧面观；B. 伞缘局部

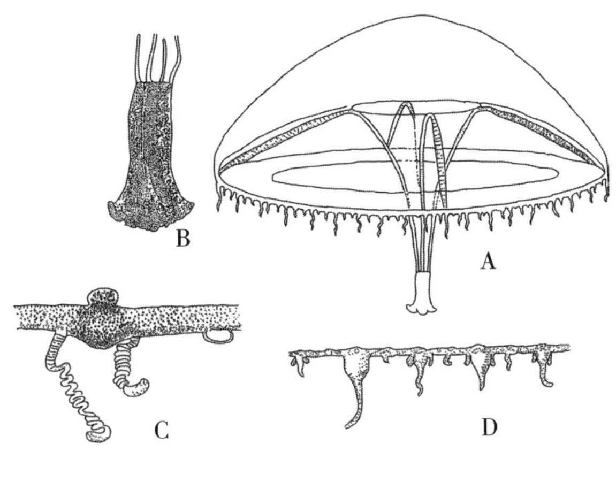

图 5.420　苏氏侧丝水母 ***Helgicirrha schulzei***
（A 仿 Russell，1963；B ~ D 仿 Russell，1953）
A. 成熟水母体；B. 垂管和口；
C. 侧丝和乳突；D. 伞缘局部

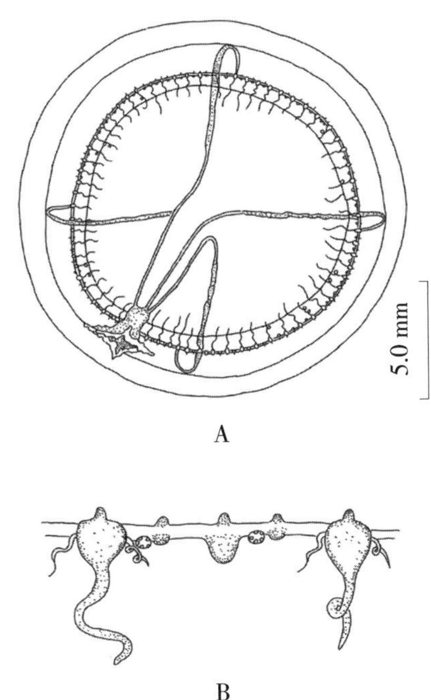

图 5.421　马来侧丝水母 ***Helgicirrha malayensis***
（仿高哲生等，1958）
A. 口面观；B. 伞缘局部

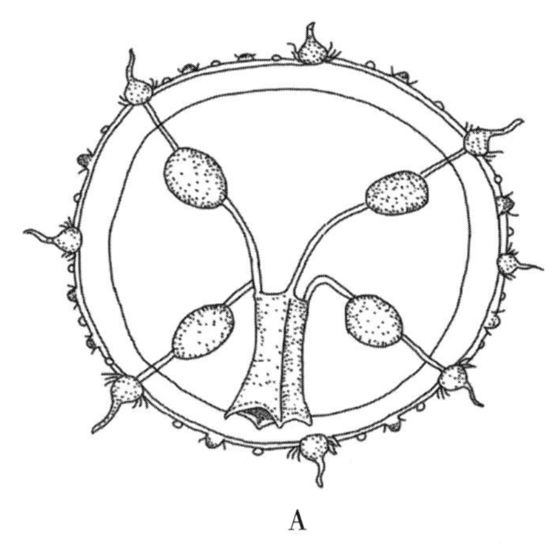

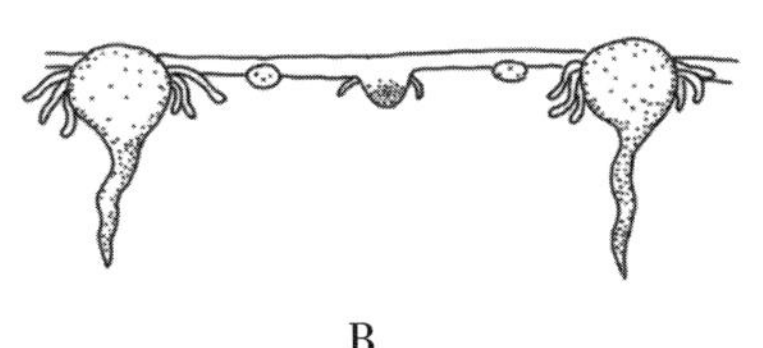

图 5.422　卵形侧丝水母 ***Helgicirrha ovalis***
（仿黄加祺等，2010e）
A. 口面观；B. 伞缘局部

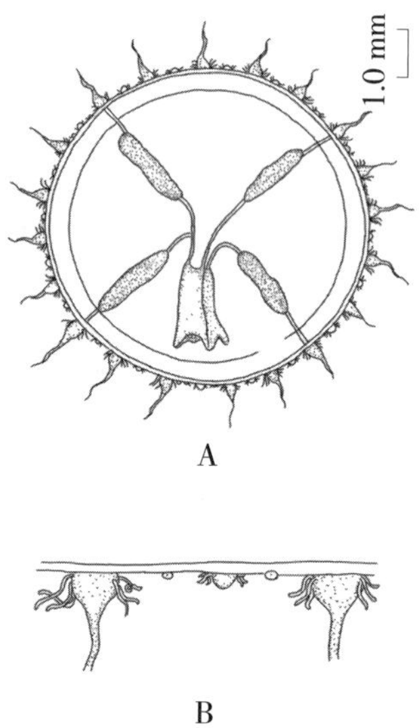

图 5.423　柯氏侧丝水母 ***Helgicirrha cornelii***
（仿 Boillon，1984a）
A. 口面观；B. 伞缘局部

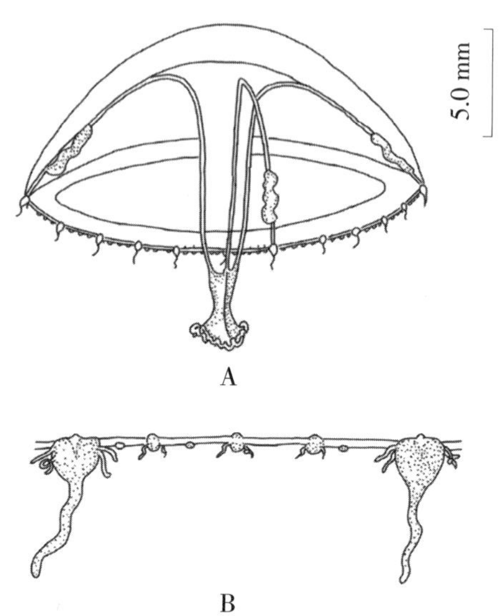

图 5.424　波腺侧丝水母 ***Helgicirrha sinuatus***
（仿 Du et al.，2012）
A. 侧面观；B. 伞缘局部

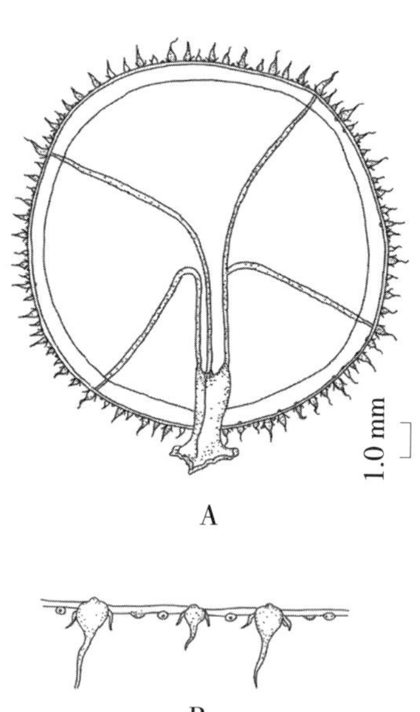

图 5.425　多手伊能水母 ***Irenium polynemum***
（仿黄加祺等，2010b）
A. 口面观；B. 伞缘局部

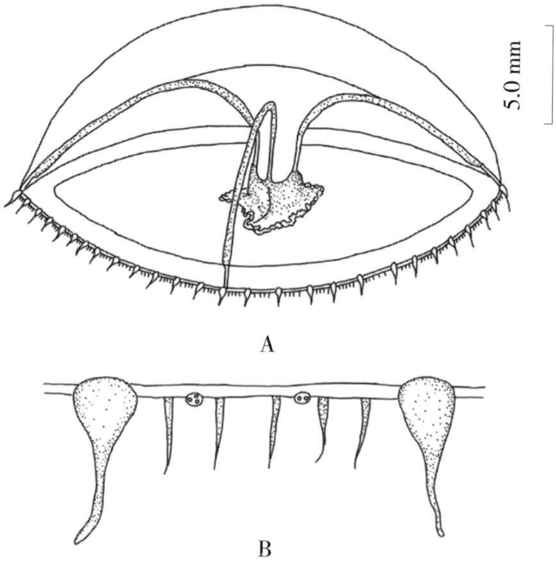

图 5.426　无疣杯水母 ***Phialopsis averruciformis***
（仿王春光等，2013）
A. 侧面观；B. 伞缘局部

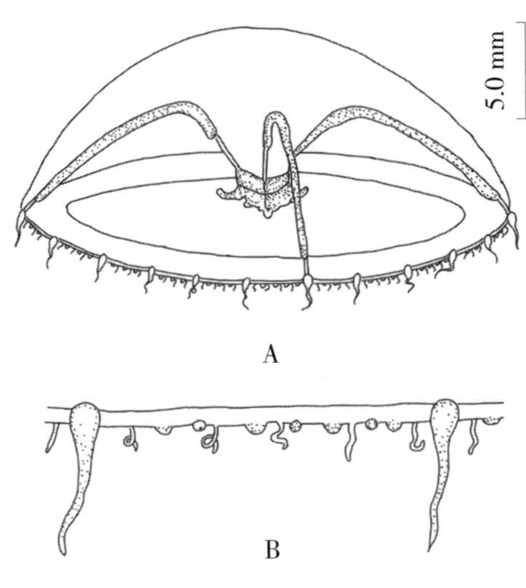

图 5.427 迪戈杯水母 ***Phialopsis diegensis***
（仿 Torrey，1909）
A. 侧面观；B. 伞缘局部

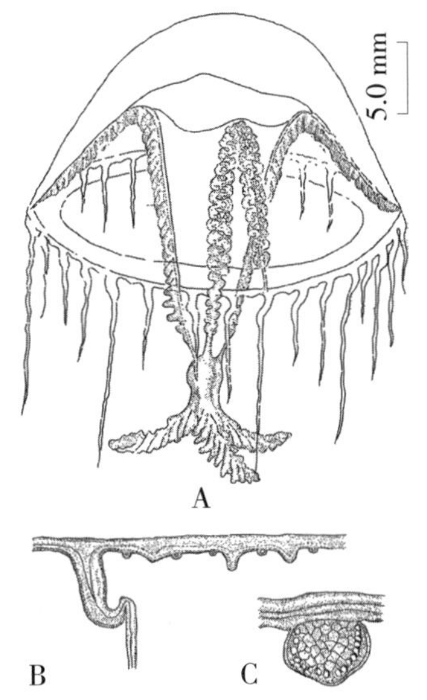

图 5.428 瘤手水母 ***Tima formosa***
（仿高哲生等，1958）
A. 侧面观；B. 伞缘局部；C. 平衡囊

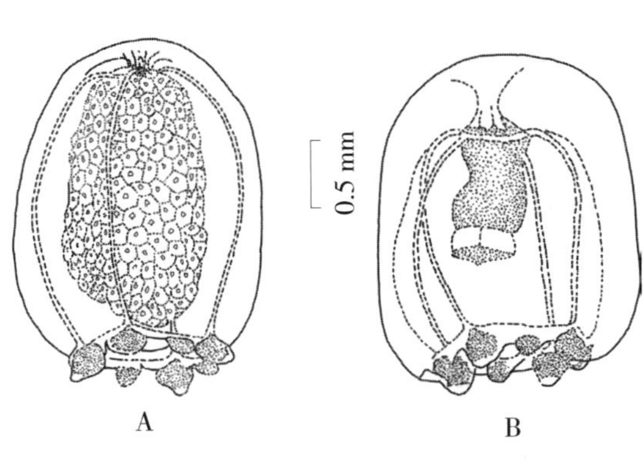

图 5.429 匍生花柄杯螅水母 ***Anthohebella parasitica***
（仿 Boero，1980）
A. 雌性水母体；B. 雄性水母体

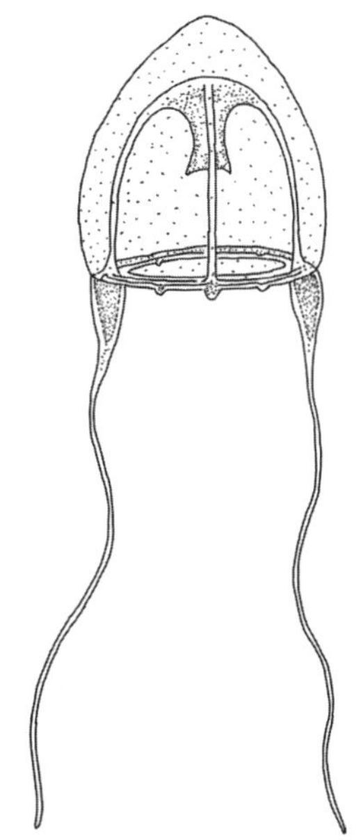

图 5.430 攀缘柄杯螅水母 ***Hebella scandens***
刚释放的水母体
（仿 Boero et al.，1997）

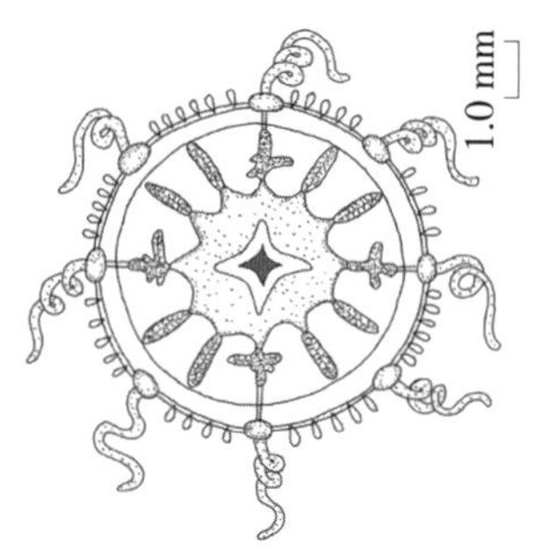

图 5.431　宽球十盘水母 ***Staurodiscus latibulbus***
（仿王春光等，2010）

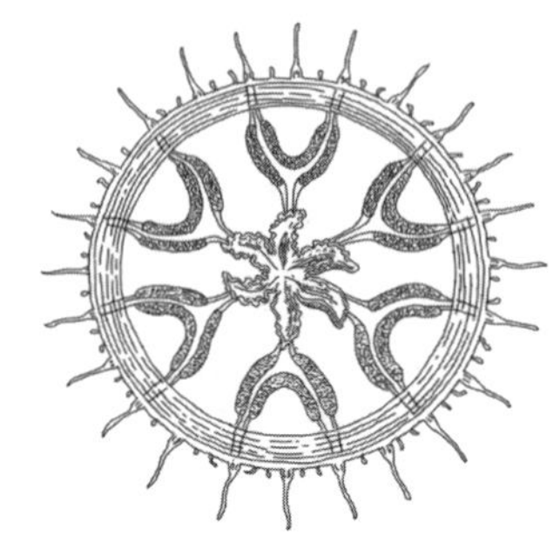

图 5.432　弓状十盘水母 ***Staurodiscus arcuatus***
（仿 Mayer，1910）

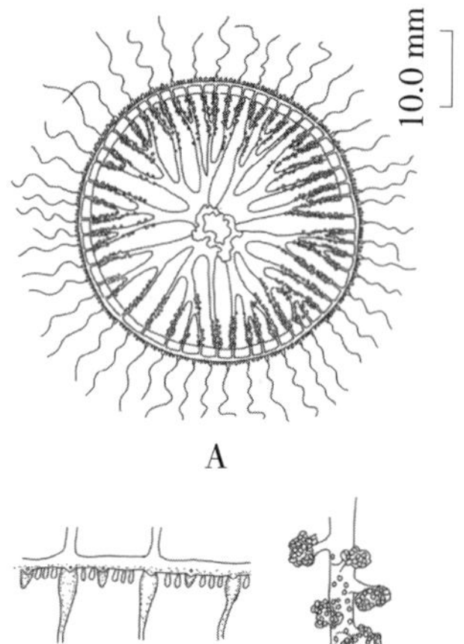

图 5.433　多管十盘水母 ***Staurodiscus multicanalis***
（仿许振祖等，2007）
A. 口面观；B. 伞缘局部；C. 生殖腺

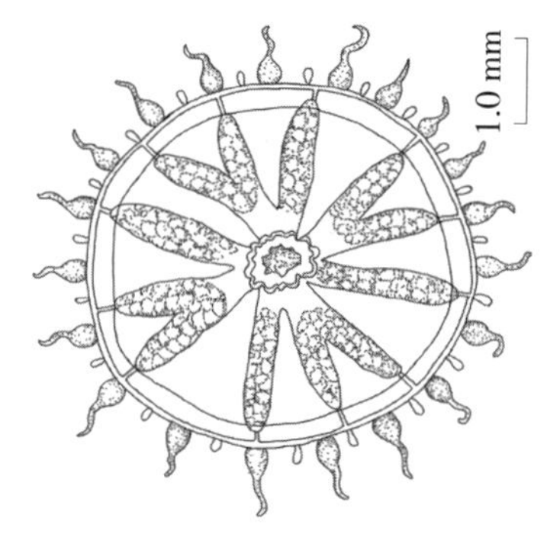

图 5.434　漂浮十盘水母 ***Staurodiscus neustona***
（仿许振祖等，2007）

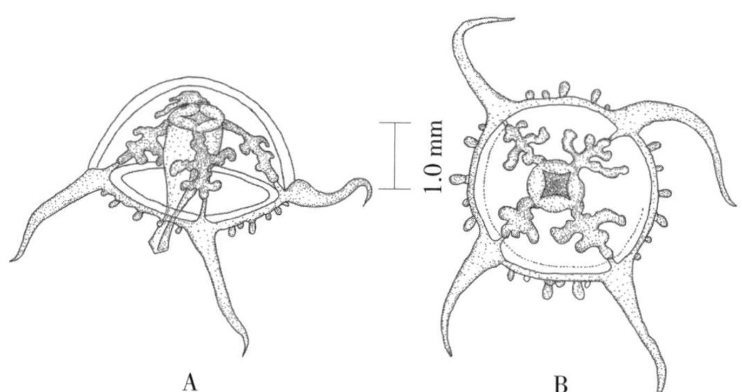

图 5.435　粗手十盘水母 ***Staurodiscus crassonema***
（仿王春光等，2010）
A. 侧面观；B. 顶面观

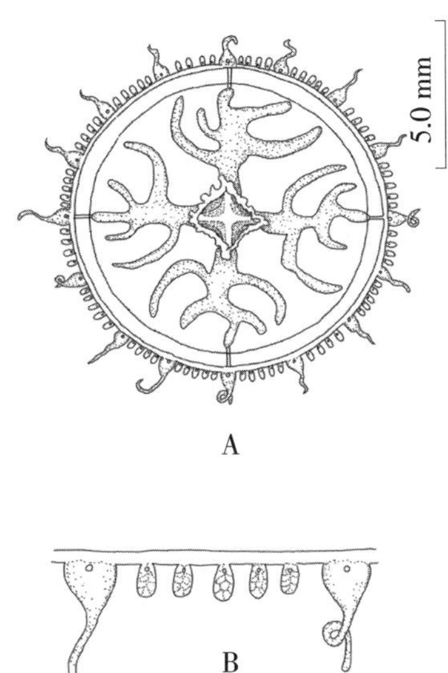

图 5.436 十盘水母 ***Staurodiscus gotoi***
（仿许振祖、张金标，1974）
A. 口面观，B. 伞缘局部

图 5.437 四十盘水母 ***Staurodiscus tetrastaurus***
（仿张金标等，1999）

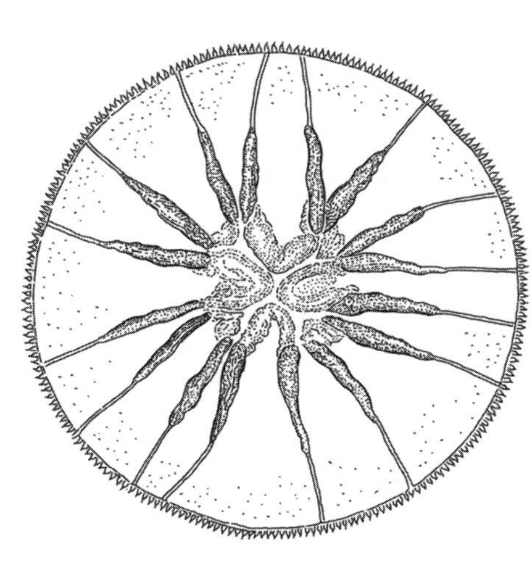

图 5.438 多手十盘水母 ***Staurodiscus polynema***
（仿 Kramp，1959b）

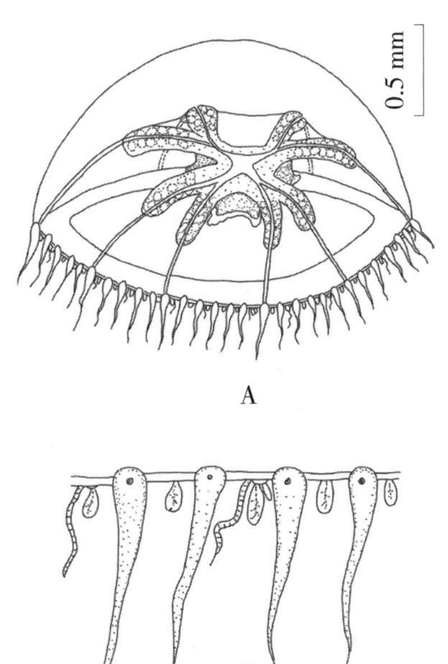

图 5.439 有丝十盘水母 ***Staurodiscus cirrus***
（仿黄加祺等，2010c）
A. 侧面观；B. 伞缘局部

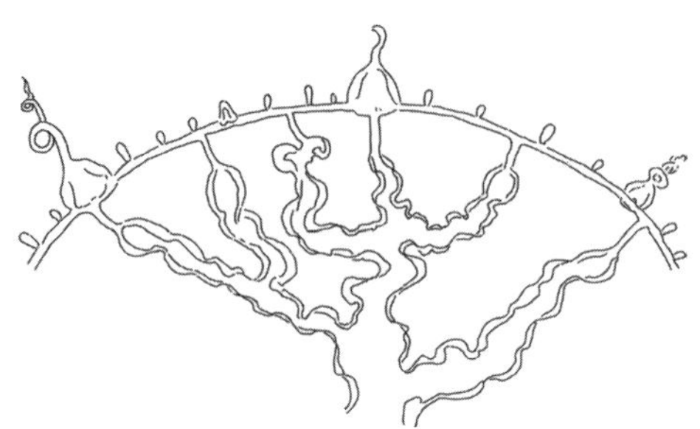

图 5.440　越南十盘水母 ***Staurodiscus vietnamensis***
（仿 Kramp，1962）

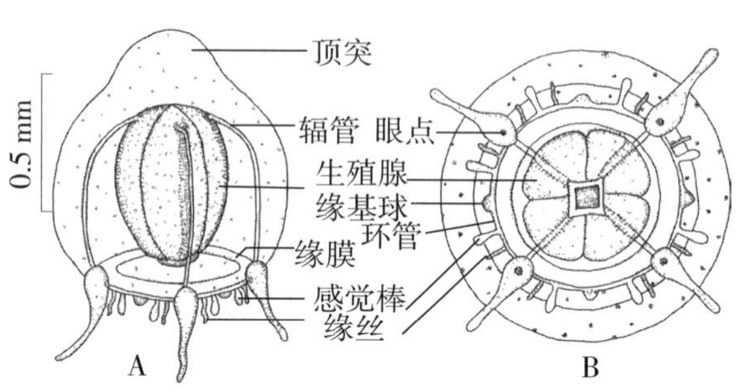

图 5.441　大亚湾几利水母 ***Guillea dayaensis***
（仿 Du et al.，2013）
A. 侧面观；B. 口面观

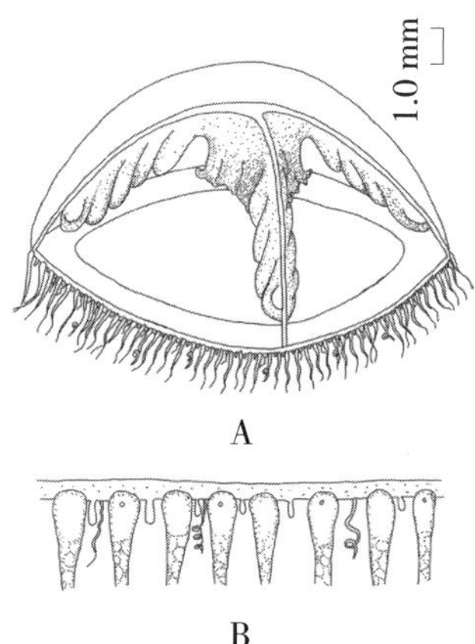

图 5.442　印度感棒水母 ***Laodicea indica***
（仿许振祖等，1964）
A. 侧面观；B. 伞缘局部

图 5.443　波状感棒水母 ***Laodicea undulata***
（仿 Kramp，1959b）

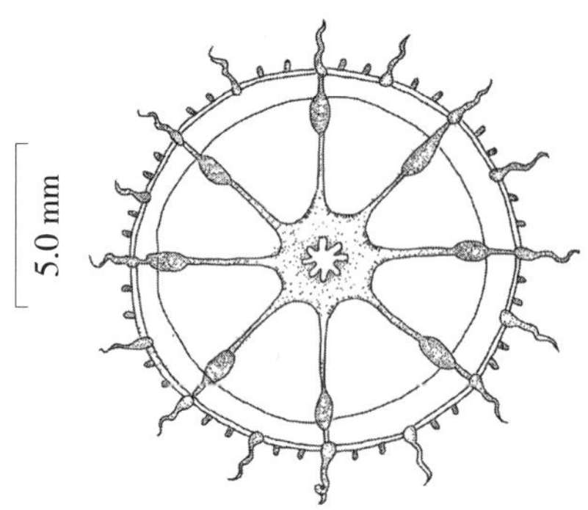

图 5.444　东方梅利水母 ***Melicertissa orientalis***
口面观（仿 Kramp，1968）

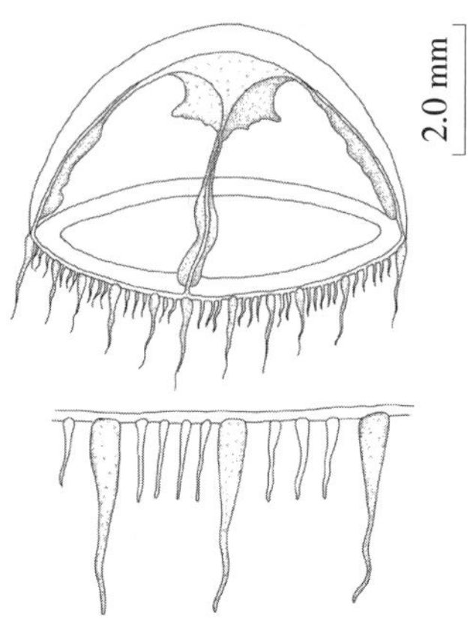

图 5.445　十胃水母 ***Staurostoma*** sp.
（仿 Wang et al.，2018）

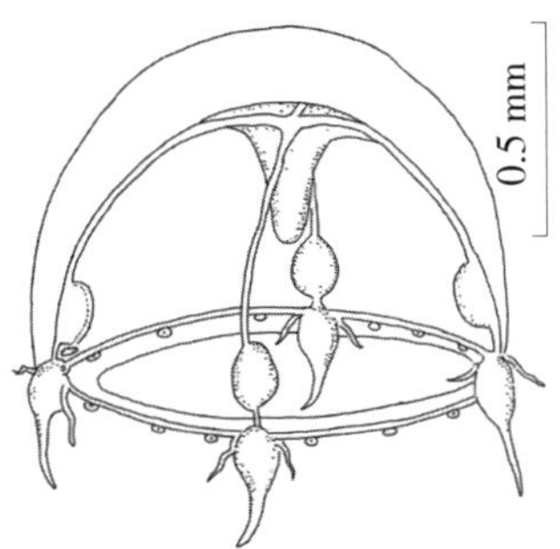

图 5.446 十二囊真唇水母 *Eucheilota duodecimalis*
（仿张金标，1977）

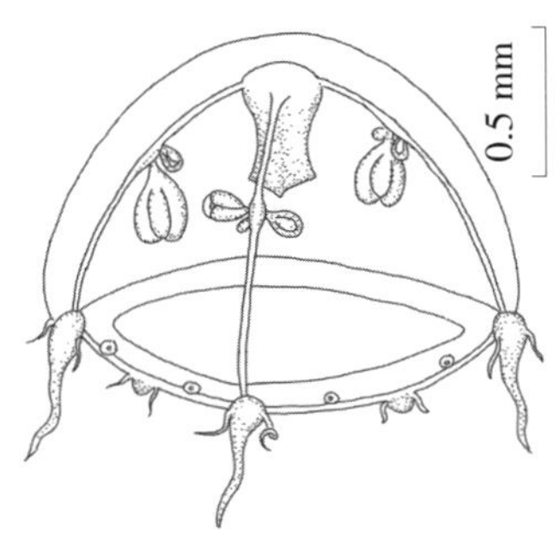

图 5.447 奇异真唇水母 *Eucheilota paradoxica*
（仿林茂，1989a）

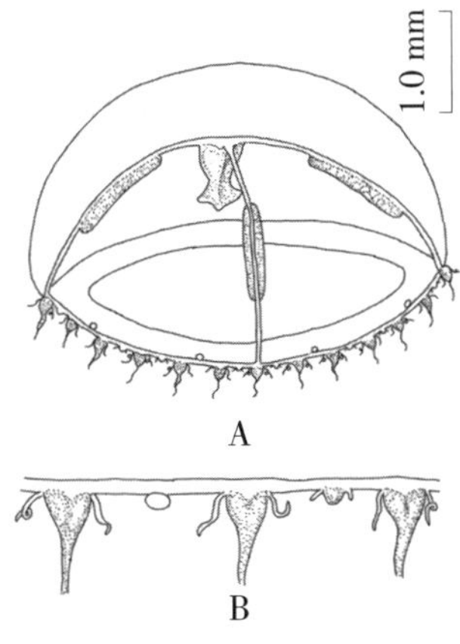

图 5.448 心形真唇水母 *Eucheilota ventricularis*
（仿高哲生等，1958）
A. 侧面观；B. 伞缘局部

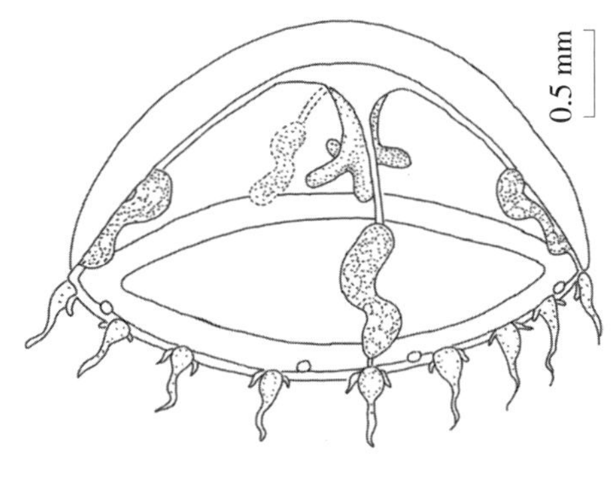

图 5.449 扭真唇水母 *Eucheilota convoluta*
（仿许振祖等，2019）

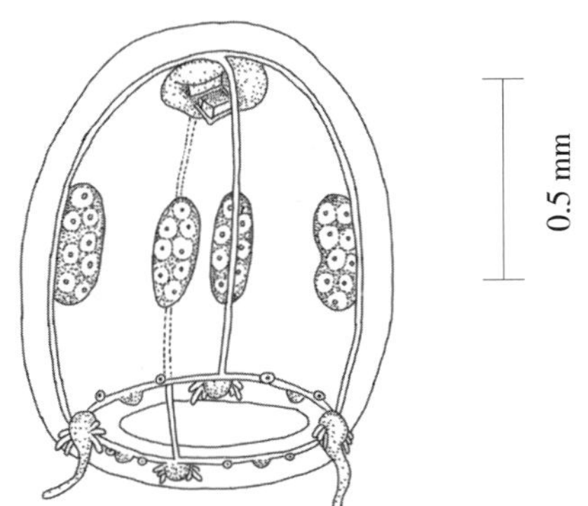

图 5.450 双手真唇水母 *Eucheilota bitentaculata*
（仿黄加祺等，2010a）

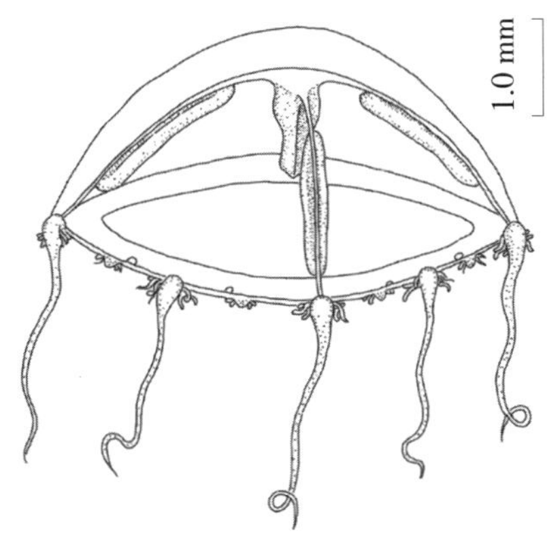

图 5.451 热带真唇水母 *Eucheilota tropica*
（仿 Kramp，1959）

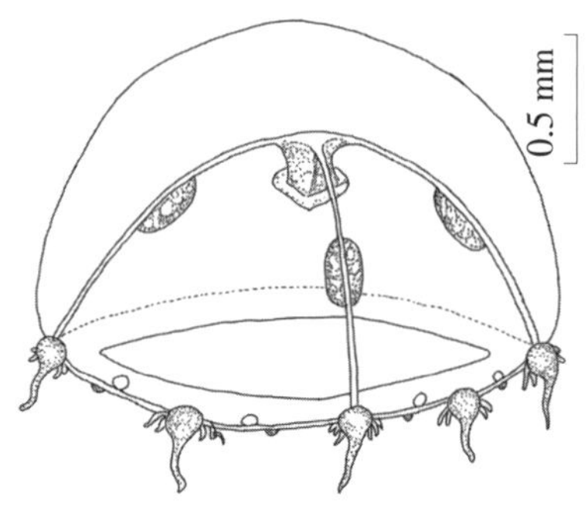

图 5.452 厦门真唇水母 ***Eucheilota xiamenensis***
（仿许振祖等，2014）

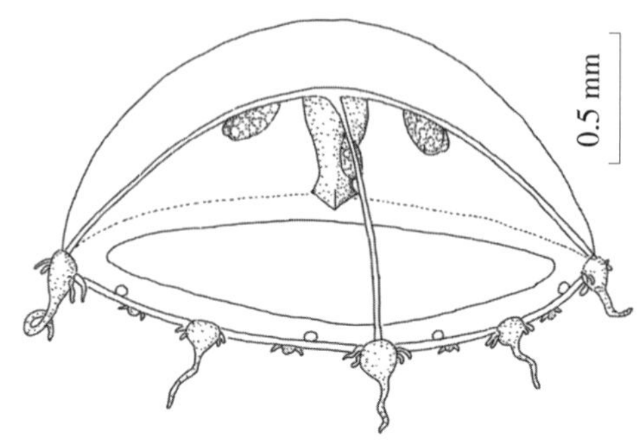

图 5.453 贝克真唇水母 ***Eucheilota bakeri***
（仿 Kramp，1968）

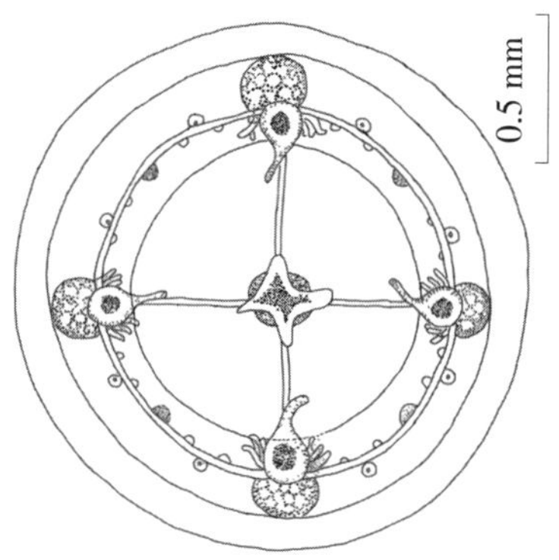

图 5.454 黑球真唇水母 ***Eucheilota menoni***
（仿许振祖、张金标，1964）

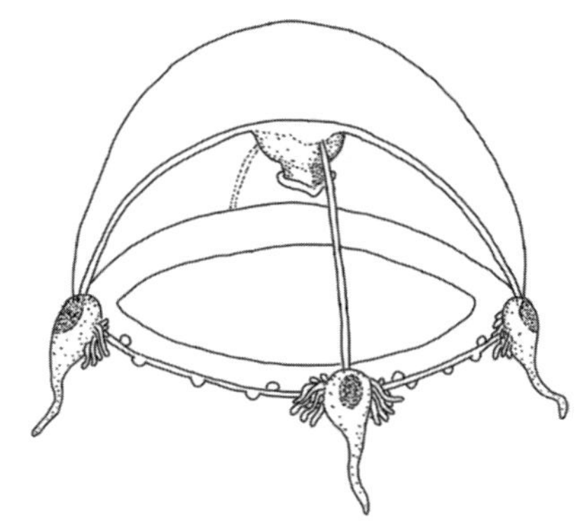

图 5.455 多丝真唇水母 ***Eucheilota multicirris***
（仿许振祖、黄加祺，1990a）

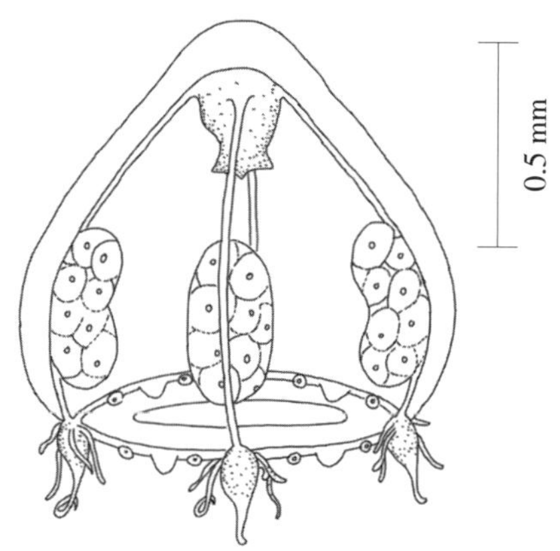

图 5.456 大腺真唇水母 ***Eucheilota macrogona***
（仿张金标、林茂，1984）

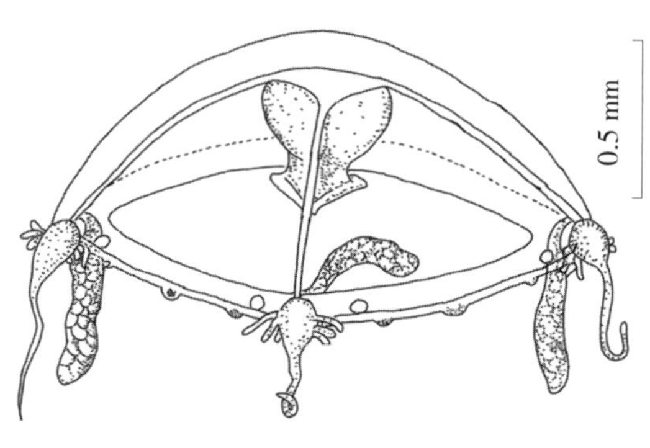

图 5.457 香港真唇水母 ***Eucheilota hongkongensis***
（仿许振祖等，2014）

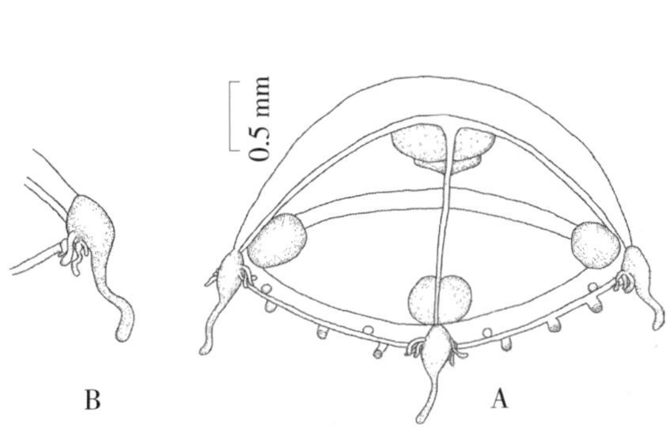

A

B

图 5.458　隆脊真唇水母 ***Eucheilota carinata***
（仿 Wang et al.，2018）
A. 侧面观；B. 触手基球侧面放大

图 5.459　大亚湾六触丝水母 ***Hexalovenia dayaensis***
（仿 Zheng et al.，待刊）
A. 侧面观；B. 伞缘局部

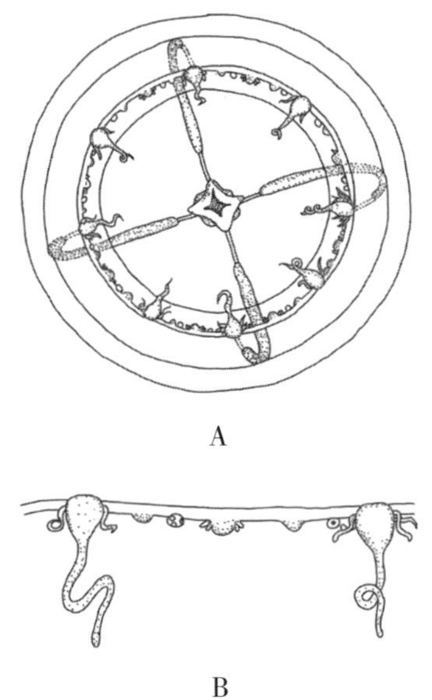

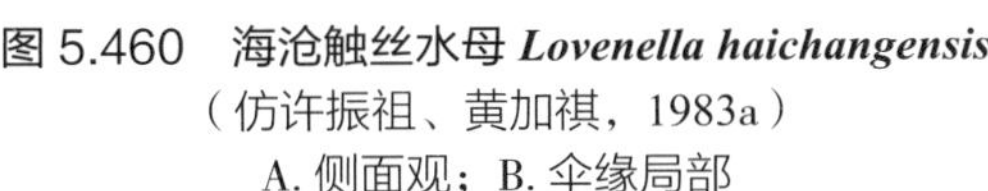

图 5.460　海沧触丝水母 ***Lovenella haichangensis***
（仿许振祖、黄加祺，1983a）
A. 侧面观；B. 伞缘局部

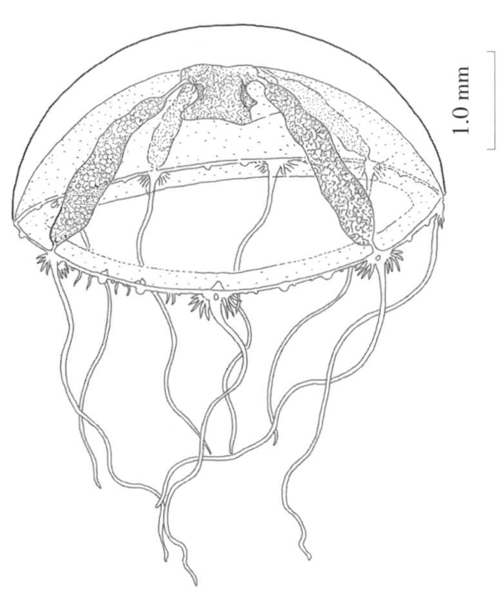

图 5.461　栉形触丝水母 ***Lovenella cirrata***
（仿 Pagès et al.，1992）

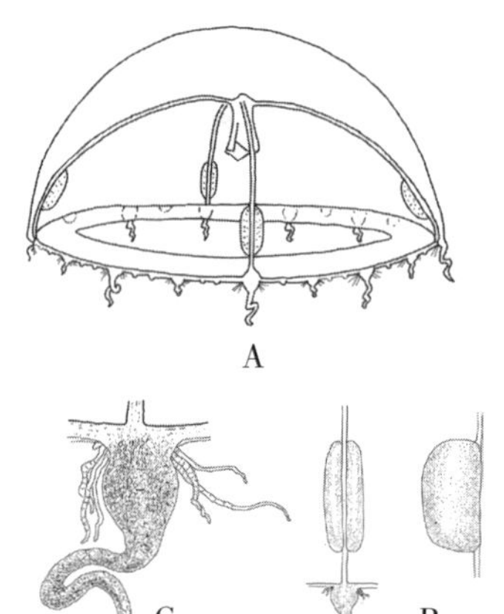

图 5.462　烟管触丝水母 ***Lovenella clausa***
（仿 Russell，1963）
A. 侧面观；B. 生殖腺；C. 触手和侧丝放大

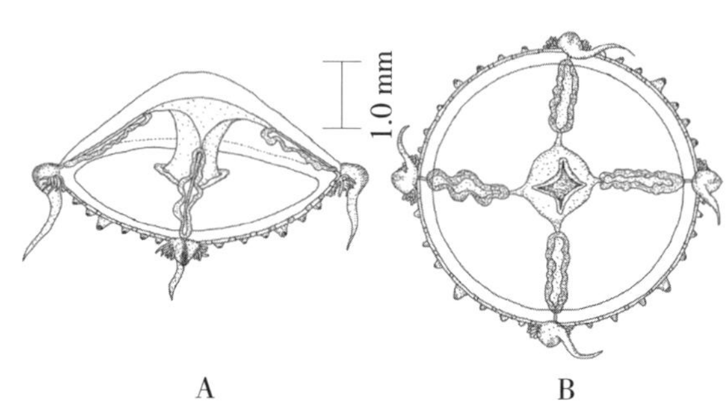

图 5.463　波状触丝水母 ***Lovenella sinuosa***
（仿林茂等，2009）
A. 侧面观；B. 口面观

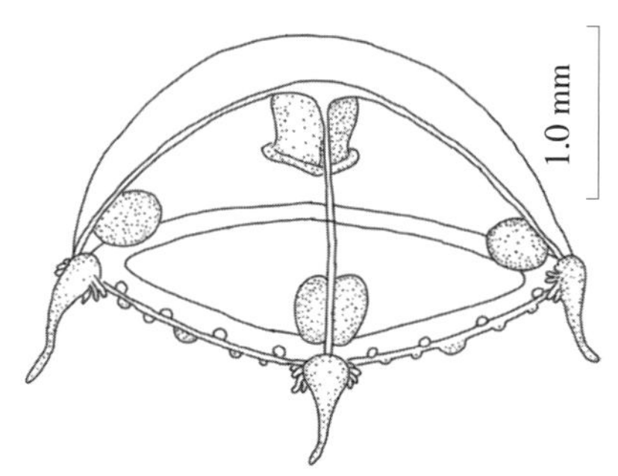

图 5.464　四手触丝水母 ***Lovenella assimilis***
（仿周太玄、黄明显，1958）

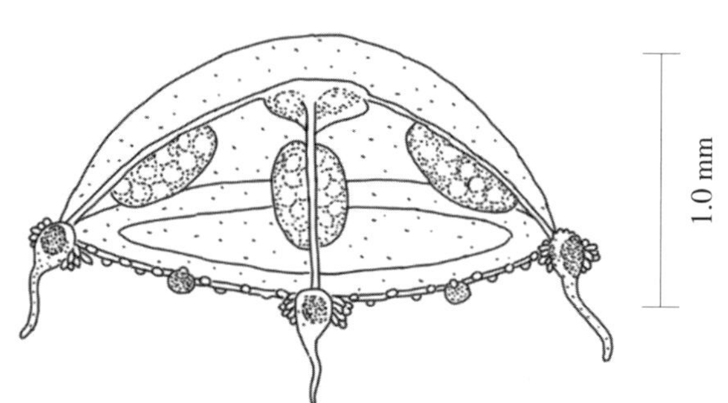

图 5.465　大腺触丝水母 ***Lovenella macrogona***
（仿林茂等，2010）

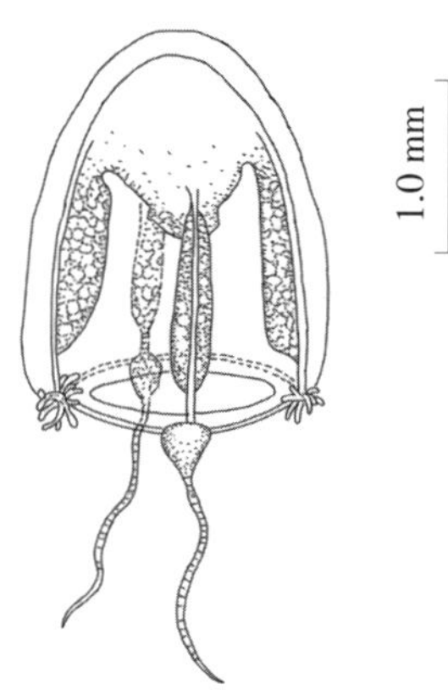

图 5.466　宽胃拟触丝水母 ***Paralovenia latigaster***
（仿许振祖、黄加祺，2004）

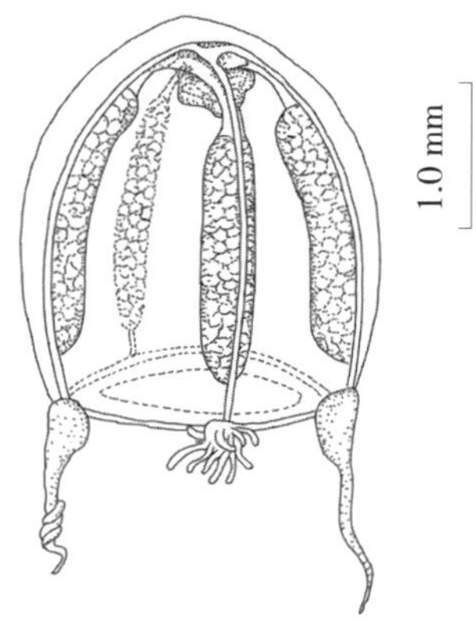

图 5.467　两手拟触丝水母 ***Paralovenia bitentaculata***
（仿许振祖、黄加祺，2004）

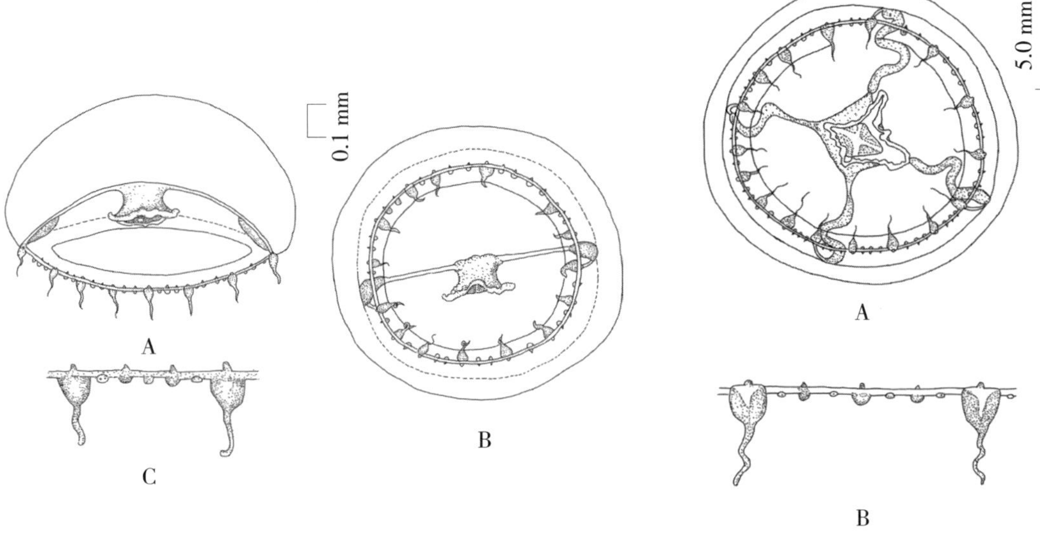

图 5.468　单管玛拉水母 ***Malagazzia monocanalis***
（仿许振祖等，2006）
A. 侧面观；B. 口面观；C. 伞缘局部

图 5.469　弯管玛拉水母 ***Malagazzia curviductum***
（仿许振祖、张金标，1978）
A. 口面观；B. 伞缘局部

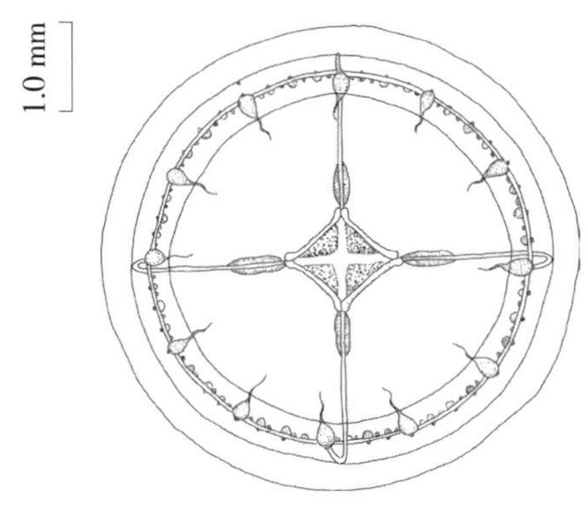

图 5.470　厚伞玛拉水母 ***Malagazzia condensum***
（仿 Bouillon，1984a）

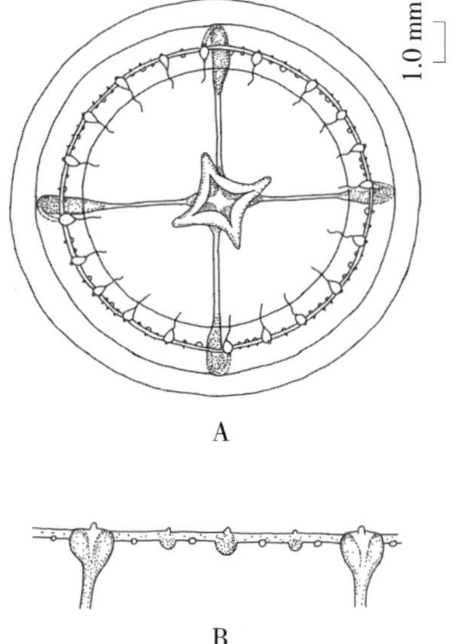

图 5.471　卡玛拉水母 ***Malagazzia carolinae***
（仿周太玄、黄明显，1958）
A. 口面观；B. 伞缘局部

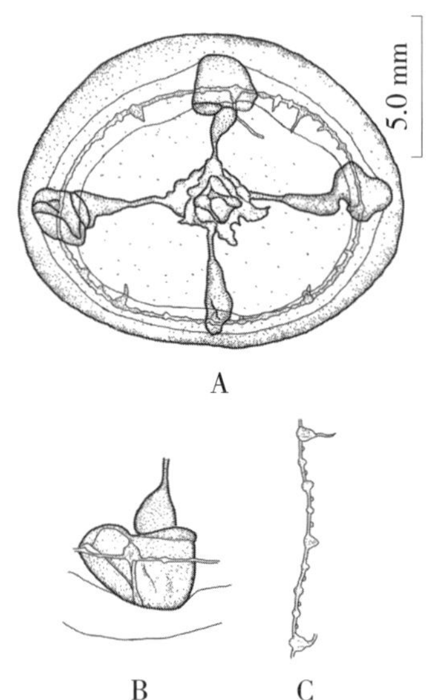

图 5.472　带腺玛拉水母 ***Malagazzia taeniogonia***
（仿周太玄、黄明显，1958）
A. 口面观；B. 生殖腺；C. 伞缘局部

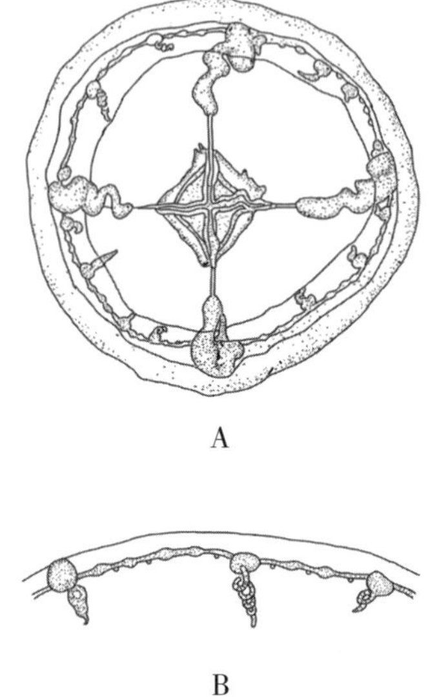

图 5.473　曲玛拉水母 ***Malagazzia cyphogonia***
（仿和振武、许人和，1982）
A. 口面观；B. 伞缘局部

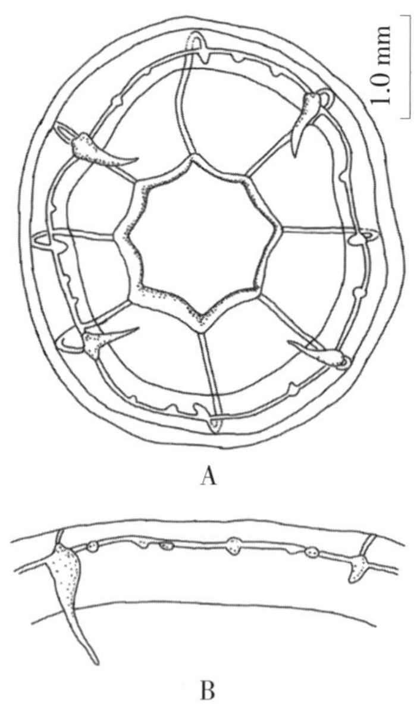

图 5.474　坚实八拟杯水母 ***Octophialucium solidium***
（仿张金标，1977）
A. 口面观；B. 伞缘局部

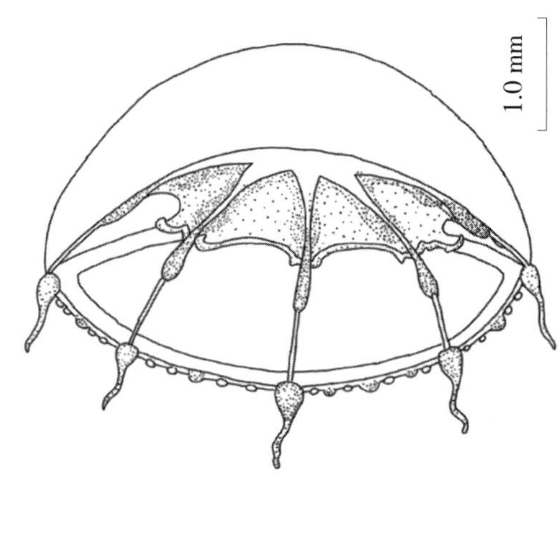

图 5.475　贝氏八拟杯水母 ***Octophialucium bigelowi***
（仿 Du et al.，2010）

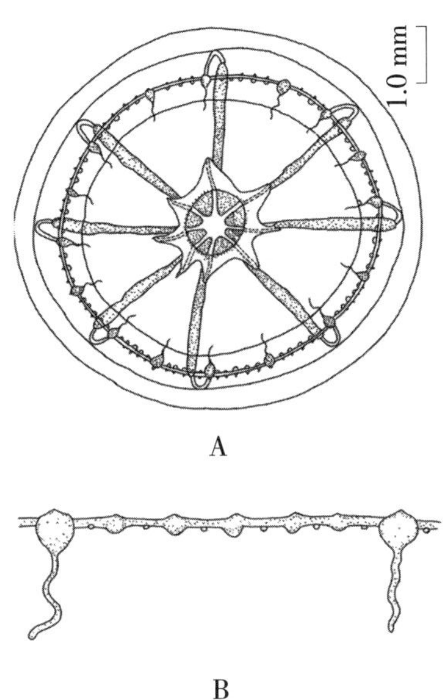

图 5.476　中型八拟杯水母 ***Octophialucium medium***
（仿许振祖，1965）
A. 口面观；B. 伞缘局部

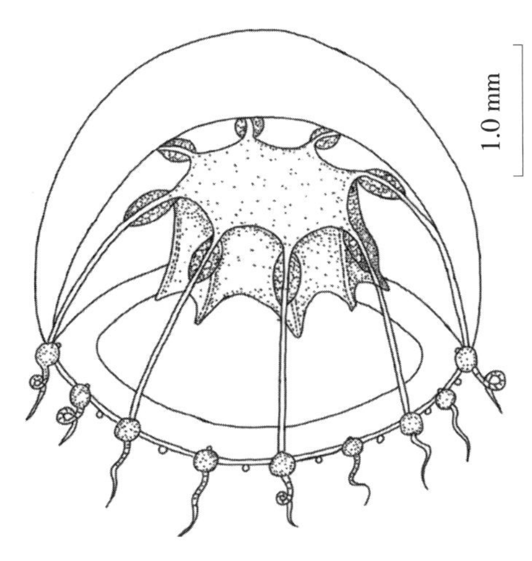

图 5.477　薇八拟杯水母 ***Octophialucium huangweiae***
（仿许振祖等，2007）

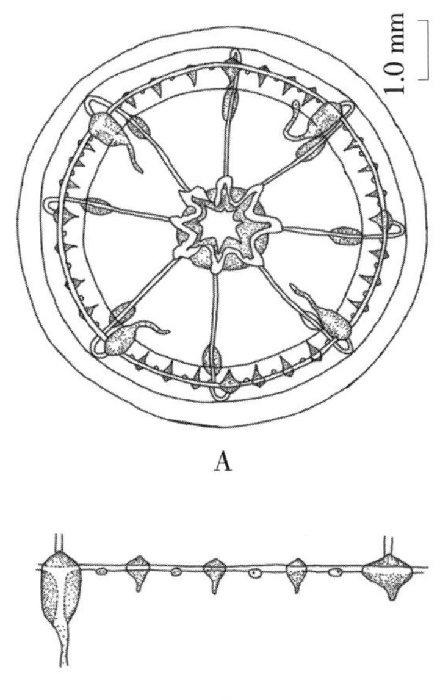

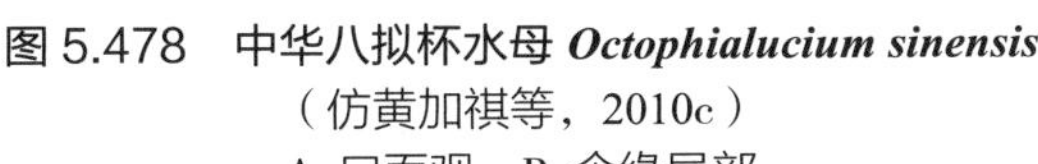

图 5.478　中华八拟杯水母 ***Octophialucium sinensis***
（仿黄加祺等，2010c）
A. 口面观；B. 伞缘局部

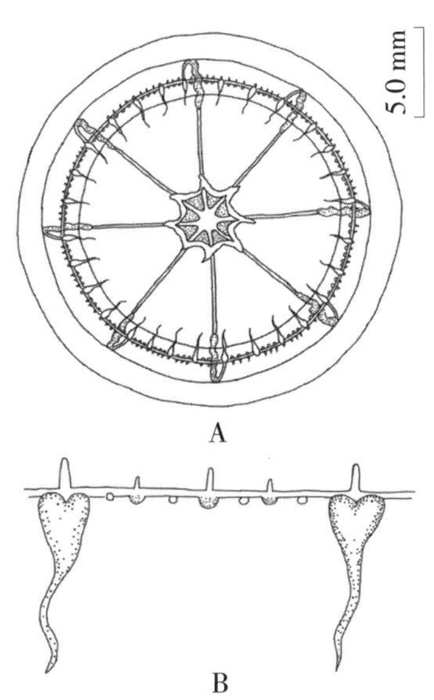

图 5.479　印度八拟杯水母 ***Octophialucium indicum***
（仿丘书院，1959）
A. 口面观；B. 伞缘局部

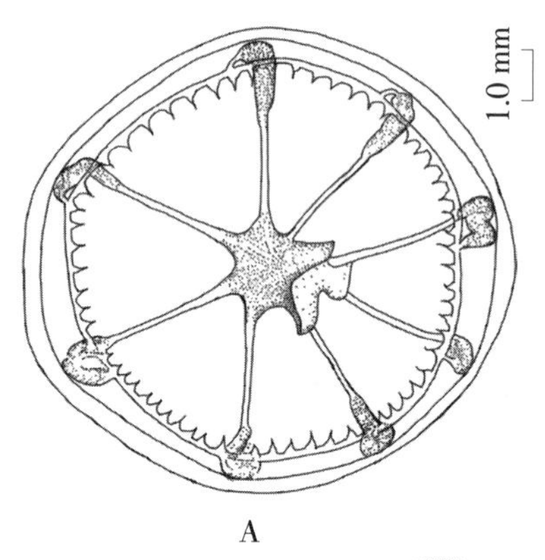

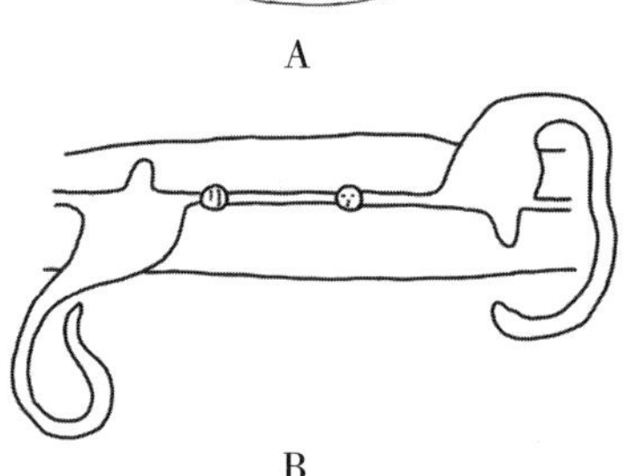

图 5.480　宽八拟杯水母 ***Octophialucium funerarium***
（仿许振祖、张金标，1978）
A. 口面观；B. 伞缘局部

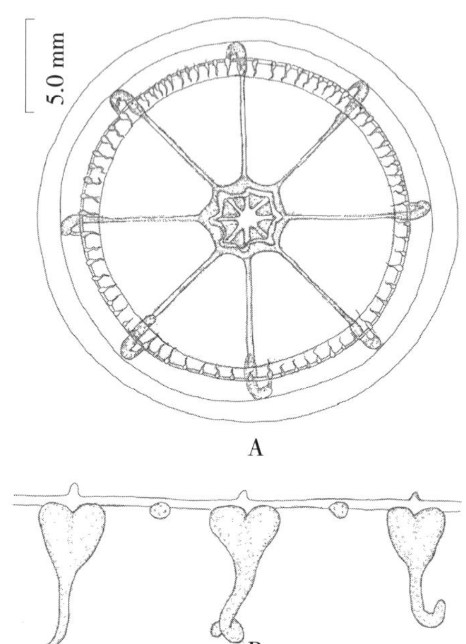

图 5.481　阿弗罗八拟杯水母 ***Octophialucium aphrodite***
（仿 Wang et al.，2018）
A. 口面观；B. 伞缘局部

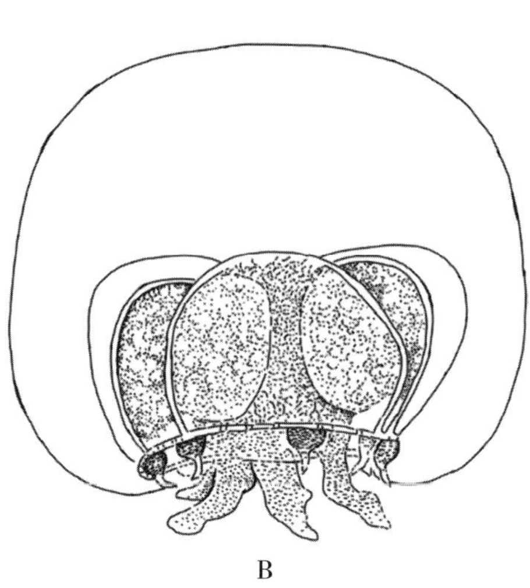

A

图 5.482　八手四管水母 ***Tetracanna octonema***
（仿 Goy，1979）
A. 幼体；B. 成体

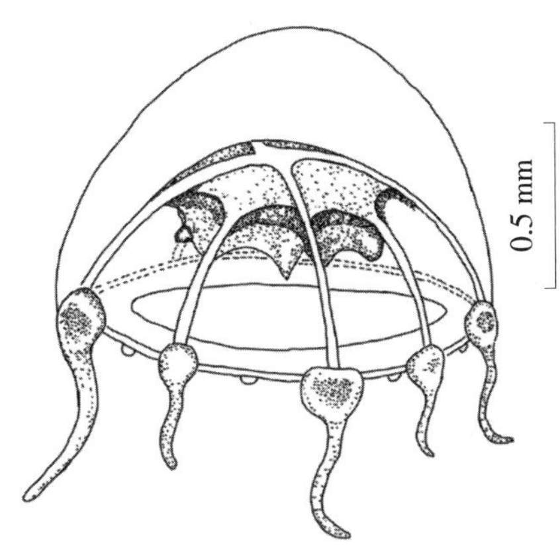

图 5.483　八唇拟海神水母 ***Melicertoides octolabiatis***
（仿许振祖等，1991）

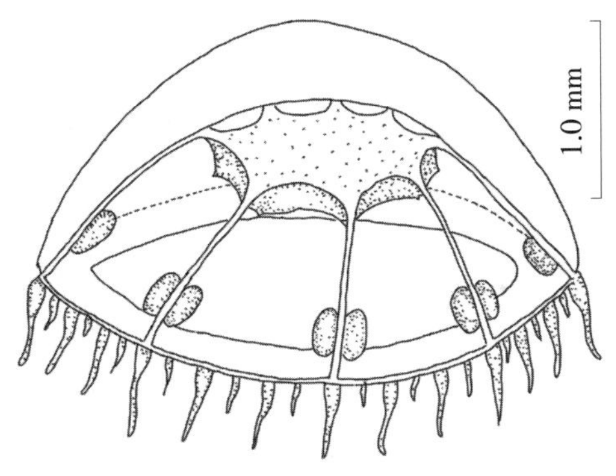

图 5.484　卵形海神水母 ***Melicertum ovalis***
（仿许振祖、黄加祺、郭东晖，2019）

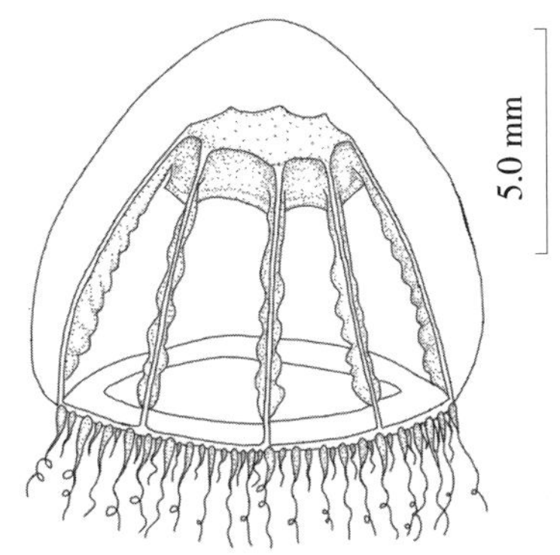

图 5.485　八棱海神水母 ***Melicertum octocostatum***
（仿许振祖等，1991）

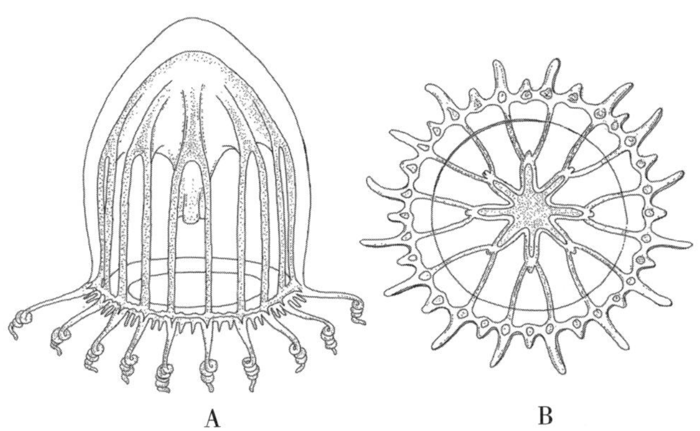

图 5.486　叉管拟尖塔水母 ***Netocertoides brachiatum***
（仿 Mayer，1910）
A. 侧面观；B. 口面观

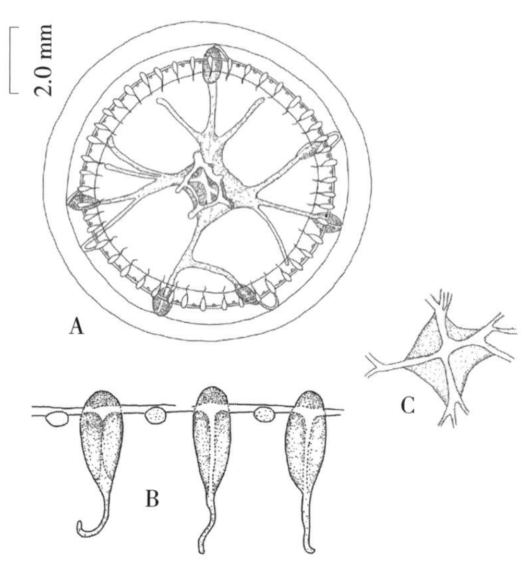

图 5.487　南海盐生水母 ***Halopsis nanhaiensis***
（仿 Wang et al.，2018）
A. 口面观；B. 伞缘局部；C. 辐管的分枝在垂管外

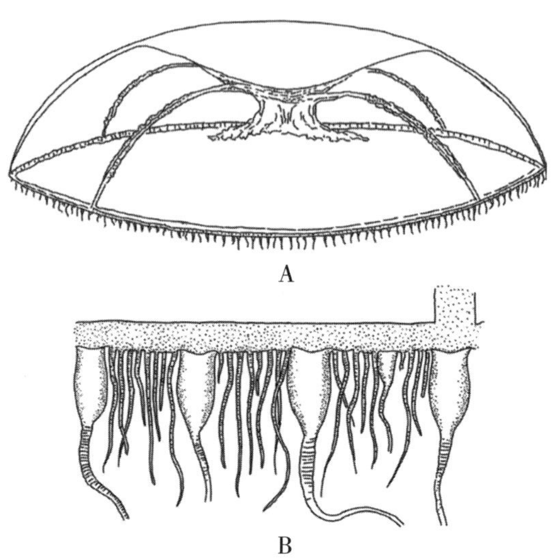

图 5.488　大拟帽冠水母 ***Mitrocomella grandis***
（仿 Kramp，1965）
A. 侧面观；B. 伞缘局部

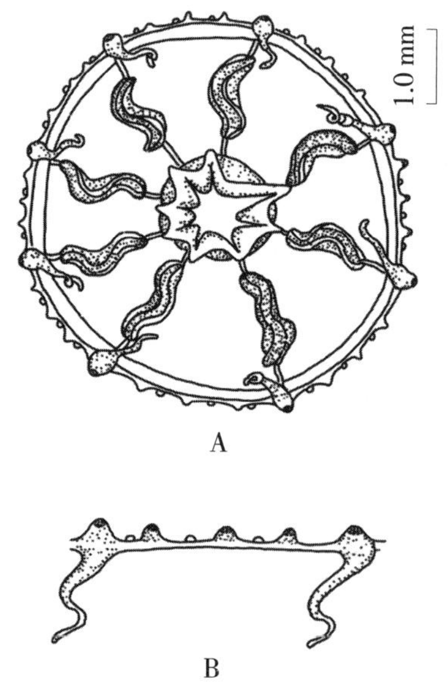

图 5.489　带腺八管水母 ***Octocannoides taeniogonia***
（仿许振祖、黄加祺，2004）
A. 口面观；B. 伞缘局部

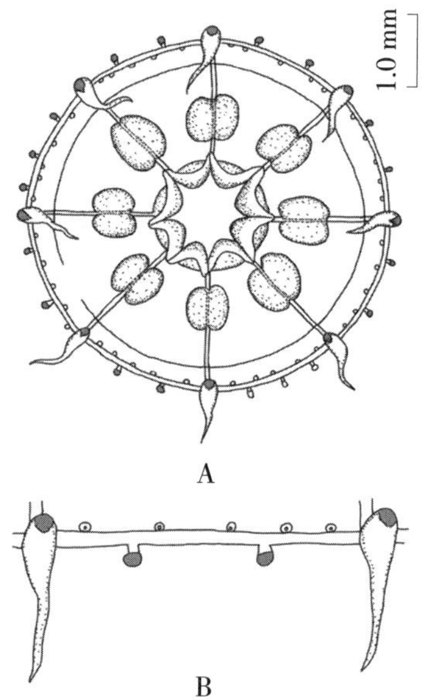

图 5.490　眼八管水母 ***Octocannoides ocellata***
（仿许振祖等，1964）
A. 口面观；B. 伞缘局部

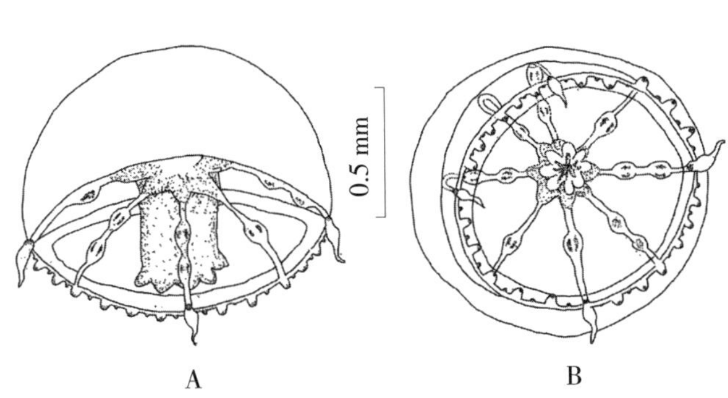

图 5.491　四手八管水母 ***Octocannoides tetranema***
（仿 Wang et al.，2021）
A. 侧面观；B. 口面观

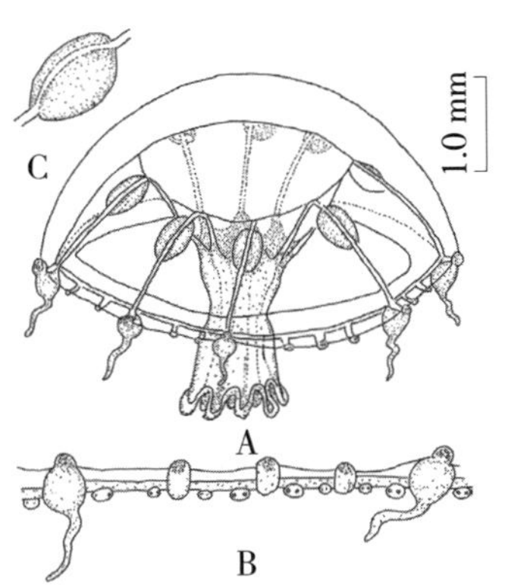

图 5.492　多囊柄胃水母 ***Stylogastria polycystis***
（仿许振祖等，2019）
A. 侧面观；B. 伞缘局部；C. 生殖腺

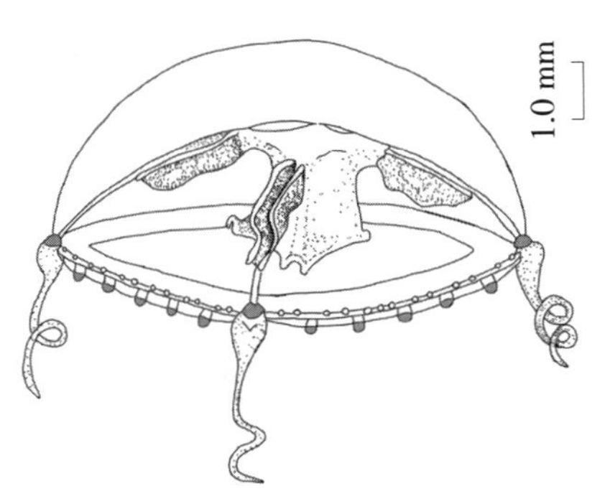

图 5.493　景致拟四管水母 ***Tetracannoides jingzhii***
（仿许振祖等，2007）

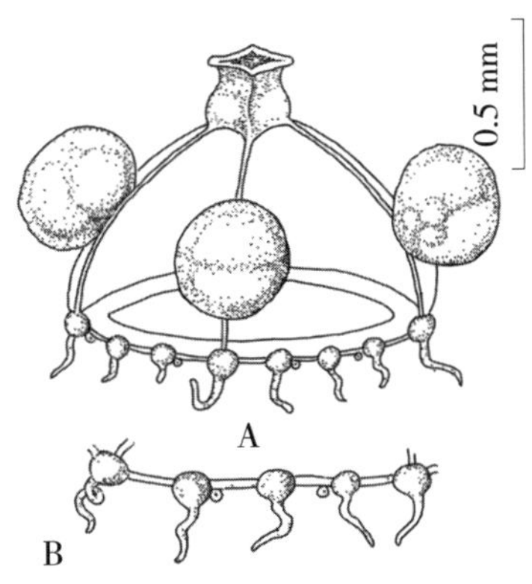

图 5.494　大腺似杯水母 ***Phialella macrogona***
（仿许振祖等，1985a）
A. 侧面观；B. 伞缘局部

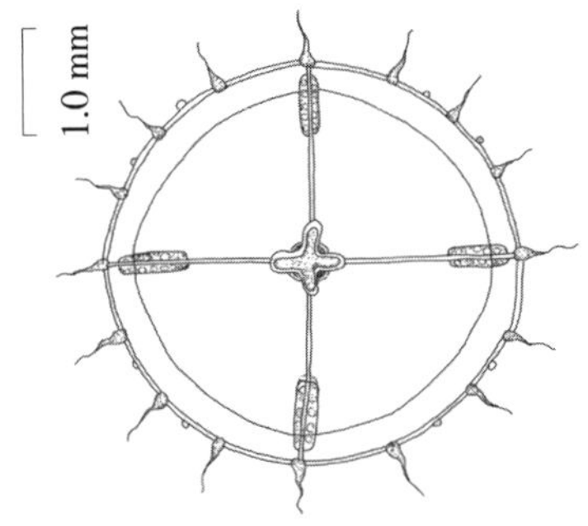

图 5.495　脆弱似杯水母 ***Phialella fragilis***
（仿林茂等，2010b）

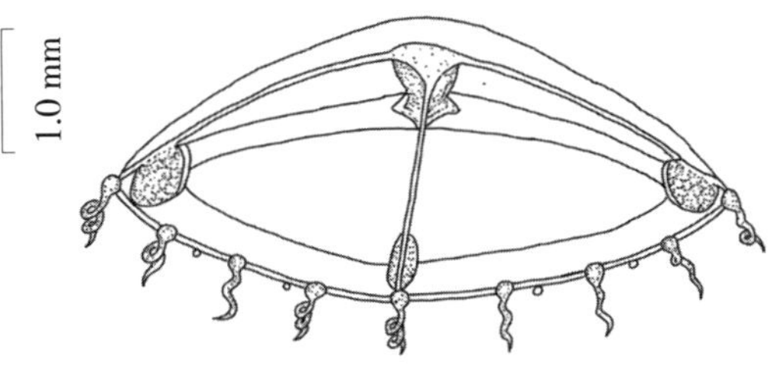

图 5.496　厦门似杯水母 ***Phialella xiamenensis***
（仿黄加祺等，2010e）

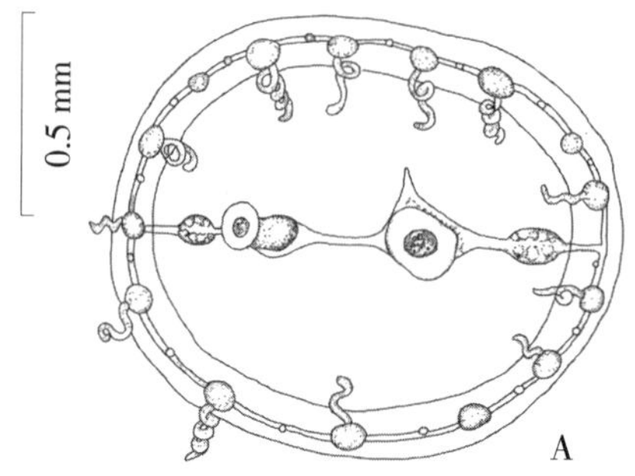

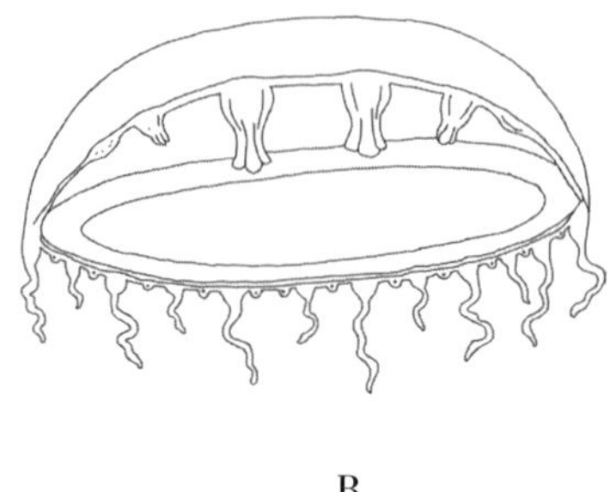

图 5.497　卵形单管水母 ***Monocana ovale***
（仿 Wang et al.，2019）
A. 侧面观；B. 口面观

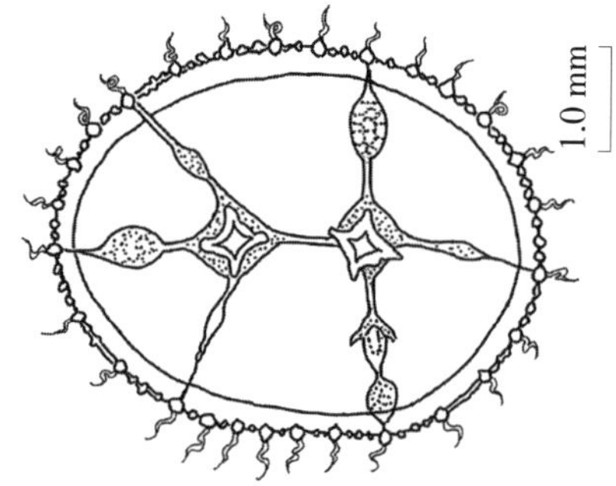

图 5.498　嵊山秀氏水母 ***Sugiura chengshanense***
（仿 Sugiura，1973）

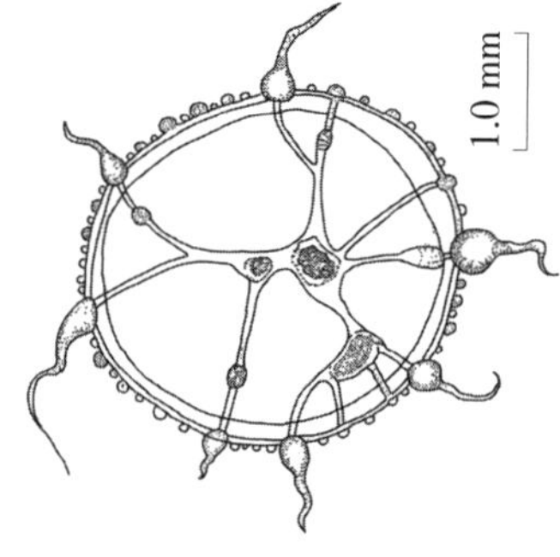

图 5.499　异手秀氏水母 ***Sugiura heternema***
（仿许振祖、黄加祺，2004）

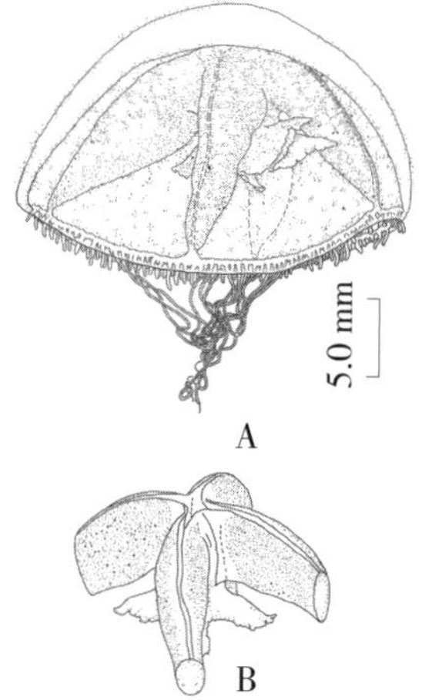

图 5.500　中型马尔水母 ***Margalefia intermedia***
（仿 Pagès et al.，1991）
A. 水母体；B. 生殖腺及垂管囊

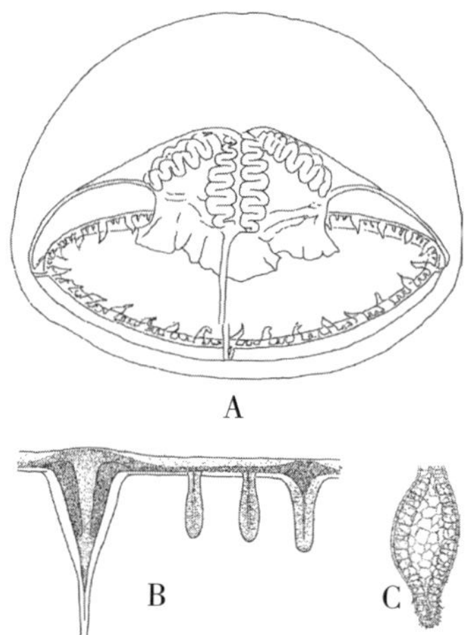

图 5.501　圆形和螅水母 ***Modeeria rotunda***
A. 侧面观（仿 Kramp，1959b）；B. 伞缘局部
（仿 Edwards，1973）；C. 感觉棒（仿 Kramp，1919）

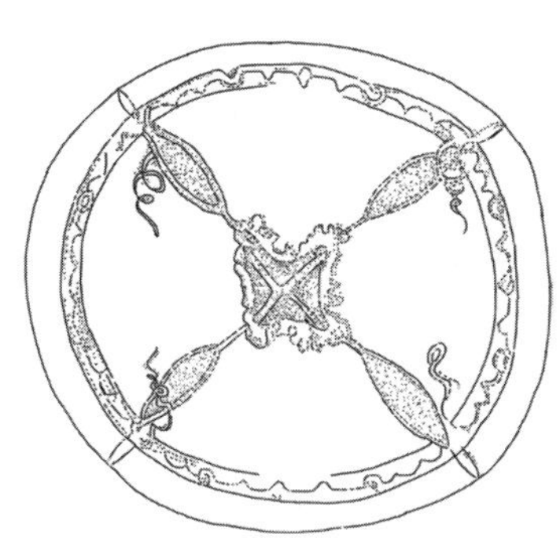

图 5.502　玫瑰拟帽形水母 ***Tiaropsidium roseum***
（仿 Kramp，1932）

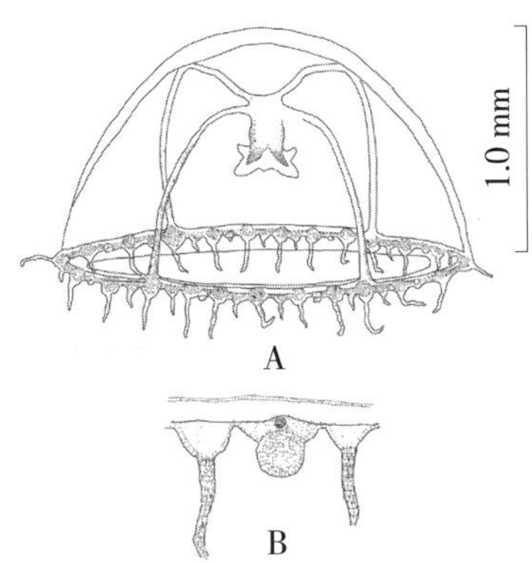

图 5.503　多手帽形水母 ***Tiaropsis multicirrata***
（仿周太玄、黄明显，1958）
A. 侧面观；B. 伞缘局部

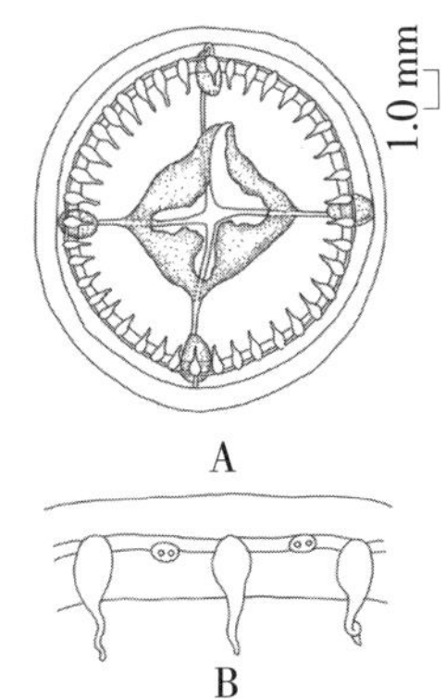

图 5.505　马来美螅水母 ***Clytia malayense***
（仿许振祖、张金标，1981）
A. 口面观；B. 伞缘局部

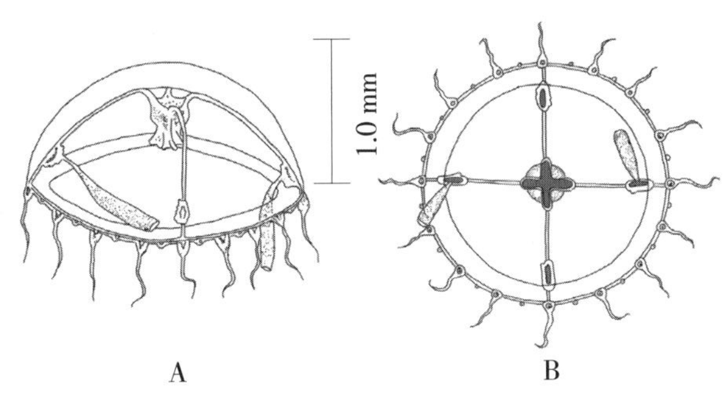

图 5.504　子茎美螅水母 ***Clytia mccradyi***
（仿许振祖等，1985a）
A. 侧面观；B. 口面观

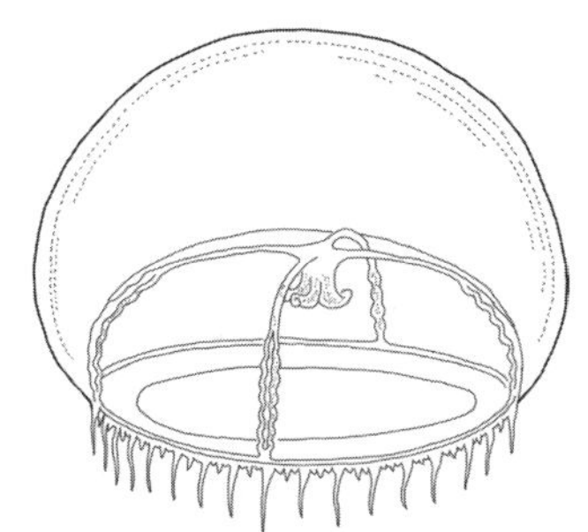

图 5.506　球形美螅水母 ***Clytia globosa***
（仿 Mayer，1910）

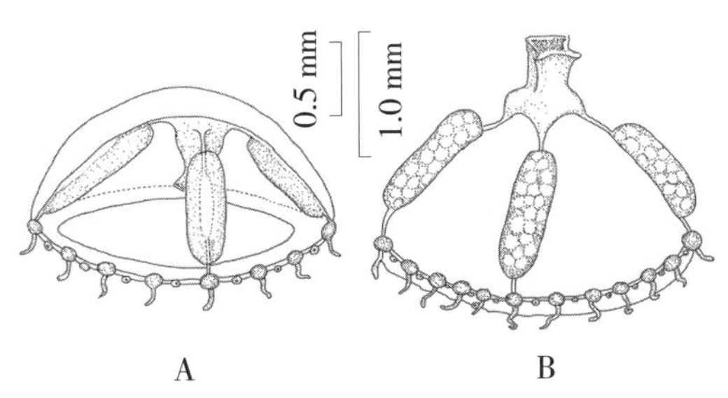

图 5.507　大腺美螅水母 ***Clytia macrogonia***
（仿 Du et al.，2012）
A. 雌性个体；B. 雄性个体

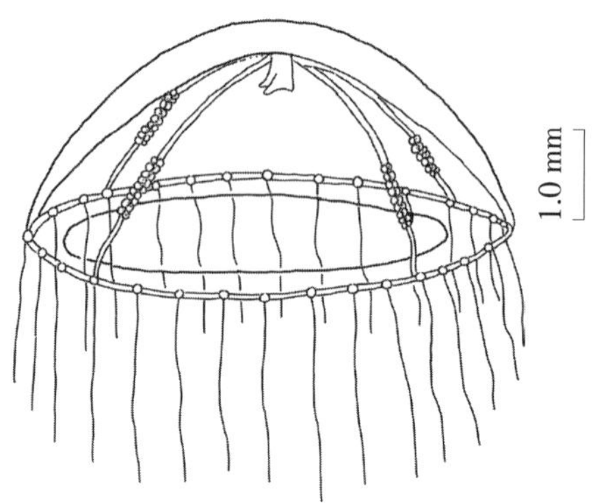

图 5.508　厦门美螅水母 ***Clytia xiamenensis***
（仿 Zhou et al.，2013）

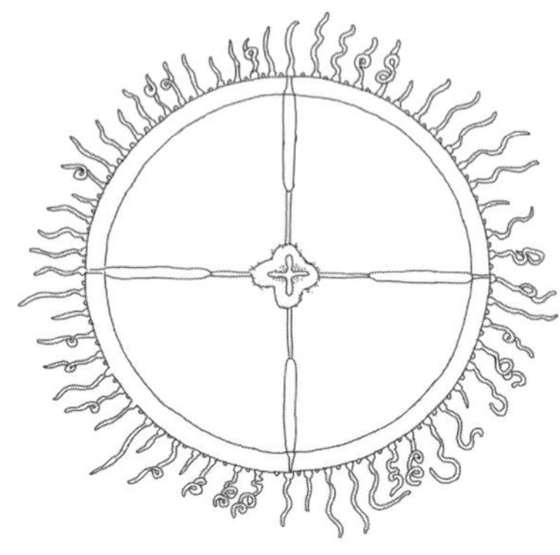

图 5.509　简美螅水母 ***Clytia simplex***
（仿 Browne & Kramp，1939）

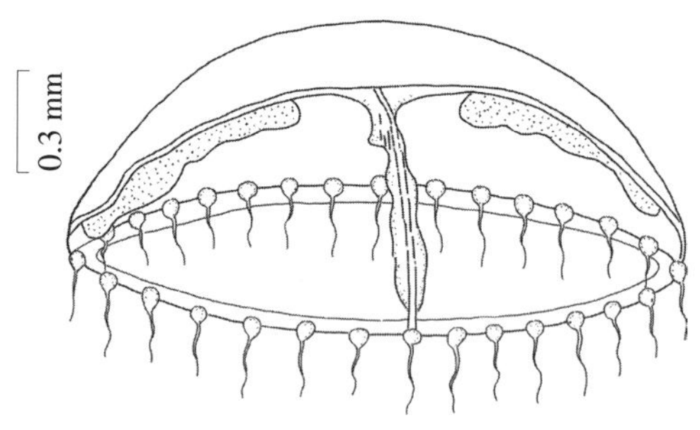

图 5.510　鼓浪屿美螅水母 ***Clytia gulangensis***
（仿 He et al.，2014）

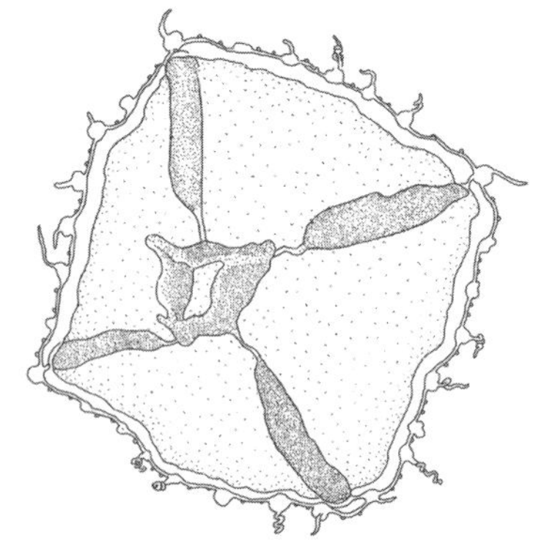

图 5.511　半球美螅水母 ***Clytia hemisphaerica***
（仿 Pagès et al.，1992）

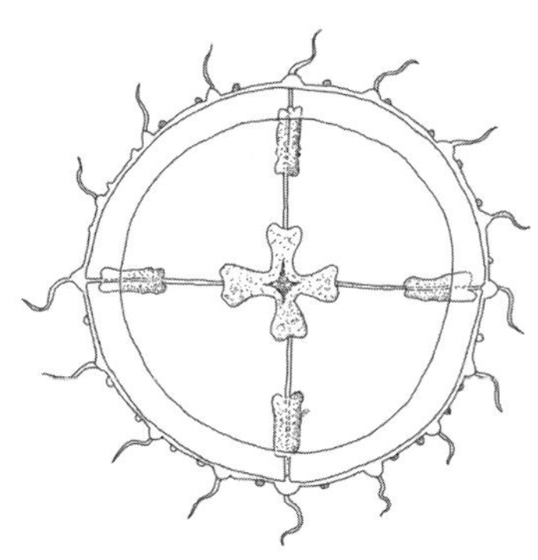

图 5.512　乌氏美螅水母 ***Clytia uchidai***
（仿 Kramp，1961）

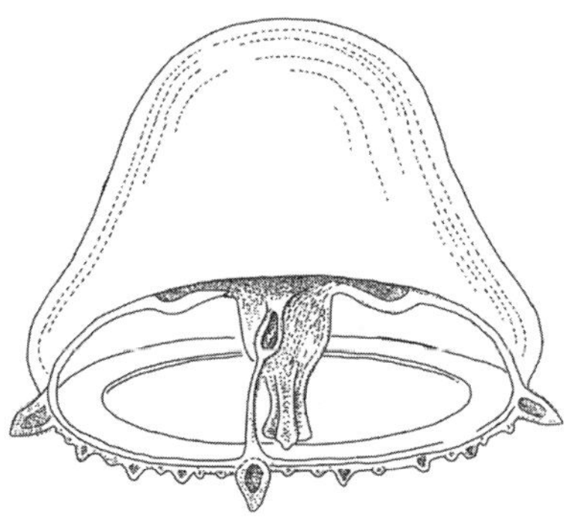

图 5.513　疑美螅水母 ***Clytia ambigua***
（仿 A. Agassiz & Mayer，1899）

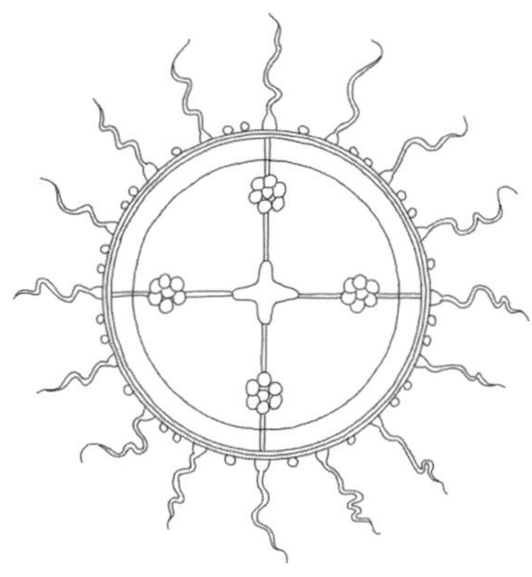

图 5.514　细美螅水母 ***Clytia gracilis***
（仿 Cornelius，1995）

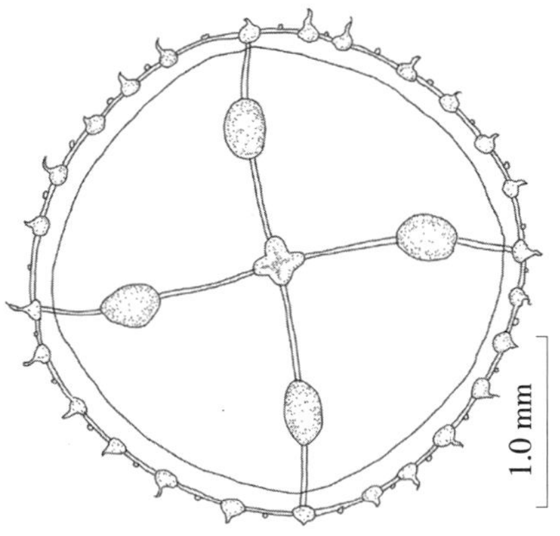

图 5.515　线美螅水母 ***Clytia linearis***
（仿 Lindner & Migotto，2002）

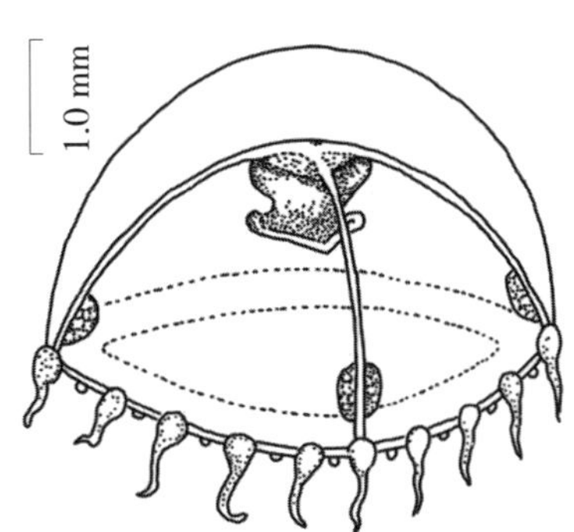

图 5.516　兰吉美螅水母 ***Clytia rangiroae***
（仿许振祖、黄加祺，2004）

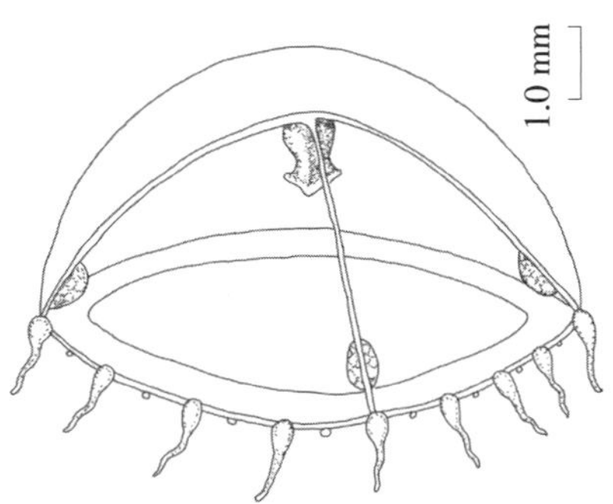

图 5.517　单囊美螅水母 ***Clytia folleata***
（仿高哲生等，1958）

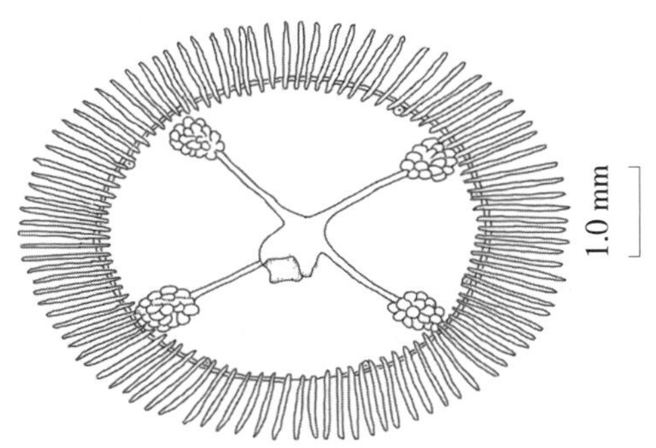

图 5.518　长手薮枝螅水母 ***Obelia longissima***
（仿林茂、张金标，2000）

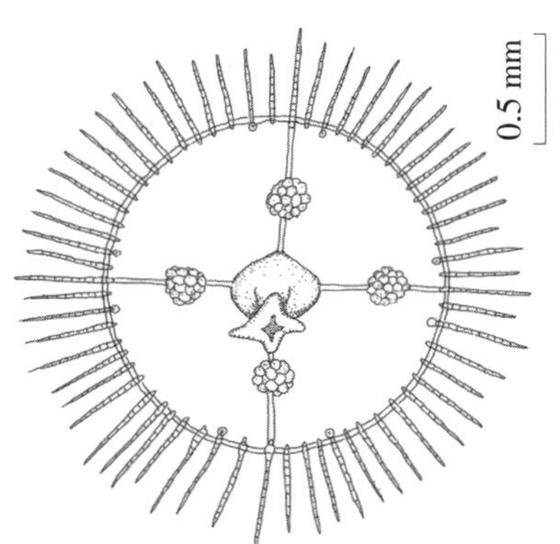

图 5.519　曲膝薮枝螅水母 ***Obelia geniculata***
（仿魏崇德，1959）

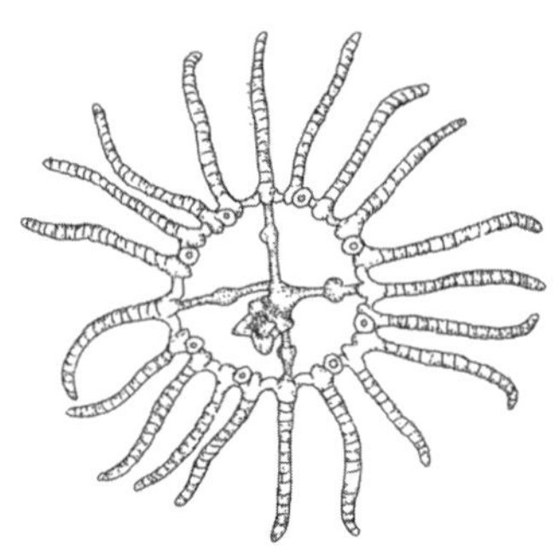

图 5.520 双叉薮枝螅水母 ***Obelia dichotoma***
（仿高哲生等，1958）

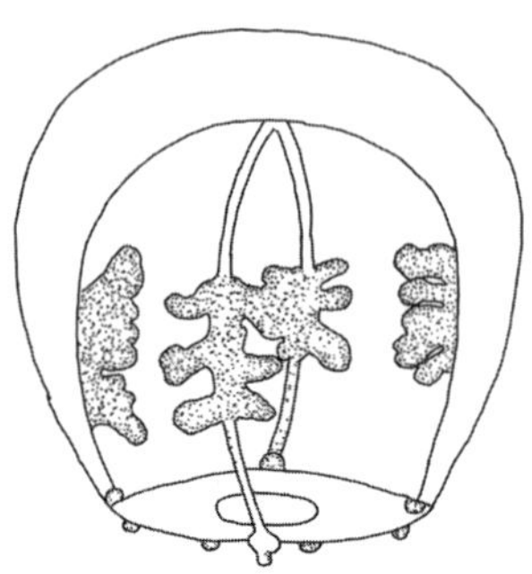

图 5.521 舌状无垂水母 ***Orthopyxis integra***
（仿 Cornelius，1995）

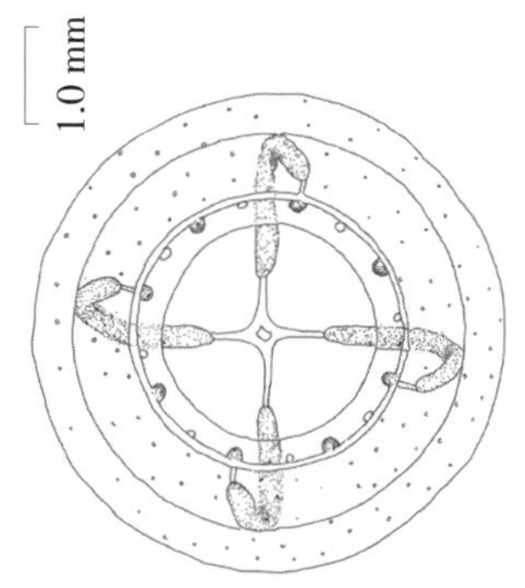

图 5.522 缩无垂水母
Orthopyxis compressa
（仿许振祖等，1985a）

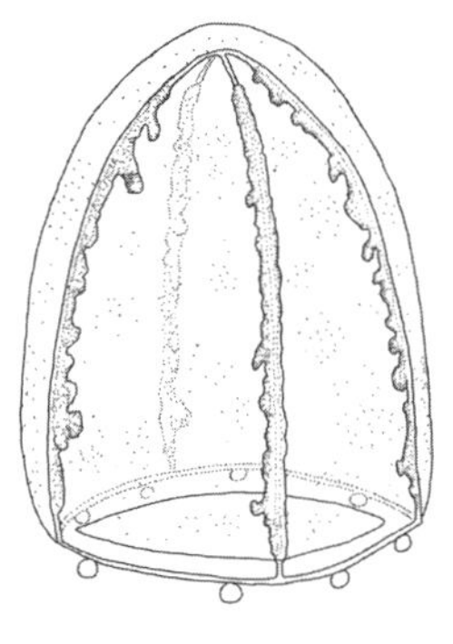

图 5.523 福建无垂水母
Orthopyxis fujianensis
（仿黄加祺、许振祖，1994a）

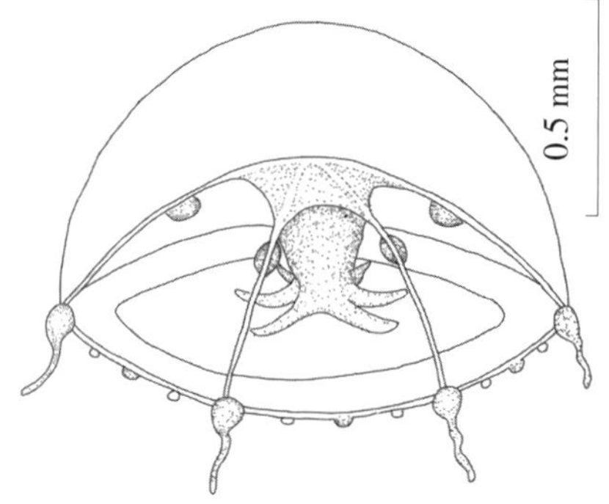

图 5.524 六辐假美螅水母
Pseudoclytia hexacanalis
（仿许振祖等，1991）

图 5.525 五假美螅水母 ***Pseudoclytia pentata***
（仿 Mayer，1900b）

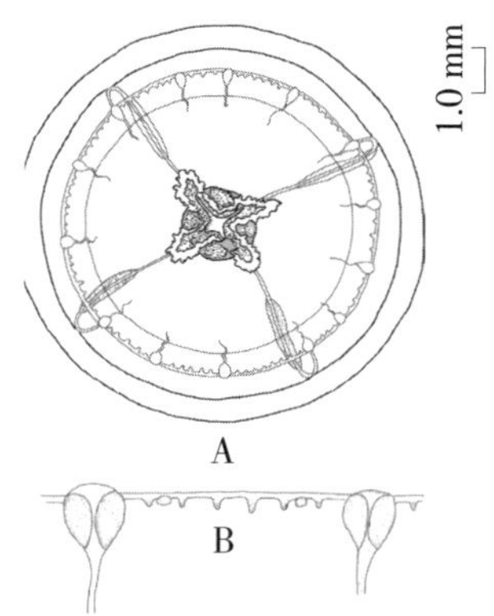

图 5.526 真拟杯水母 ***Phialucium mbenga***
（仿许振祖、张金标，1974）
A. 口面观；B. 伞缘局部

5.2.4 淡水水母亚纲

图 5.527 浙江钩手水母 ***Gonionemus chekiangensis***
（仿 Ling，1937）
A. 口面观；B. 侧面观；C. 生殖腺；D. 触手

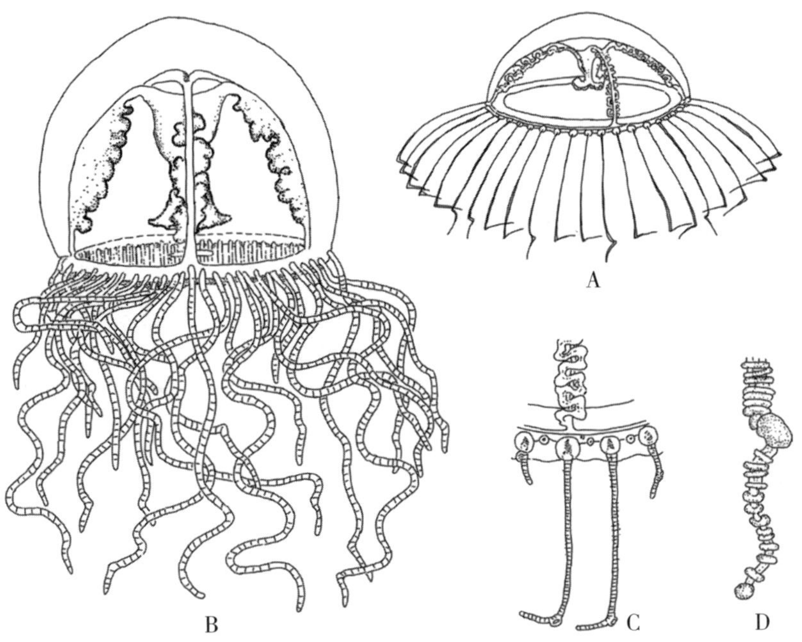

图 5.528 钩手水母 ***Gonionemus vertens***
（A 仿 Mayer，1910；B，D 仿 Russell，1953；C 仿 Leloup，1952）
A，B. 水母体；C. 伞缘局部，示平衡囊、黏垫和触手末端；D. 触手局部

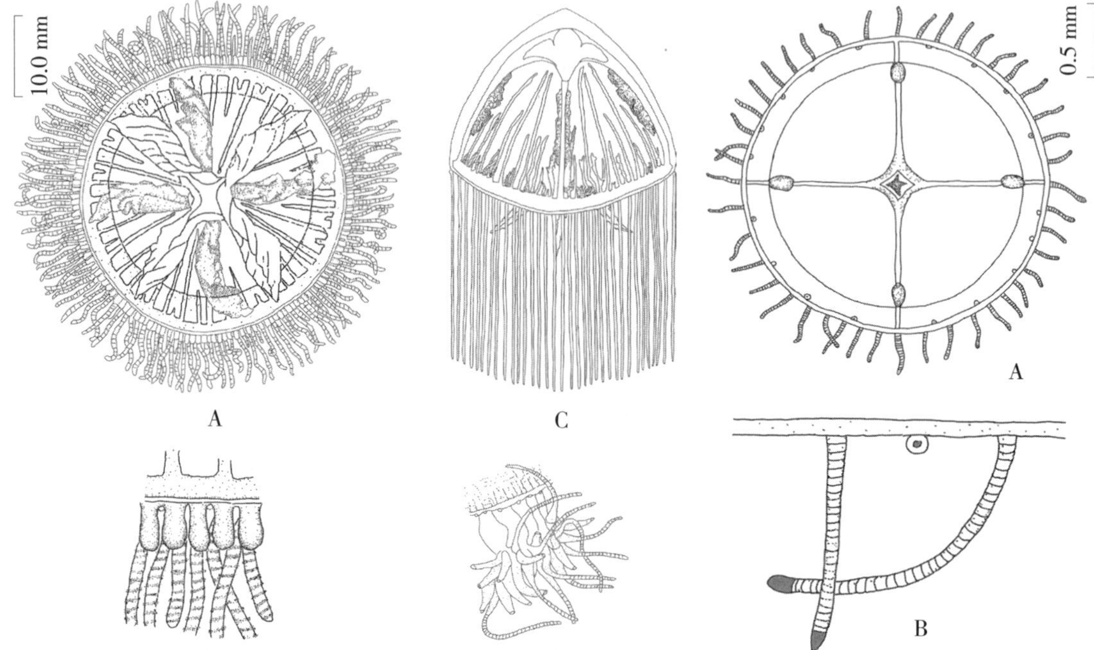

图 5.529　缘心管水母 ***Maeotias marginata***
（A，B 仿许振祖等，1985a；C 仿 Borcea，1929；
D 仿 Benayer，1973）
A. 口面观；B，D 伞缘局部；C. 侧面观

图 5.530　似钩手水母 ***Scolionema suvaense***
（仿许振祖、张金标，1964）
A. 口面观；B. 伞缘局部

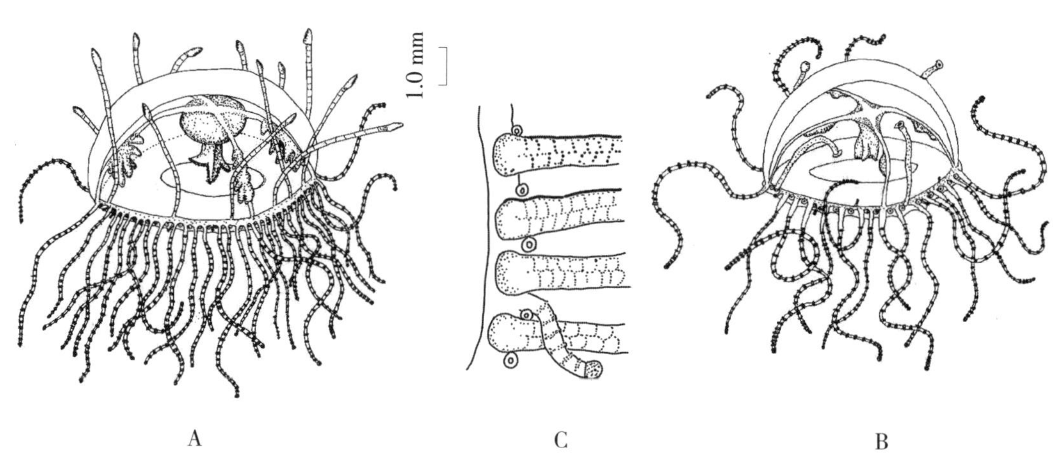

图 5.531　加布瓦伦水母 ***Vallentinia gabriellae***
（仿许振祖等，2014）
A. 成熟体；B. 水母幼体；C. 伞缘局部

5.2.5 管水母亚纲

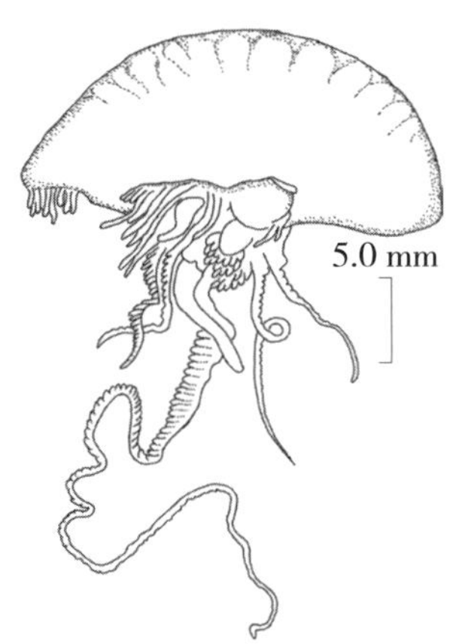

图 5.532 僧帽水母 ***Physalia physalis***
侧面观（仿张金标，2005）

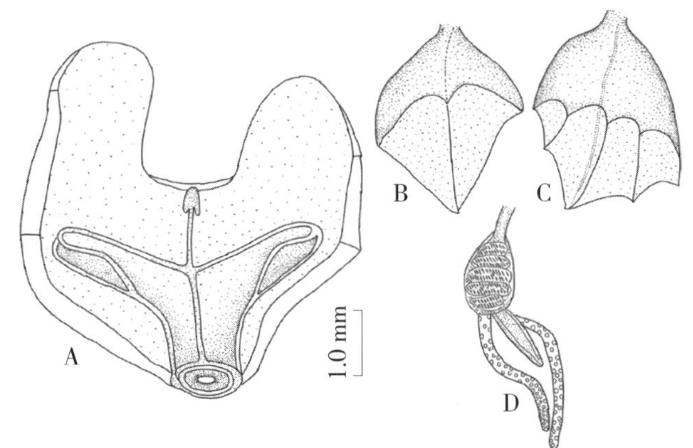

图 5.534 盛装水母 ***Agalma okeni***
（仿许振祖，1965）
A. 泳钟；B，C. 保护叶；D. 触手体

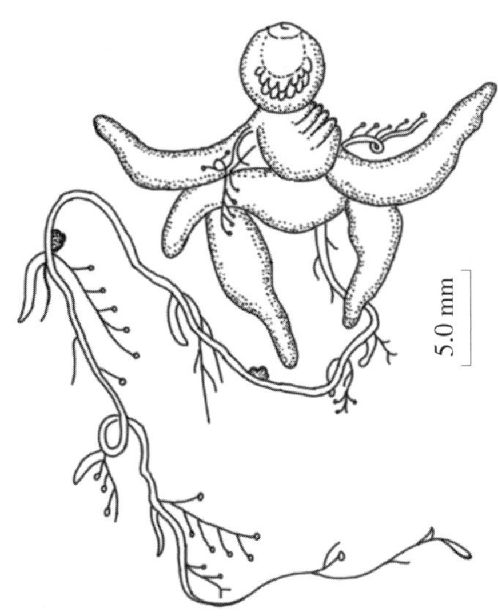

图 5.533 丝根水母 ***Rhizophysa filiformis***
侧面观（仿张金标，2005）

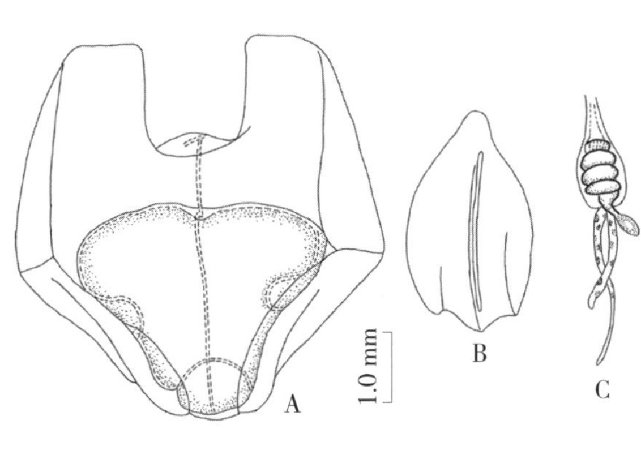

图 5.535 华丽盛装水母 ***Agalma elegans***
（仿张金标，2005）
A. 泳钟体；B. 保护叶；C. 触手体

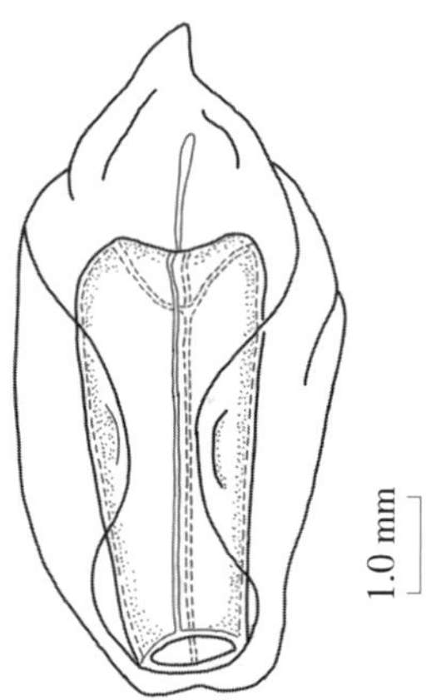

图 5.536 舟形水母 ***Bargmannia elongata***
（仿张金标，2005）

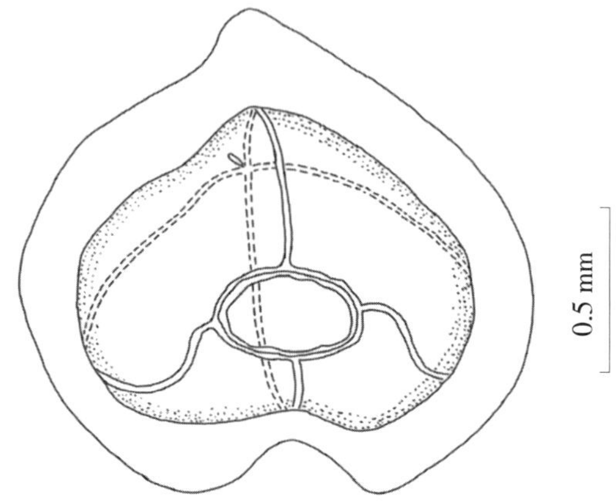

图 5.537 心钟水母 ***Cordagalma cordiformis***
（仿张金标，2005）

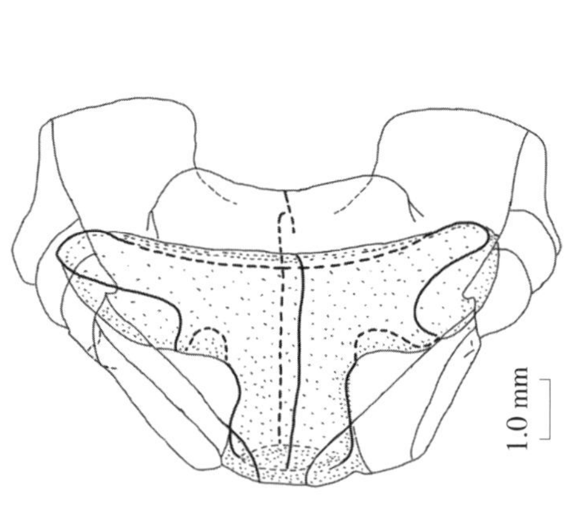

图 5.538 纹海冠水母 ***Halistemma striata***
（仿 Pugh，1999）

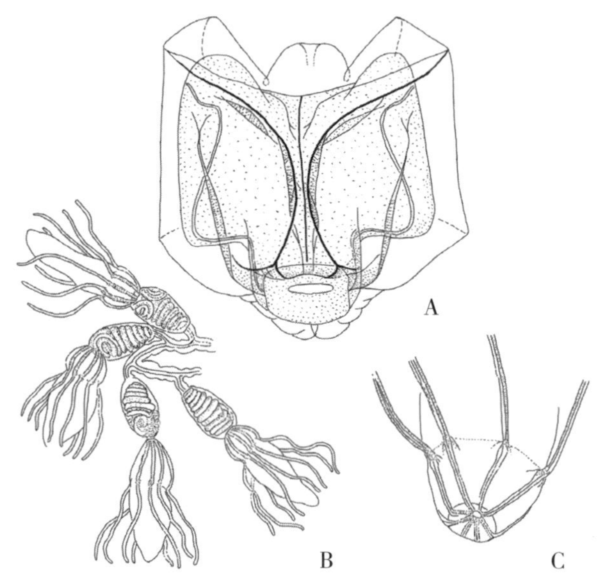

图 5.540 三尖里纳水母 ***Lychnagalma utricularia***
（仿 Bouillon et al.，2004）
A. 泳钟腹面观；B. 触手体；
C. 末端囊突基部和八条触须

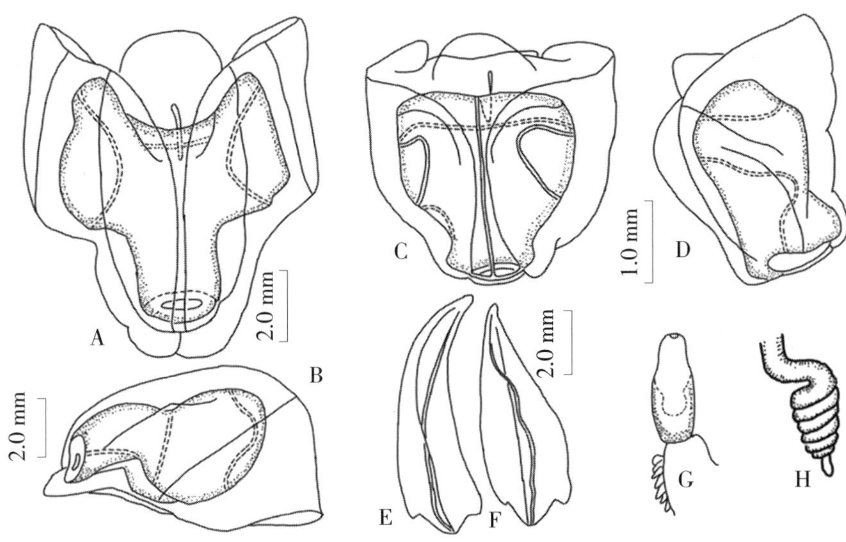

图 5.539 海冠水母 ***Halistemma rubrum***

（仿张金标，2005）

A. 成熟泳钟侧面观；B. 成熟泳钟背面观；C. 未成熟泳钟侧面观；D. 未成熟泳钟背面观；E，F. 保护叶；G. 浮囊体；H 触手体

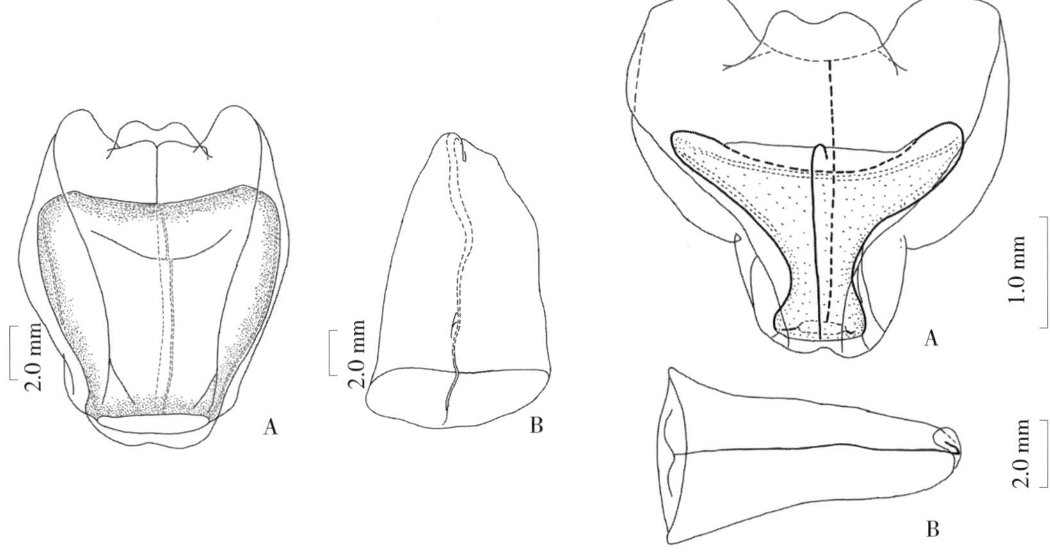

图 5.541 拟直蕉马鲁水母 ***Marrus orthocannoides***

（仿 Totton，1965a）

A. 泳钟腹面观；B. 保护叶

图 5.542 南极马鲁水母 ***Marrus antarcticus***

（仿 Totton，1965a）

A. 泳钟腹面观；B. 保护叶

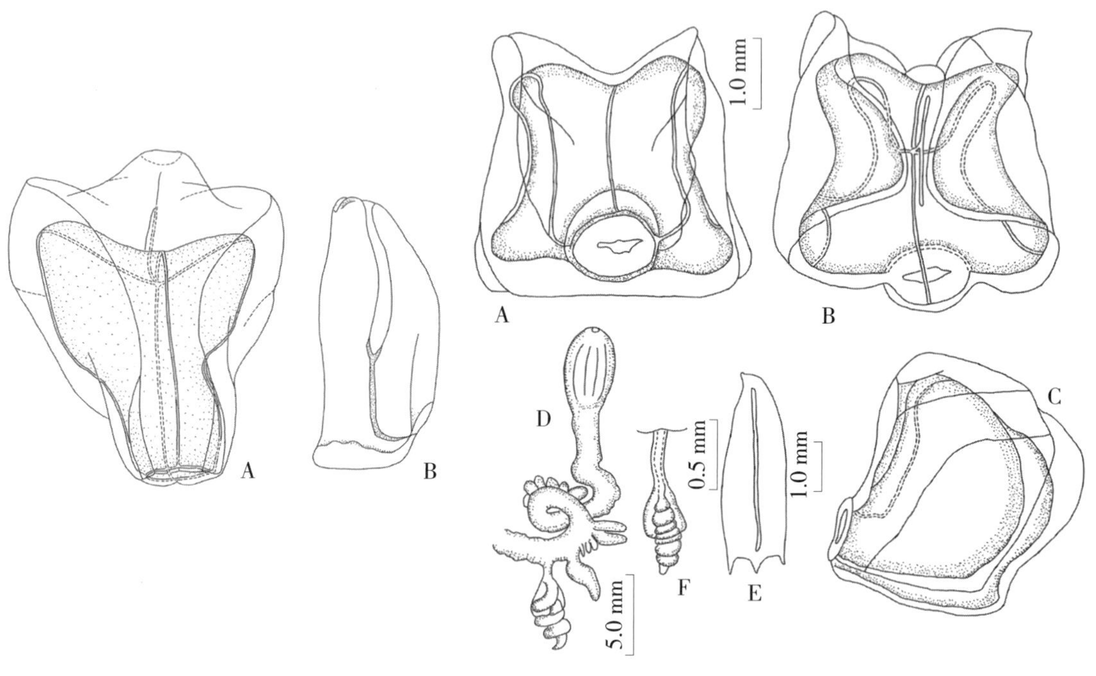

图 5.543 直蕉马鲁水母 ***Marrus orthocanna***
（仿 Kirkpatrick & Pugh，1984）
A. 泳钟腹面观；B. 保护叶

图 5.544 性轭小型水母 ***Nanomia bijuga***
（仿张金标，2005）
A ~ C. 泳钟背、腹侧面观；D. 浮囊体；
E. 保护叶；F. 触手体

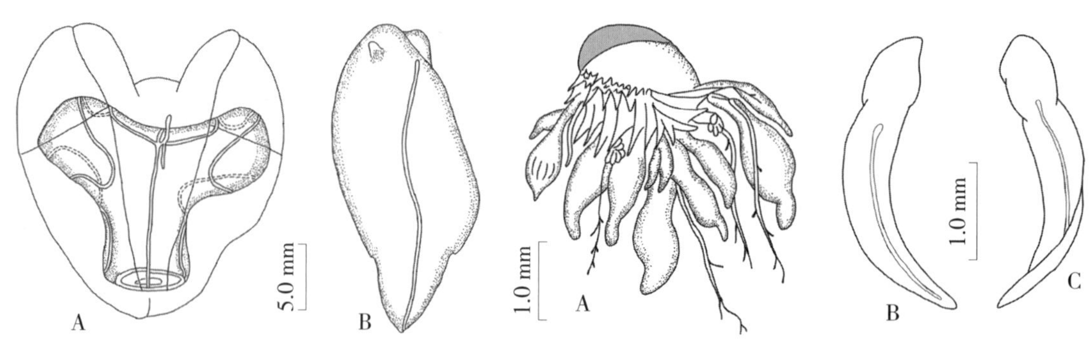

图 5.545 小型水母 ***Nanomia cara***
（仿张金标，2005）
A. 泳钟；B. 保护叶

图 5.546 玫瑰花篮水母 ***Athorybia rosacea***
（仿张金标，2005）
A. 整体；B，C. 保护叶

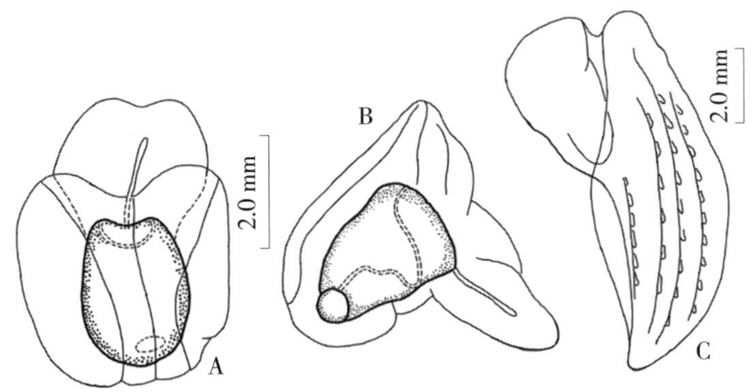

图 5.547 瓜果水母 ***Melophysa melo***
（仿张金标，2005）
A. 泳钟顶面观；B. 泳钟侧面观；C. 保护叶

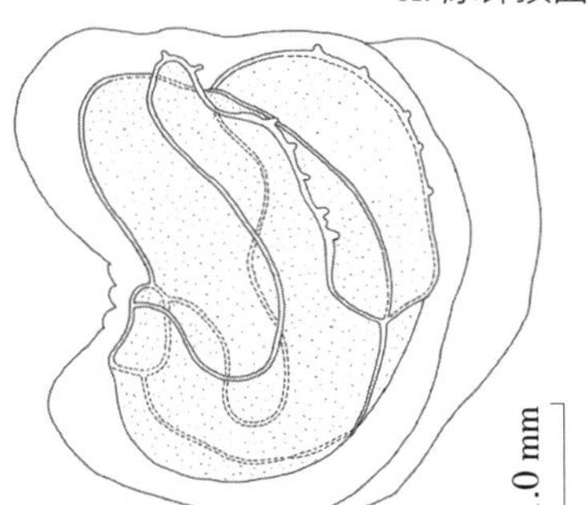

图 5.548 浆果离翼水母 ***Apolemia uvaria***
（仿 Pagès & Gili，1992）

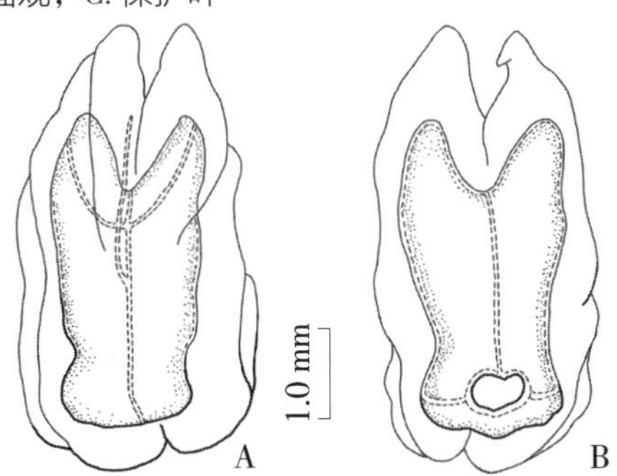

图 5.549 弯皱袋囊水母 ***Tottonia contorta***
（仿张金标，2005）
A. 泳钟腹面观；B. 泳钟背面观

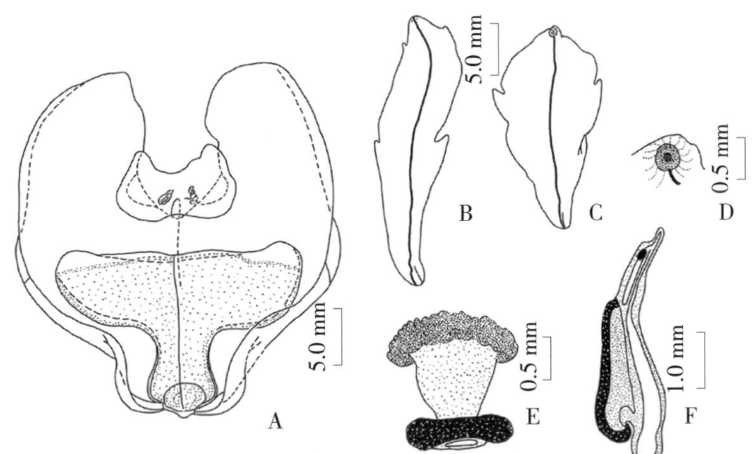

图 5.550 理查埃伦水母 ***Erenna richardi***
（仿 Pugh，2001）
A. 泳钟；B，C. 两种保护叶；D. 保护叶上表皮细胞的隆起；E. 营养体；F. 触手体

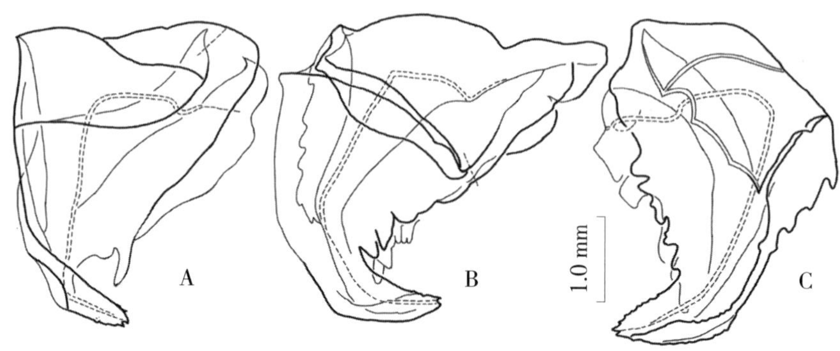

图 5.551 楔形歪钟水母 ***Forskalia cuneata***
（仿 Totton，1954）
A ~ C. 保护叶

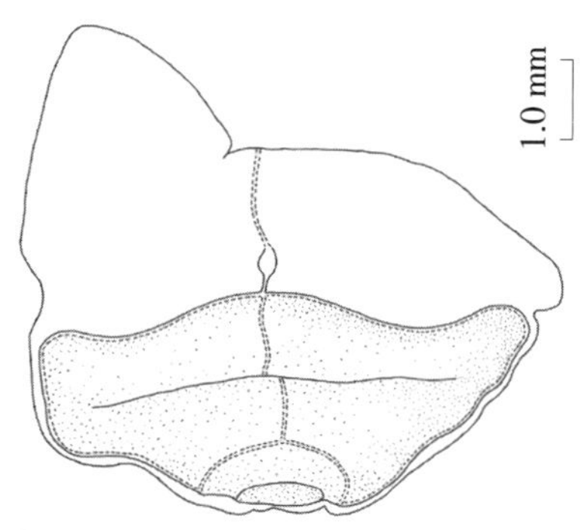

图 5.552 洛加歪钟水母 ***Forskalia leuckarti***
（仿 Pagès & Gili，1992）

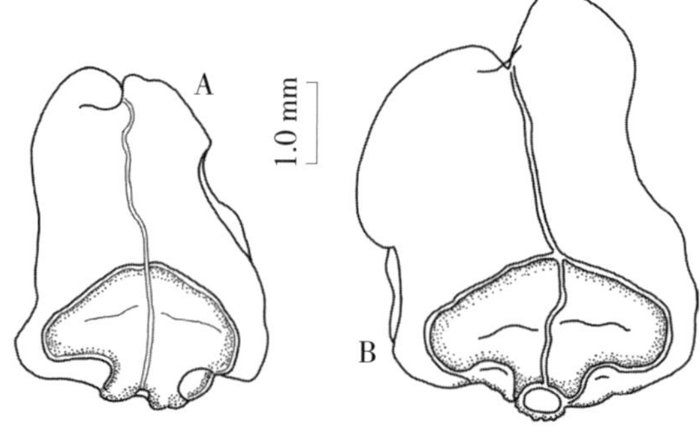

图 5.553 歪钟水母 ***Forskalia edwardsi***
（仿张金标，2005）
A. 泳钟背面观；B. 泳钟腹面观

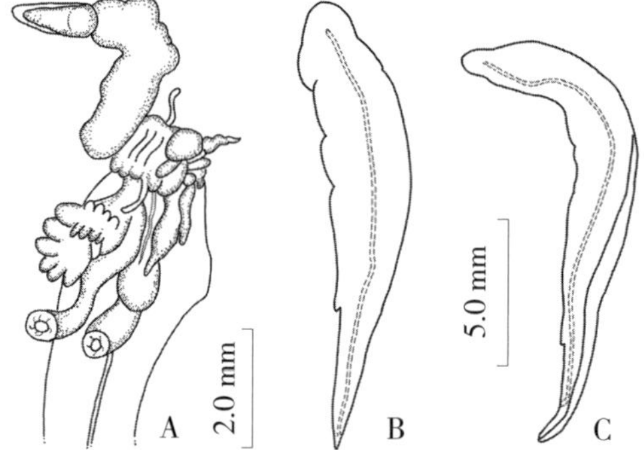

图 5.554 鲗泳水母 ***Nectalia loligo***
（仿张金标，2005）
A. 整体；B. 保护叶背面观；C. 保护叶侧面观

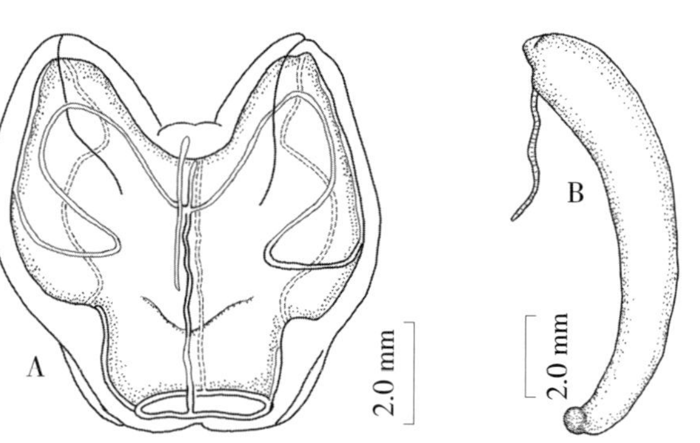

图 5.555 气囊水母 ***Physophora hydrostatica***
（仿张金标，2005）
A. 泳钟腹面观；B. 指状体

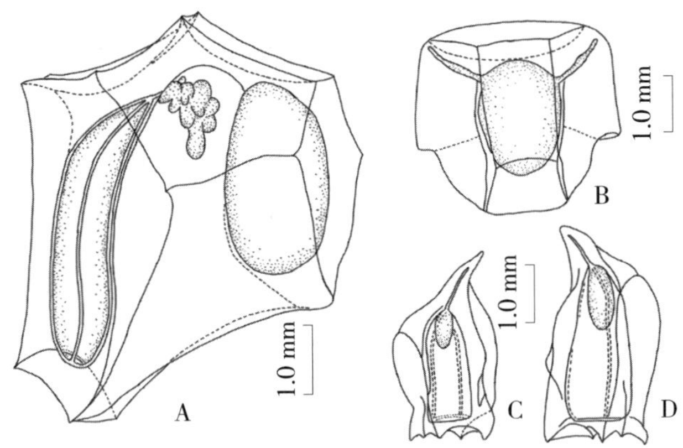

图 5.556　横棱多面水母 ***Abyla haeckeli***
（A 仿张金标，1984；B ~ D 仿张金标，2005）
A. 前泳钟侧面观；B. 保护叶背面观；C，D. 生殖泳钟侧面观

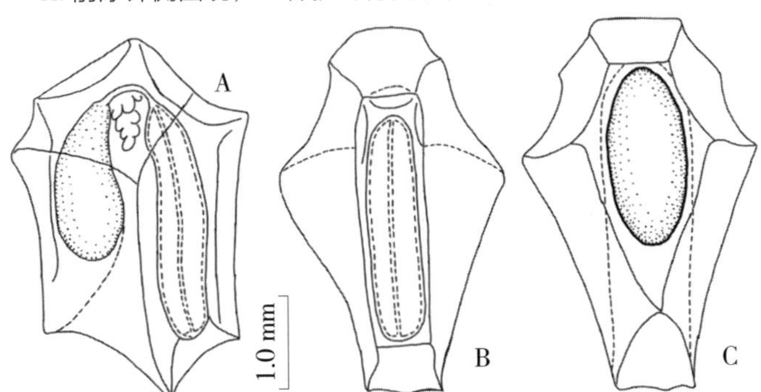

图 5.557　狭腹多面水母 ***Abyla ingeborgae***
（仿张金标，2005）
A. 前泳钟侧面观；B. 前泳钟背面观；C. 前泳钟腹面观

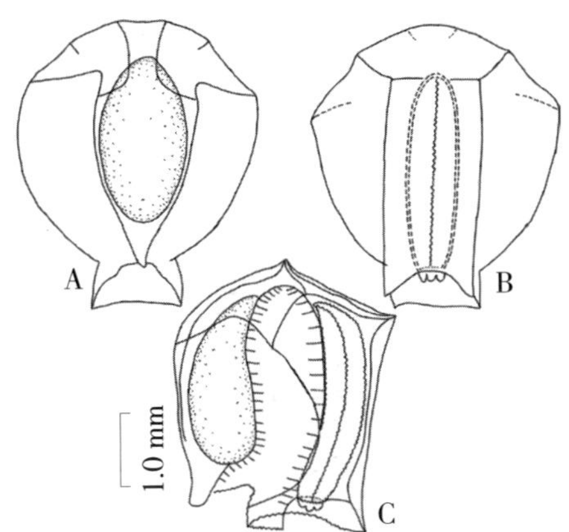

图 5.558　小双翼多面水母 ***Abyla brownia***
（仿张金标，1984）
A. 前泳钟腹面观；B. 前泳钟背面观；C. 前泳钟侧面观

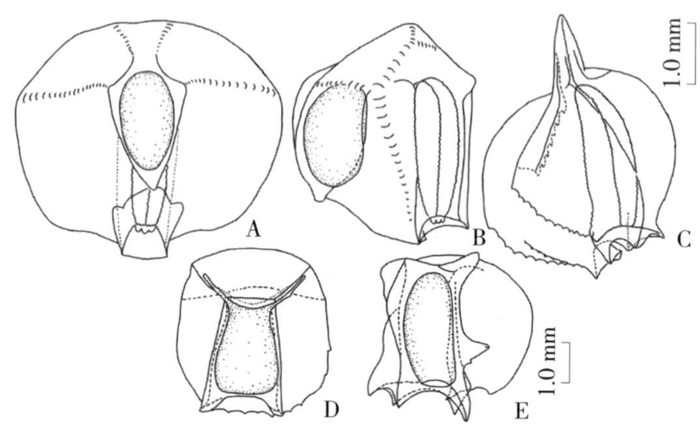

图 5.559　双翼多面水母 ***Abyla bicarinata***
（仿张金标，1984）
A. 前泳钟腹面观；B. 前泳钟侧面观；C. 后泳钟侧面观；
D. 保护叶背面观；E. 生殖泳钟侧面观

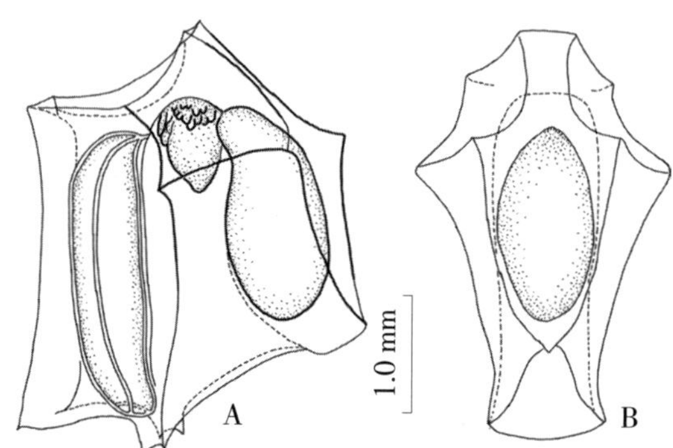

图 5.560　三角多面水母 ***Abyla trigona***
A. 前泳钟侧面观（仿张金标，1984）；B. 前泳钟腹面观（仿张金标，2005）

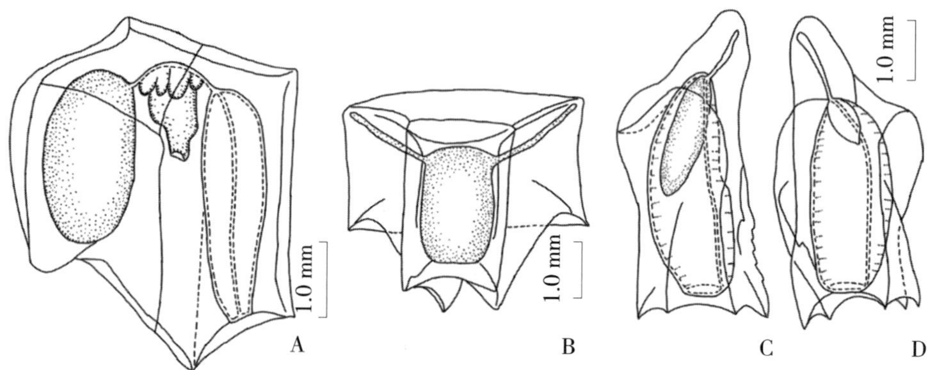

图 5.561　顶大多面水母 ***Abyla schmidti***
（仿张金标，2005）
A. 前泳钟侧面观；B. 保护叶背面观；C，D. 一对生殖泳钟侧面观

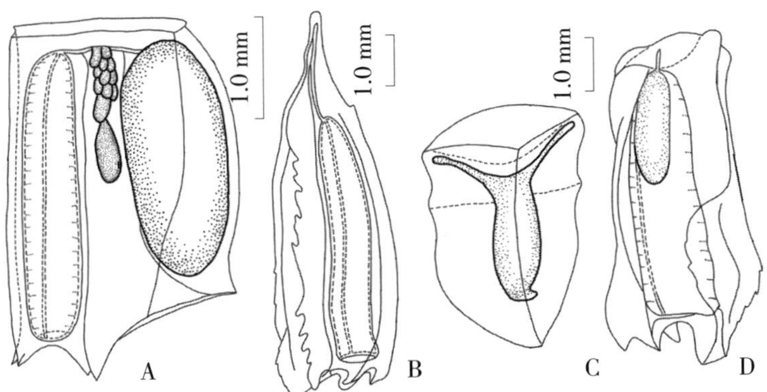

图 5.562　四角舟水母 ***Ceratocymba leuckarti***
（A，B 仿许振祖、张金标，1978；C，D 仿张金标，2005）
A. 前泳钟侧面观；B. 后泳钟侧面观；C. 保护叶背面观；D. 生殖泳钟侧面观

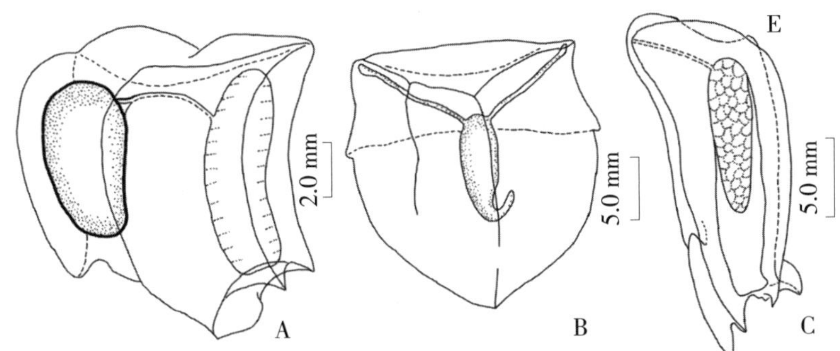

图 5.563　齿角舟水母 ***Ceratocymba dentata***
（仿张金标，2005）
A. 前泳钟侧面观；B. 保护叶背面观；C. 生殖泳钟侧面观

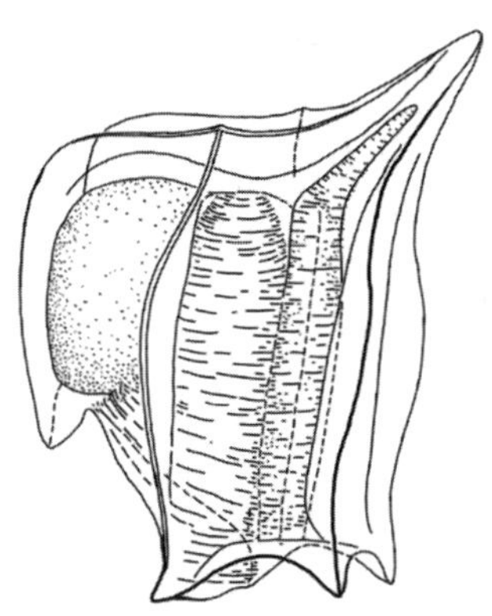

图 5.564　中型角舟水母 ***Ceratocymba intermedia***
前泳钟侧面观（仿高尚武等，2002）

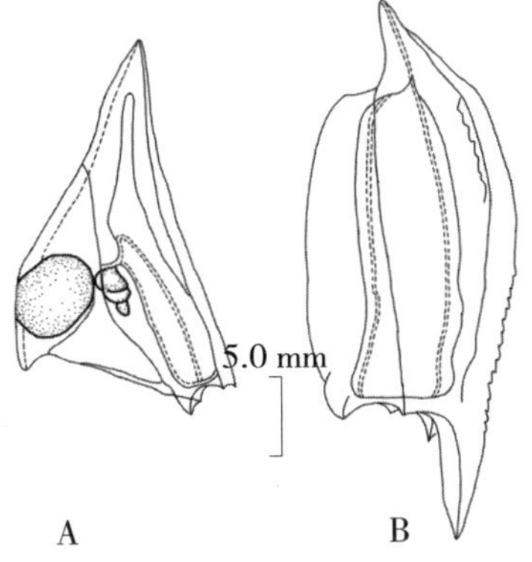

图 5.565　矢角舟水母 ***Ceratocymba sagittata***
（仿张金标，2005）
A. 前泳钟侧面观；B. 后泳钟侧面观

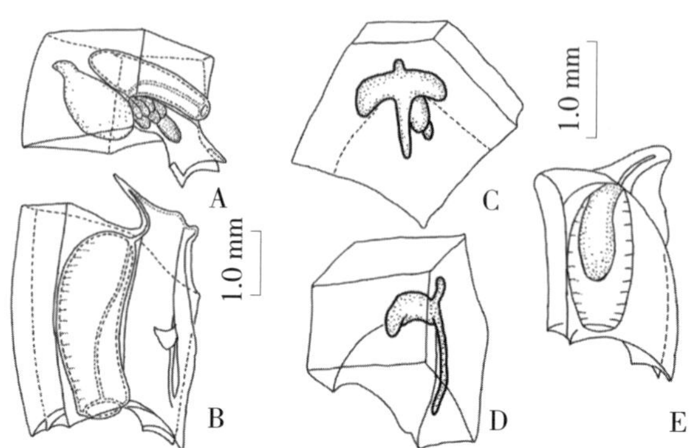

图 5.566 小拟多面水母 *Abylopsis eschscholtzi*
（A 仿许振祖、张金标，1978，B ~ E 仿张金标，2005）
A. 前泳钟侧面观；B. 后泳钟侧面观；C. 保护叶背面观；D. 保护叶侧面观；E. 生殖泳钟侧面观

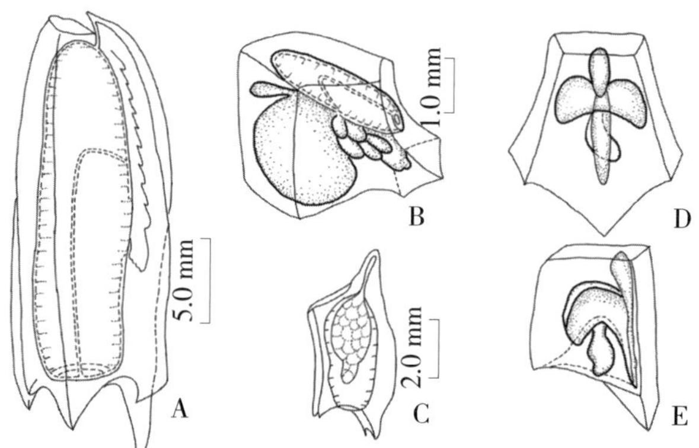

图 5.567 方拟多面水母 *Abylopsis tetragona*
（仿张金标，2005）
A. 前泳钟侧面观；B. 后泳钟侧面观；C. 生殖泳钟侧面观；D. 保护叶背面观；E. 保护叶侧面观

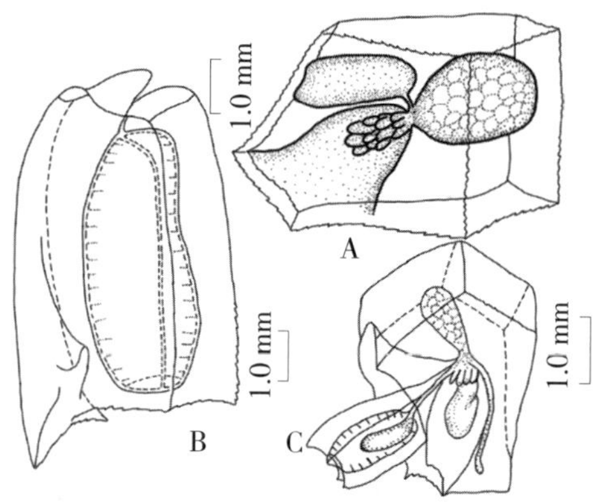

图 5.568 巴斯水母 *Bassia bassensis*
（A 仿许振祖，1965；B、C 仿张金标，2005）
A. 前泳钟侧面观；B. 后泳钟侧面观；C. 单营养体期侧面观

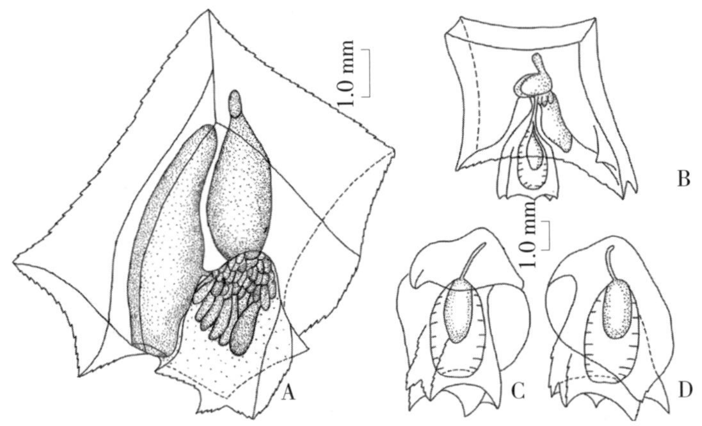

图 5.569 晶莹九角水母 ***Enneagonum hyalinum***
（A 仿许振祖，1965；B ~ D 仿张金标，2005）
A. 前泳钟侧面观；B. 保护叶侧面观；C，D. 一对生殖泳钟侧面观

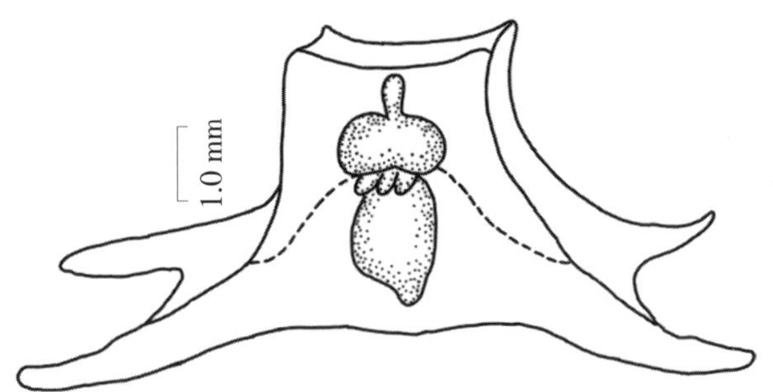

图 5.570 长棱九角水母 ***Enneagonum searsae***
保护叶侧面观（仿张金标，2005）

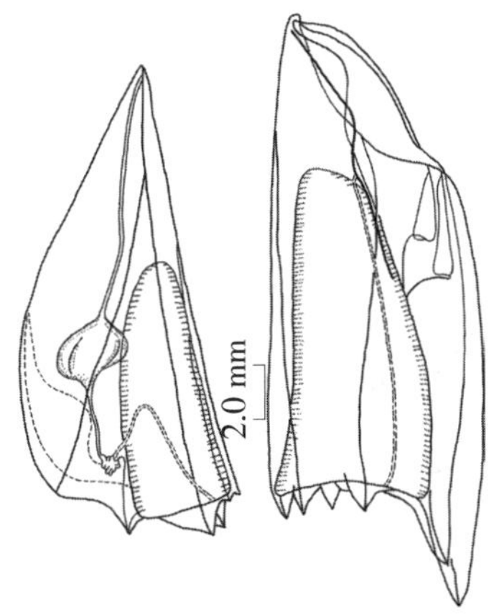

图 5.571 多齿角锥水母 ***Chuniphyes multidentata***
（仿张金标、张锡烈，1980）
A. 前泳钟侧面观；B. 后泳钟侧面观

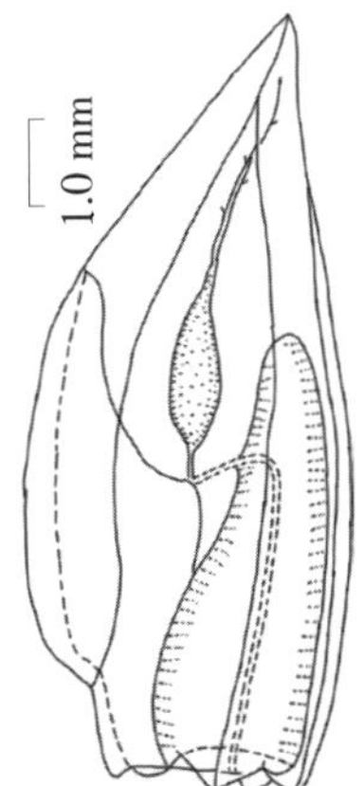

图 5.572 钝齿角锥水母 ***Chuniphyes moserae***
（仿张金标，2005）
前泳钟侧面观

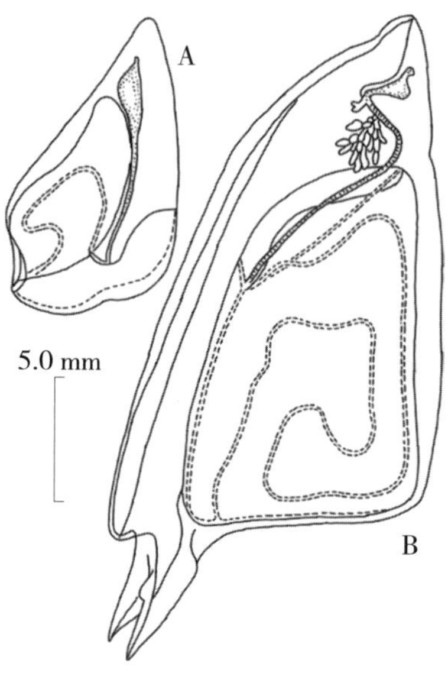

图 5.573　盔形双体水母 ***Clausophyes galeata***
（仿张金标、张锡烈，1980）
A. 前泳钟侧面观；B. 后泳钟侧面观

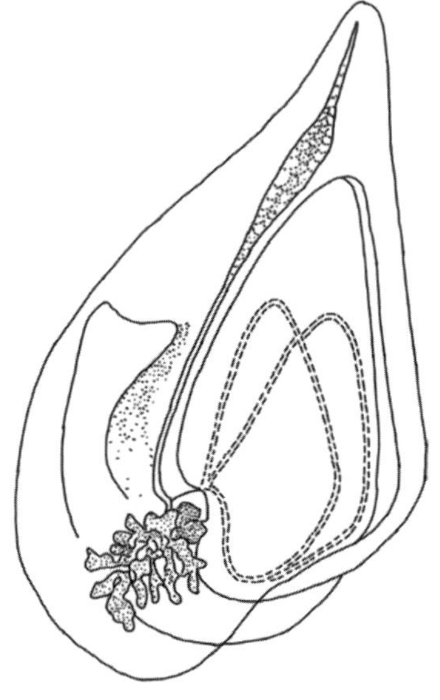

图 5.574　卵形双体水母 ***Clausophyes ovala***
前泳钟侧面观（仿高尚武等，2002）

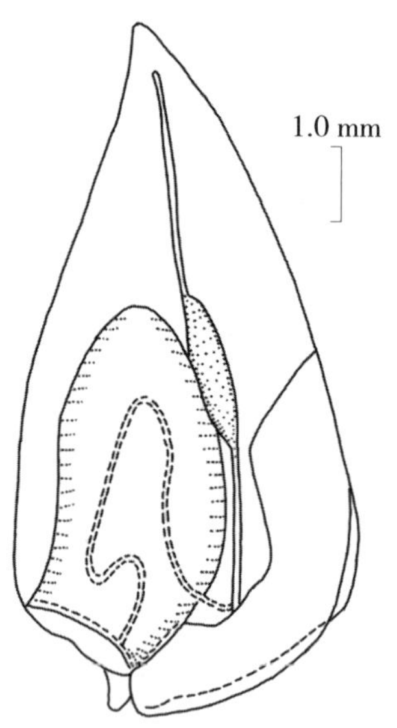

图 5.575　中粗双体水母 ***Clausophyes moserae***
前泳钟侧面观（仿张金标，2005）

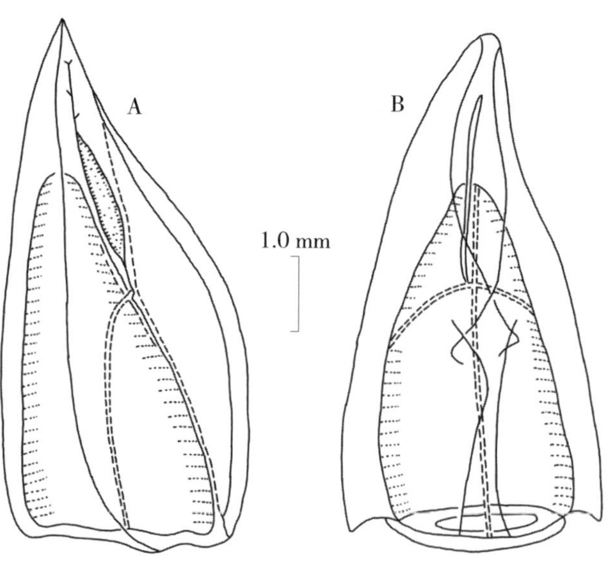

图 5.576　晶体水母 ***Crystallophyes amygdalina***
（仿林茂，1990）
A. 前泳钟侧面观；B. 后泳钟腹面观

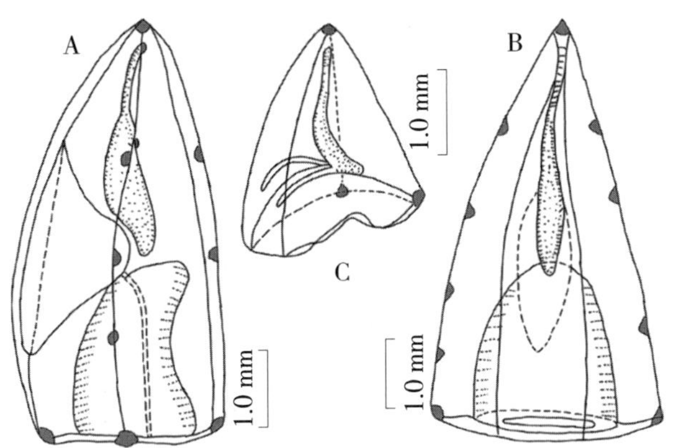

图 5.577　色斑异塔水母 ***Heteropyramis maculata***
（仿林茂，1990）
A. 前泳钟侧面观；B. 前泳钟腹面观；C. 保护叶侧面观

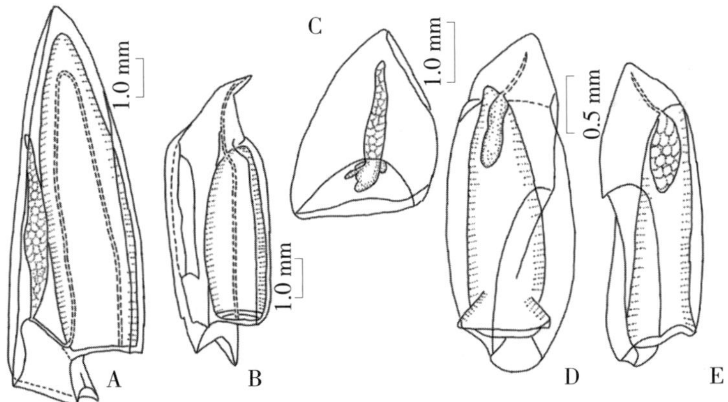

图 5.578　爪室水母 ***Chelophyes appendiculata***
（仿张金标，2005）
A. 前泳钟侧面观；B. 后泳钟侧面观；C. 保护叶侧面观；D，E. 生殖泳钟侧面观

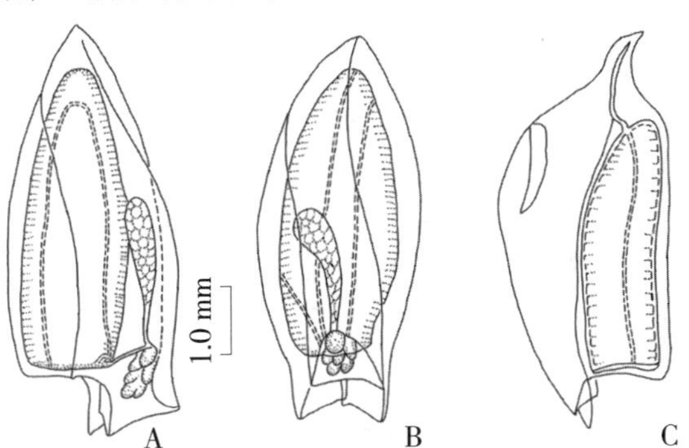

图 5.579　扭歪爪室水母 ***Chelophyes contorta***
（仿张金标，2005）
A. 前泳钟侧面观；B. 前泳钟腹面观；C. 后泳钟侧面观

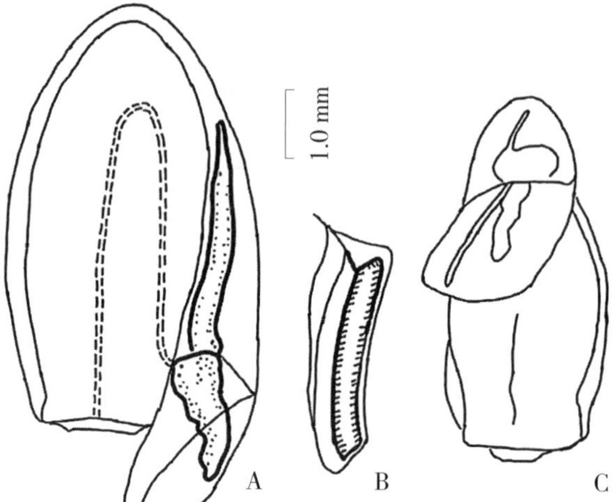

图 5.580 北极单板水母 ***Dimophyes arctica***
（仿张金标、林茂，2001a）
A. 前泳钟侧面观；B. 后泳钟侧面观；C. 单营养体期

图 5.581 双生水母 ***Diphyes chamissonis***
（仿张金标，2005）
A. 前泳钟侧面观；B. 单营养体期侧面观

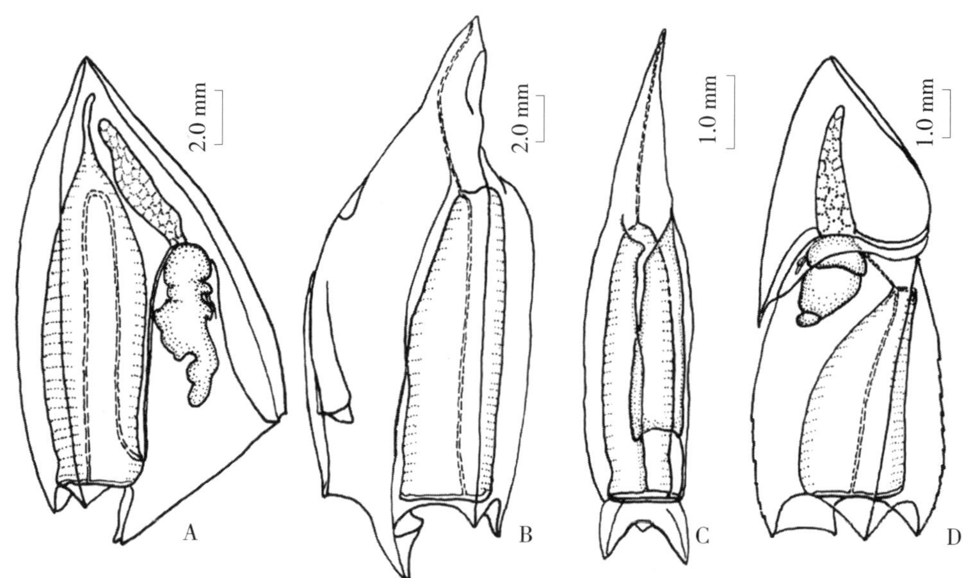

图 5.582 异双生水母 ***Diphyes dispar***
（A ~ C 仿张金标，2005；D 仿许振祖、张金标，1978）
A. 前泳钟侧面观；B. 后泳钟侧面观；C. 后泳钟腹面观；D. 单营养体期侧面观

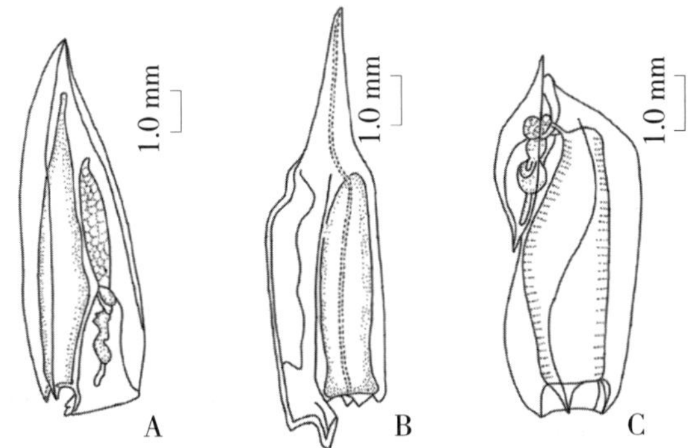

图 5.583 拟双生水母 ***Diphyes bojani***
（A，B 仿张金标，2005；C 仿许振祖、张金标，1978）
A. 前泳钟侧面观；B. 后泳钟侧面观；C. 单营养体期侧面观

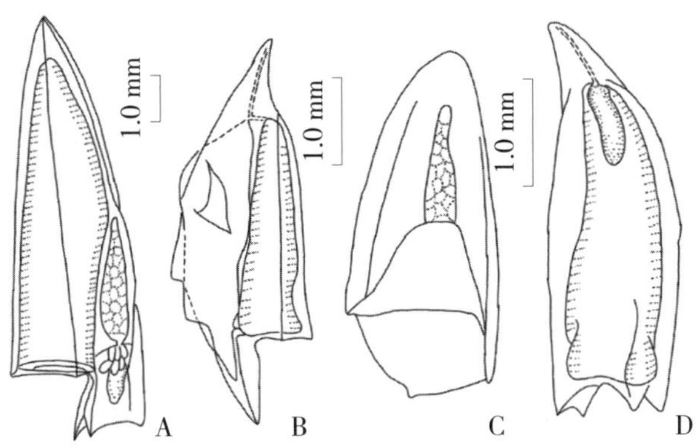

图 5.584 尖角水母 ***Eudoxoides mitra***
（A 仿许振祖、张金标，1978；B ~ D 仿张金标，2005）
A. 前泳钟侧面观；B. 后泳钟侧面观；C. 保护叶；D. 生殖泳钟

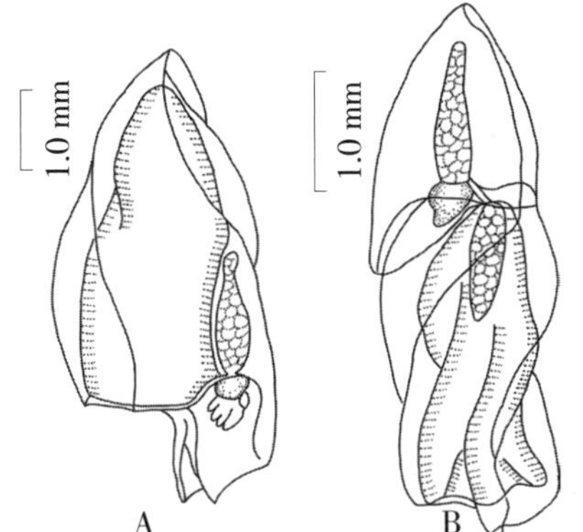

图 5.585 螺旋尖角水母 ***Eudoxoides spiralis***
（仿张金标，2005）
A. 前泳钟侧面观；B. 单营养体期

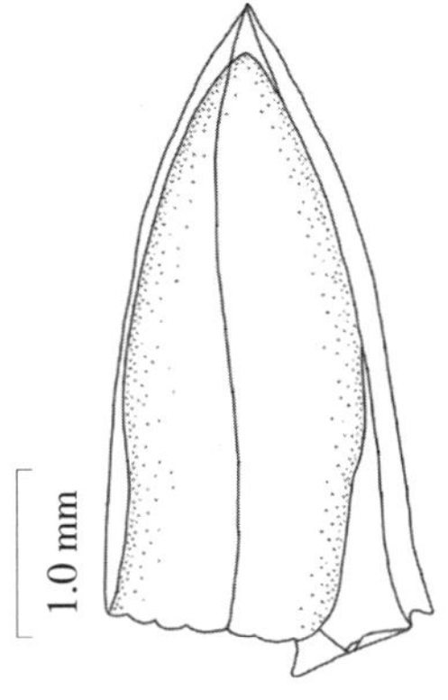

图 5.586 粗管浅室水母 ***Lensia canopusi***
前泳钟侧面观（仿张金标，1984）

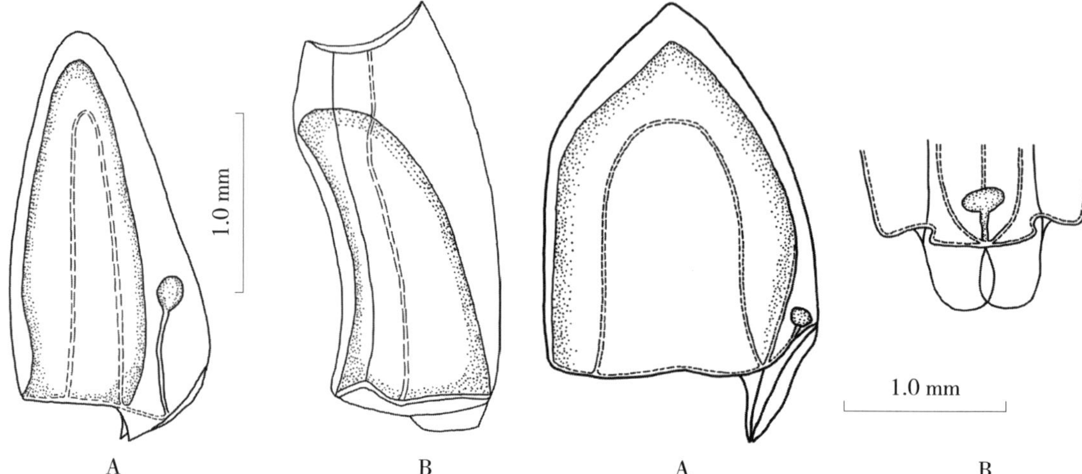

图 5.587　细浅室水母 ***Lensia subtilis***
（仿张金标，2005）
A. 前泳钟侧面观；B. 后泳钟侧面观

图 5.588　垂板浅室水母 ***Lensia meteori***
（仿张金标，1984）
A. 前泳钟侧面观；B. 前泳钟基部腹面观

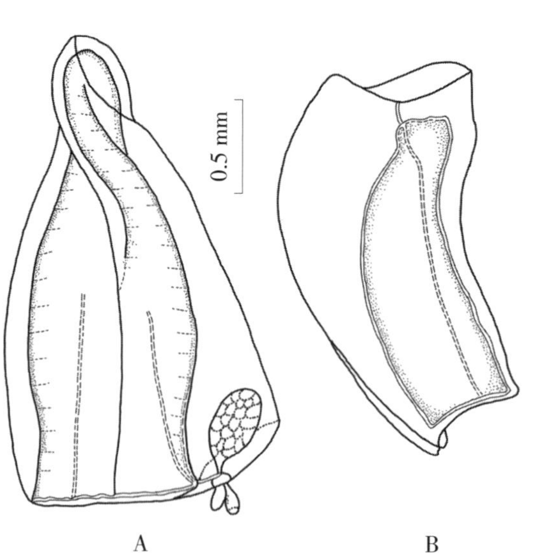

图 5.589　拟铃浅室水母 ***Lensia campanella***
（仿张金标，2005）
A. 前泳钟侧面观； B. 后泳钟侧面观

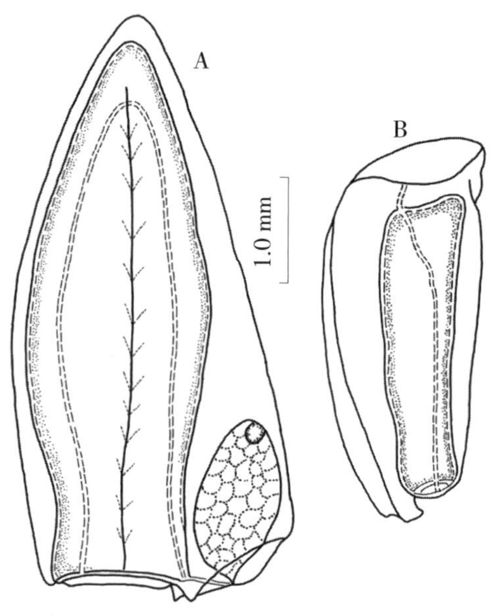

图 5.590　微脊浅室水母 ***Lensia cossack***
（仿张金标，2005）
A. 前泳钟侧面观；B. 后泳钟侧面观

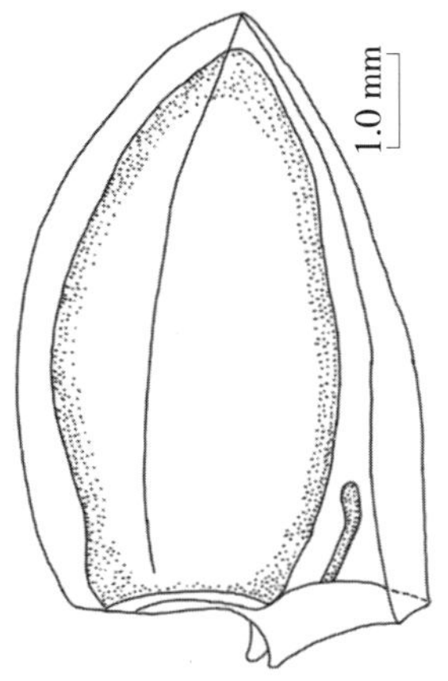

图 5.591　细条浅室水母
Lensia leloupi
（仿张金标，2005）

2.0 mm

图 5.592　短棱浅室水母
Lensia tottoni
（仿张金标，2005）

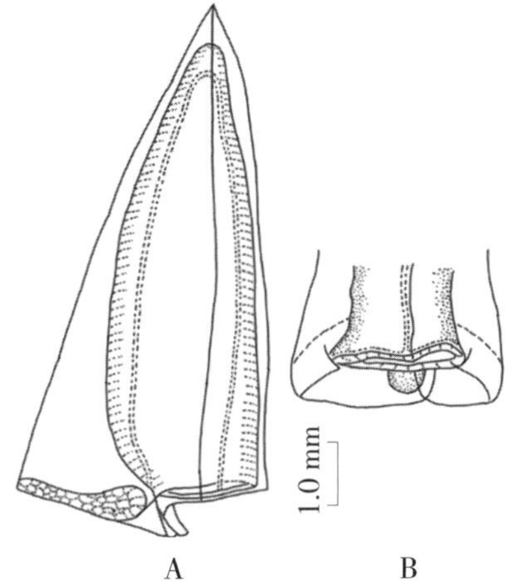

图 5.593　异板浅室水母
Lensia challengeri
（仿张金标，1984）
A. 前泳钟侧面观；B. 泳囊口背面观

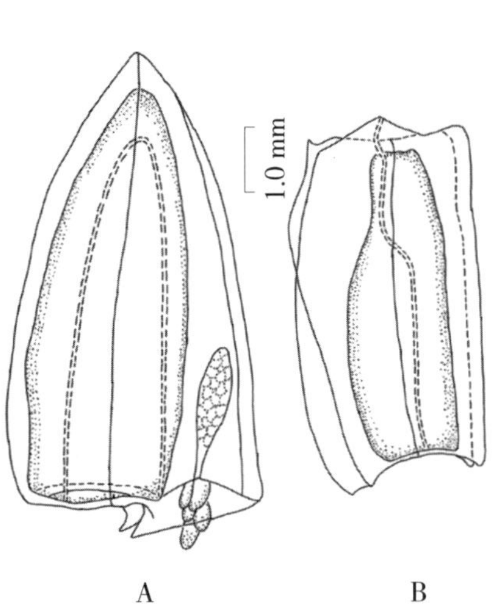

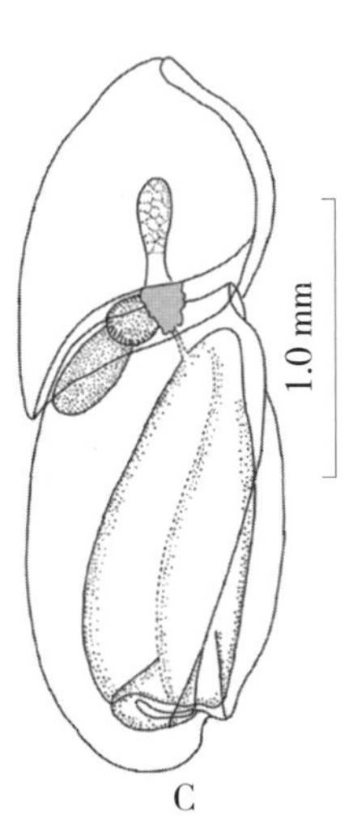

图 5.594　拟细浅室水母 ***Lensia subtiloides***
（A，B 仿张金标，2005；C 仿许振祖、张金标，1978）
A. 前泳钟侧面观；B. 后泳钟侧面观；C. 单营养体期

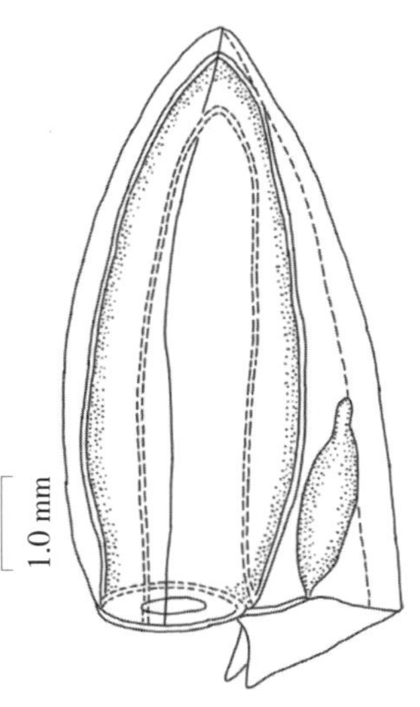

图 5.595　粗体浅室水母 ***Lensia baryi***
（仿张金标，2005）

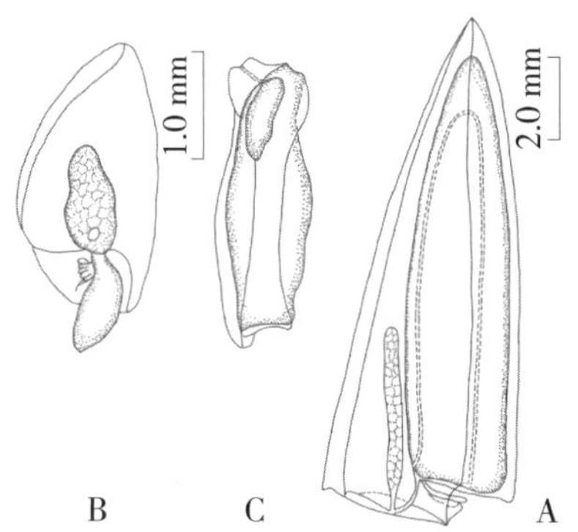

图 5.596 锥体浅室水母 ***Lensia conoidea***
（仿许振祖、张金标，1978）
A. 前泳钟侧面观；B. 保护叶侧面观；
C. 生殖泳钟侧面观

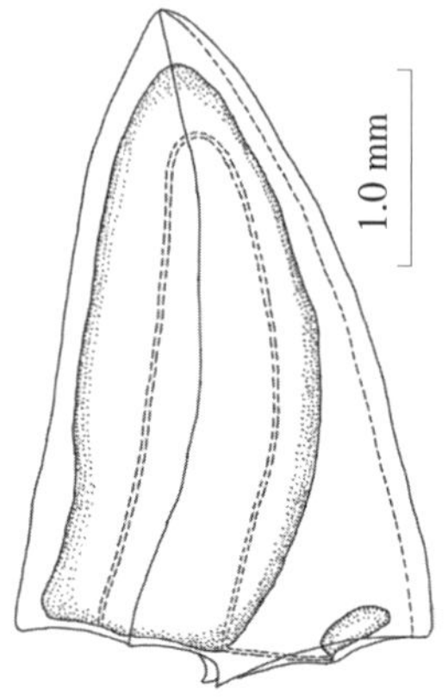

图 5.597 小体浅室水母 ***Lensia hotspur***
（仿张金标，2005）

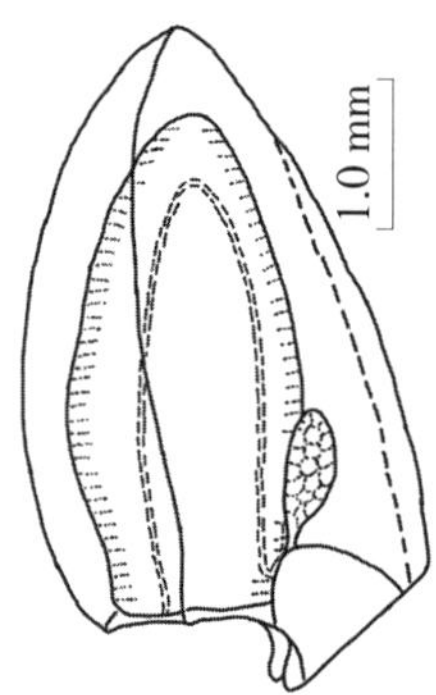

图 5.598 低体浅室水母 ***Lensia fowleri***
（仿张金标，1984）

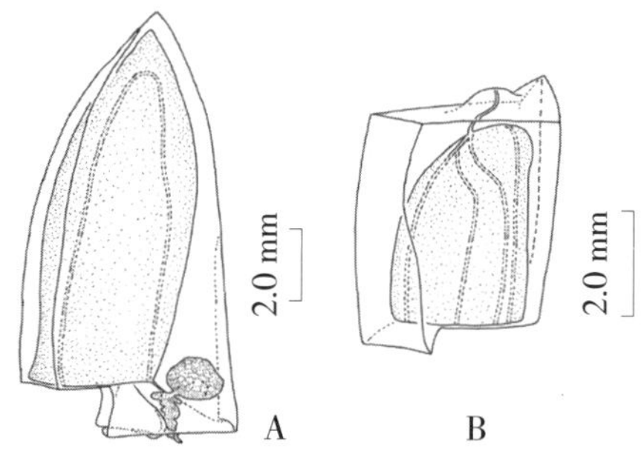

图 5.599 哈迪浅室水母 ***Lensia hardy***
（仿 Pagès & Gili，1992）
A. 前泳钟侧面观；B. 前泳钟背面观

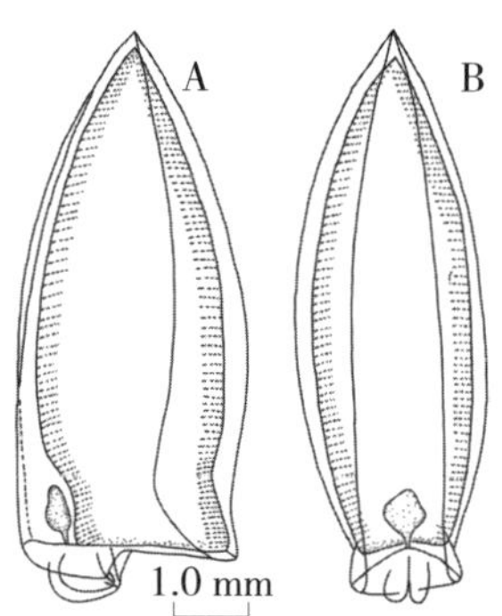

图 5.600 心形浅室水母 ***Lensia cordata***
（仿林茂、张金标，1987）
A. 前泳钟侧面观；B. 前泳钟腹面观

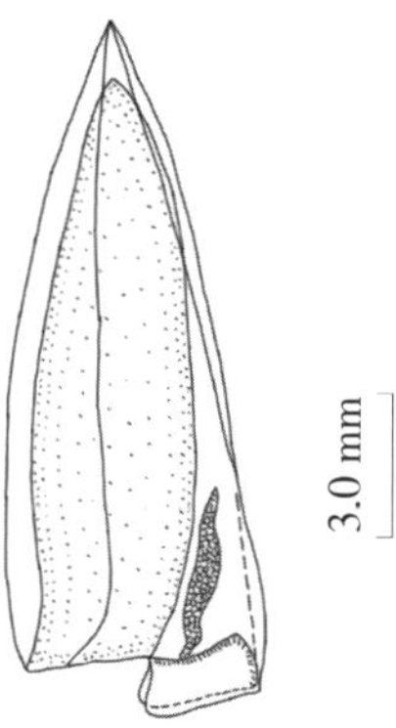

图 5.601 阿奇浅室水母 ***Lensia achilles***
（仿 Pugh，1999）

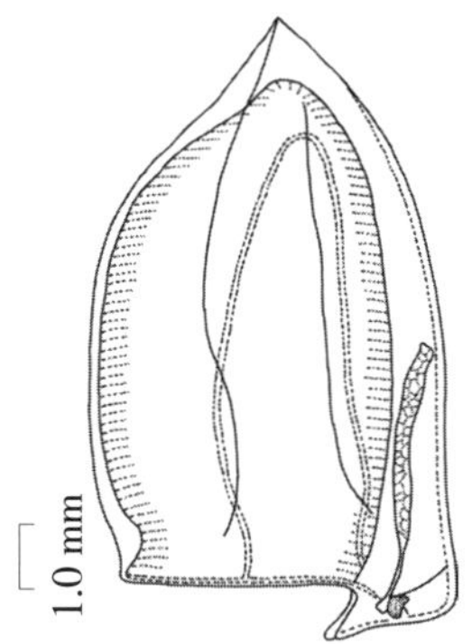

图 5.602　七棱浅室水母
Lensia multicristata
（仿张金标，1984）

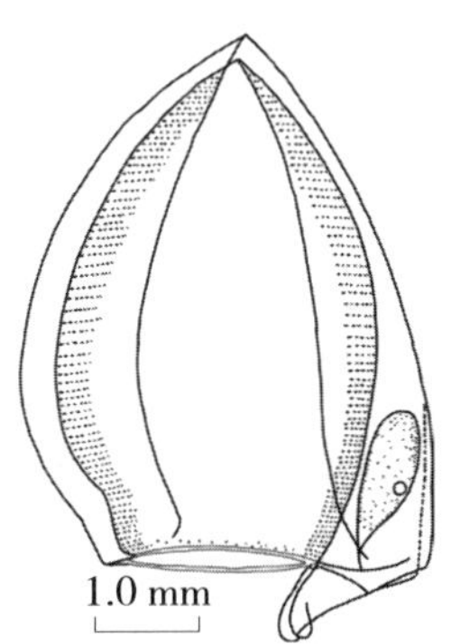

图 5.603　拟七棱浅室水母
Lensia multicristatoides
（仿张金标、林茂，1987）

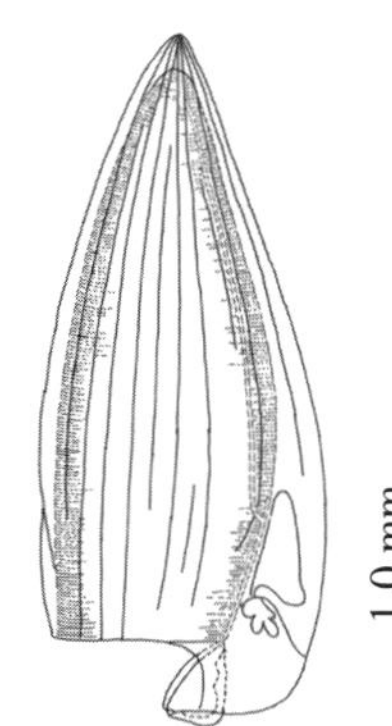

图 5.604　奥斯浅室水母
Lensia hostile
（仿 Mapstone，2009）

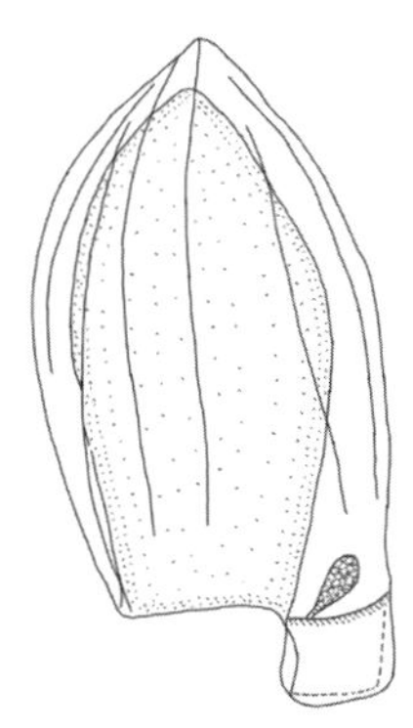

图 5.605　阿贾浅室水母 ***Lensia ajax***
（仿 Pugh，1999）

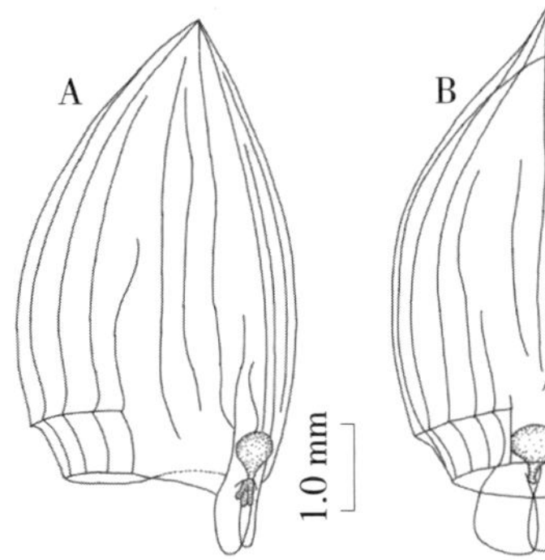

图 5.606　多棱浅室水母 ***Lensia lelouveteau***
（仿张金标，1984）
A. 前泳钟侧面观；B. 前泳钟背面观

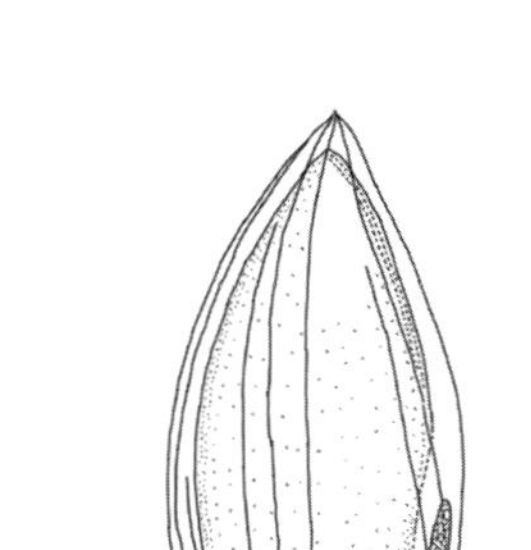

图 5.607　埃克浅室水母 ***Lensia exeter***
（仿 Pugh，1999）

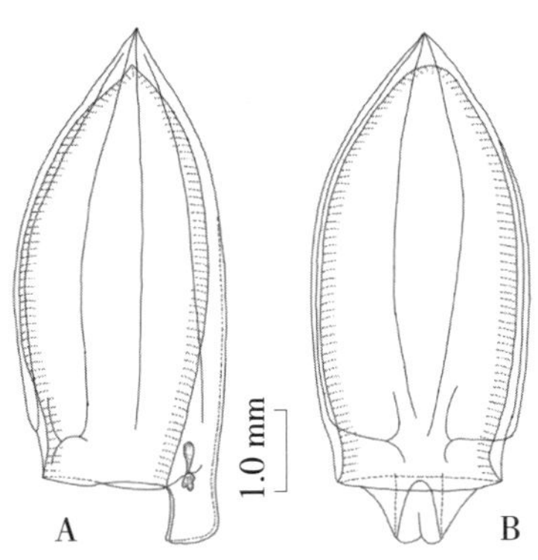

图 5.608　十棱浅室水母 ***Lensia grimaldi***
（仿张金标，1984）
A. 前泳钟侧面观；B. 前泳钟背面观

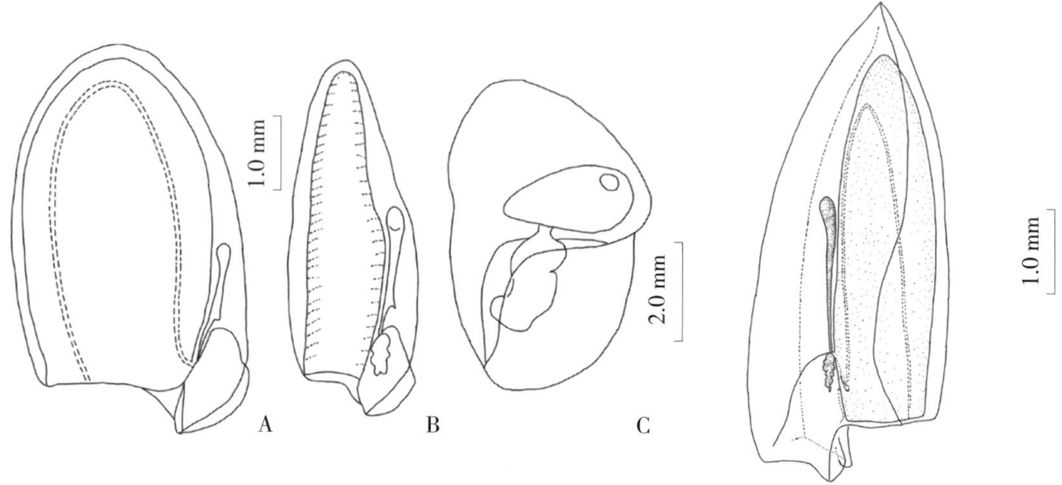

图 5.609 柔弱五角水母 ***Muggiaea bargmannae***
（仿张金标等，2001）
A，B. 前泳钟侧面观；C. 保护叶侧面观

图 5.611 高知五角水母 ***Muggiaea kochi***
（仿 Pagès & Gili，1992）

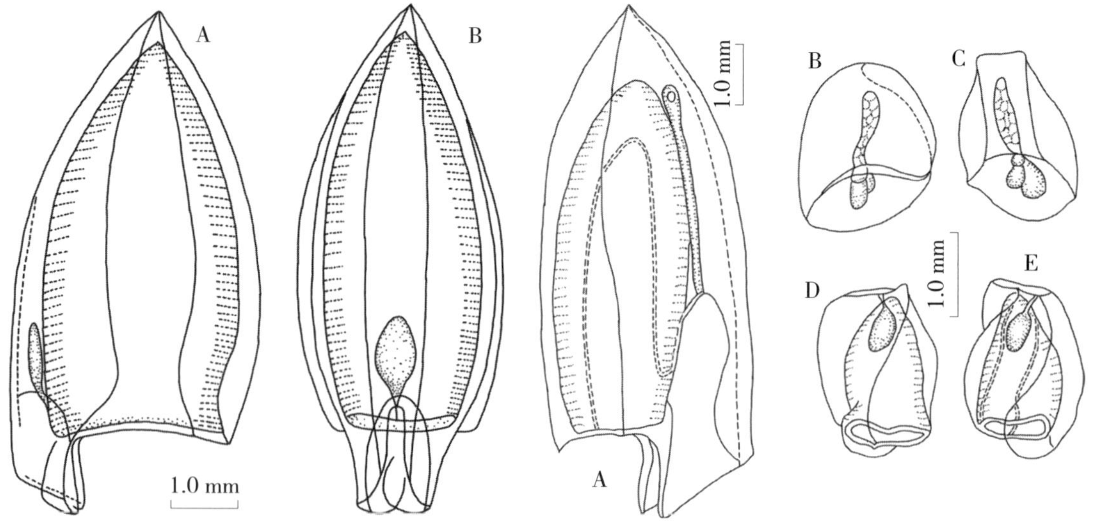

图 5.610 全七棱五角水母 ***Muggiaea havock***
（仿林茂、张金标，1987）
A. 前泳钟侧面观；B. 前泳钟腹面观

图 5.612 大西洋五角水母 ***Muggiaea atlantica***
（仿张金标，2005）
A. 前泳钟侧面观；B. 保护叶侧面观；C. 保护叶背面观；
D，E. 生殖泳钟侧面观

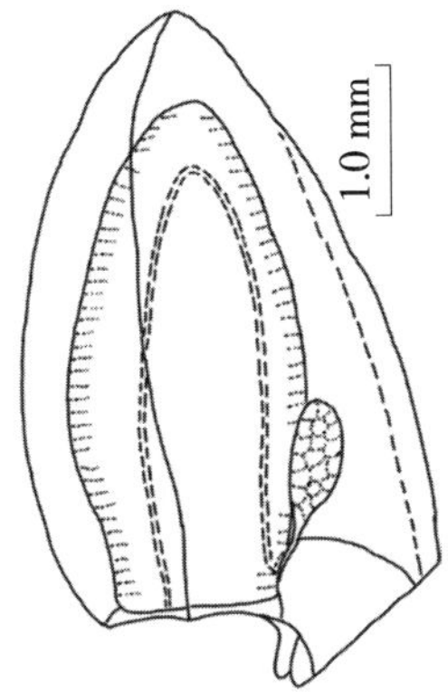

图 5.613　短体五角水母 ***Muggiaea delsmani***
前泳钟侧面观（仿张金标，2005）

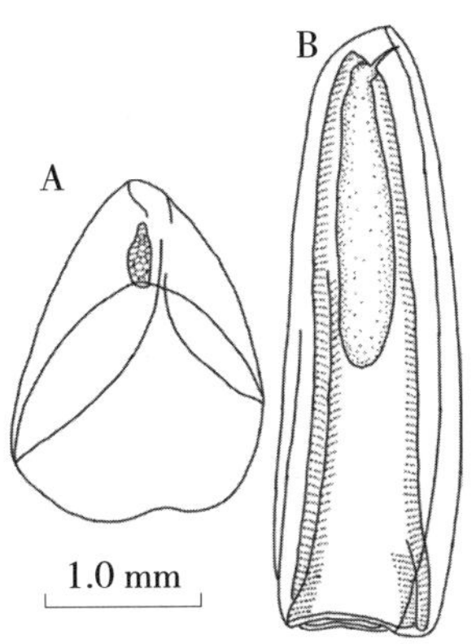

图 5.614　大真光水母 ***Eudoxia macra***
（仿张金标，1984）
A. 保护叶背面观；B. 生殖泳钟侧面观

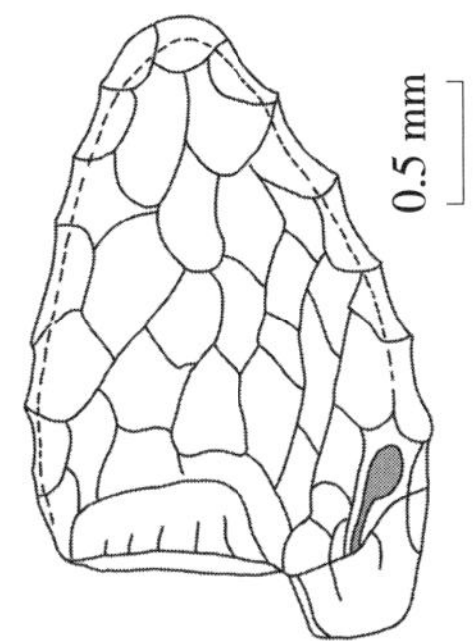

图 5.615　网棱水母 ***Gilia reticulata***
前泳钟侧面观（仿张金标，2005）

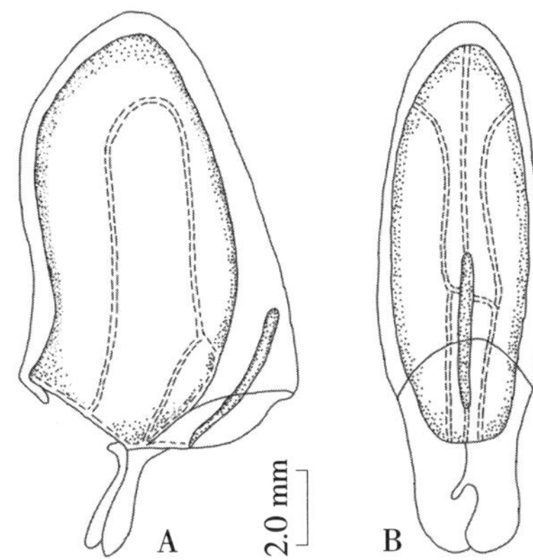

图 5.616　手套无棱水母 ***Sulculeolaria brintoni***
（仿张金标，2005）
A. 前泳钟侧面观；B. 前泳钟腹面观

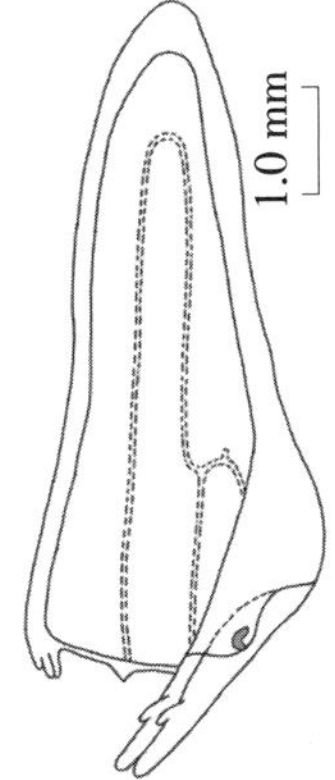

图 5.617　五齿无棱水母 ***Sulculeolaria monoica***
前泳钟侧面观（仿许振祖、张金标，1978）

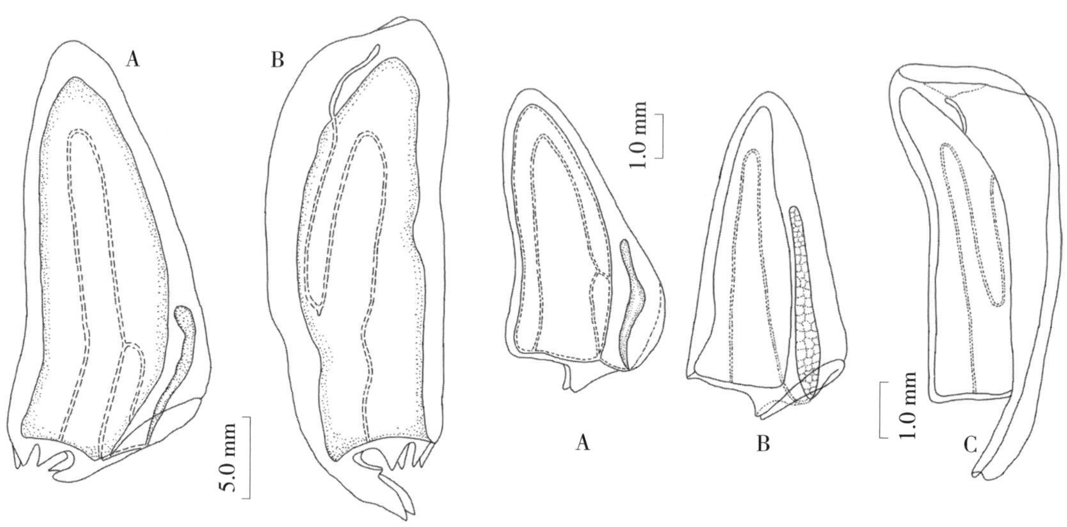

图 5.618 四齿无棱水母 ***Sulculeolaria quadrivalvis***
（仿张金标，2005）
A. 前泳钟侧面观；B. 后泳钟侧面观

图 5.619 长囊无棱水母 ***Sulculeolaria chuni***
（仿张金标，2005）
A，B. 前泳钟侧面观；C. 后泳钟侧面观

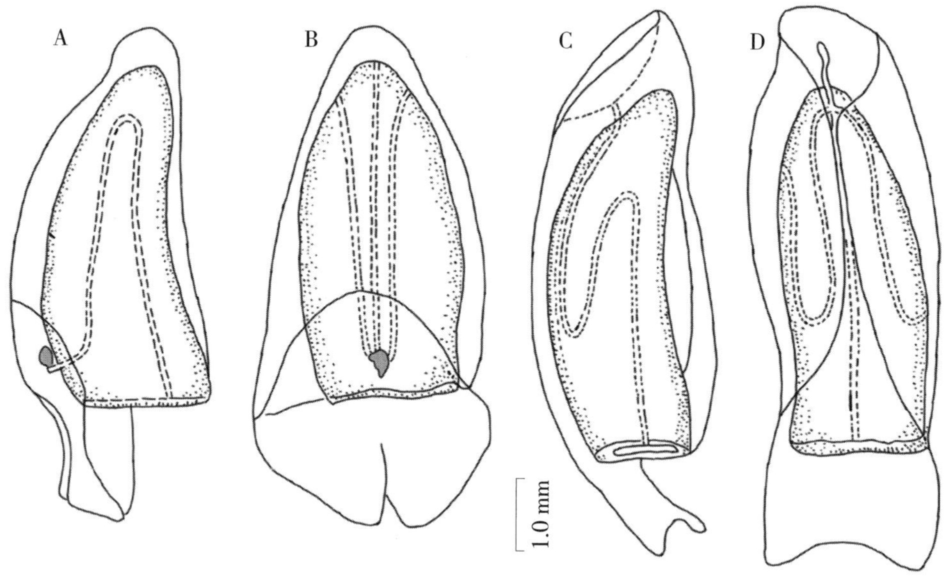

图 5.620 宽板无棱水母 ***Sulculeolaria bigelowi***
（仿张金标，2005）
A. 前泳钟侧面观；B. 前泳钟腹面观；C. 后泳钟侧面观；D. 后泳钟腹面观

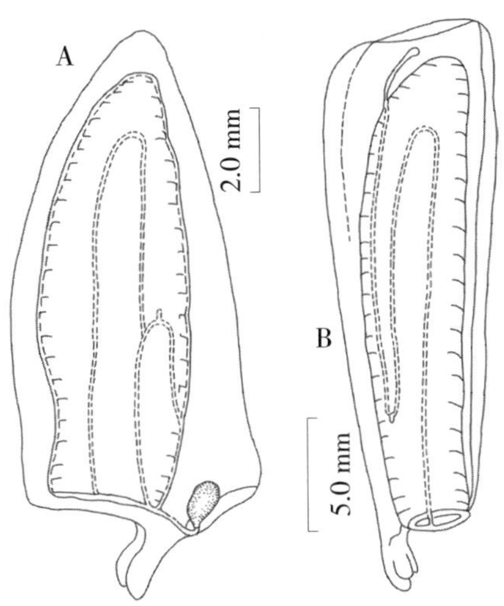

图 5.621　双叶无棱水母 ***Sulculeolaria biloba***
（仿张金标，2005）
A. 前泳钟侧面观；B. 后泳钟侧面观

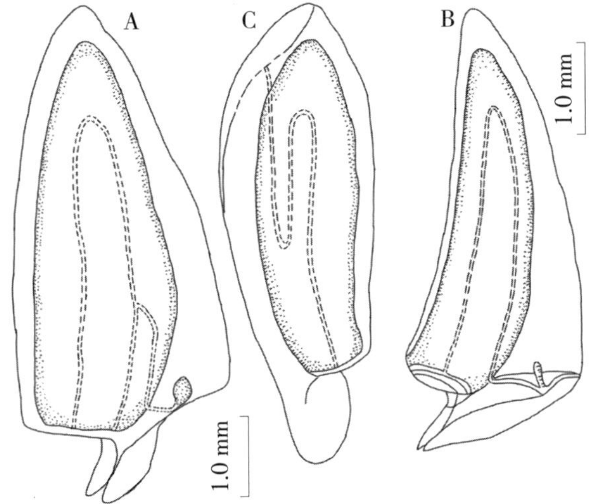

图 5.623　膨大无棱水母 ***Sulculeolaria turgida***
（A，C 仿张金标，2005；B 仿张金标，1980）
A，B. 前泳钟侧面观；C. 后泳钟侧面观

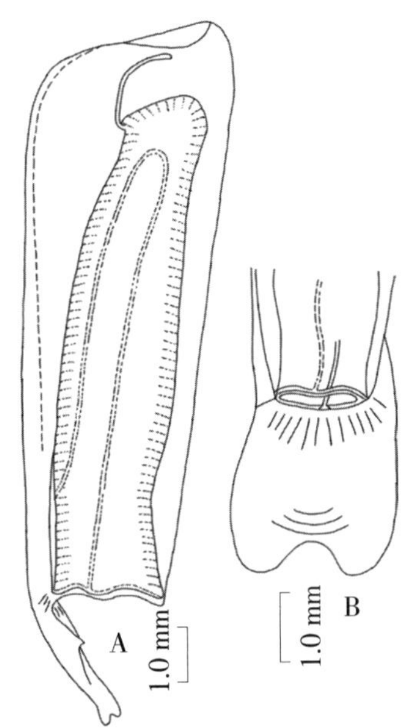

图 5.622　狭无棱水母 ***Sulculeolaria angusta***
（仿张金标，1984）
A. 后泳钟侧面观；B. 后泳钟口板背面观

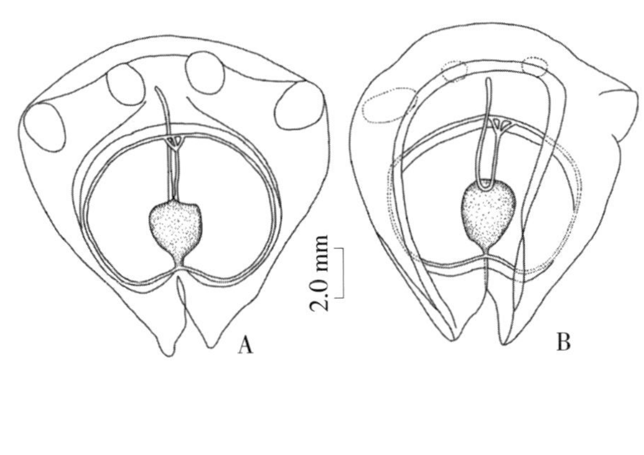

图 5.624　马蹄水母 ***Hippopodius hippopus***
（仿许振祖、张金标，1978）
A. 泳钟背面观；B. 泳钟腹面观

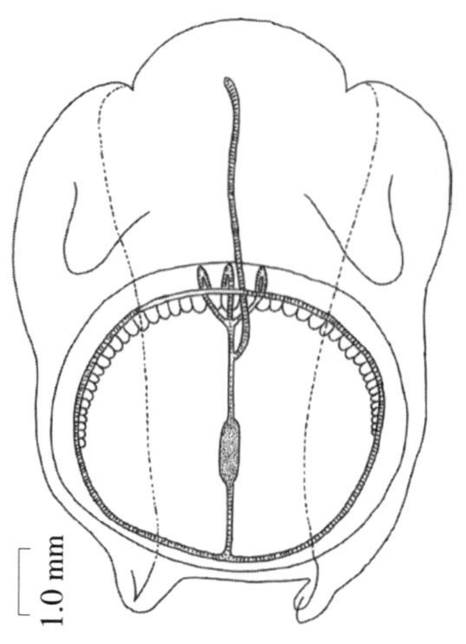

图 5.625　光滑拟蹄水母 ***Vogtia glabra***
泳钟背面观（仿许振祖、张金标，1978）

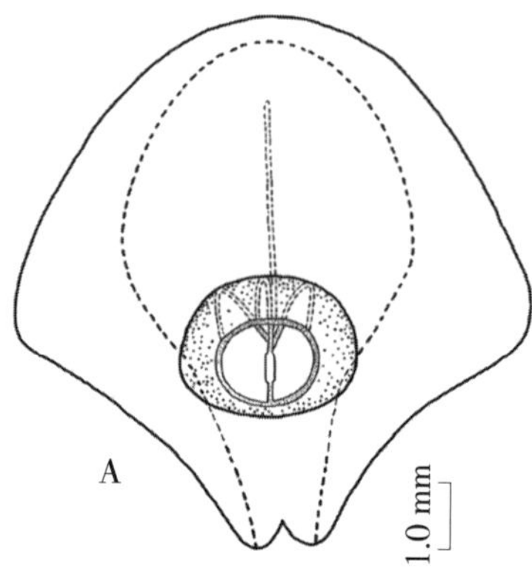

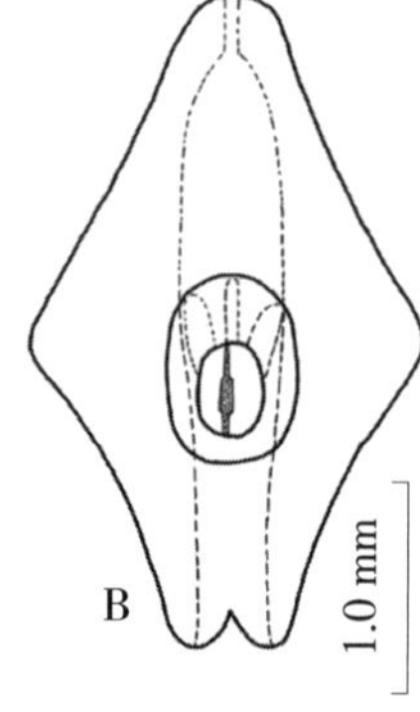

图 5.626　小口拟蹄水母 ***Vogtia microsticella***
（仿张金标、林茂，1990）
A. 成熟泳钟背面观；B. 幼泳钟背面观

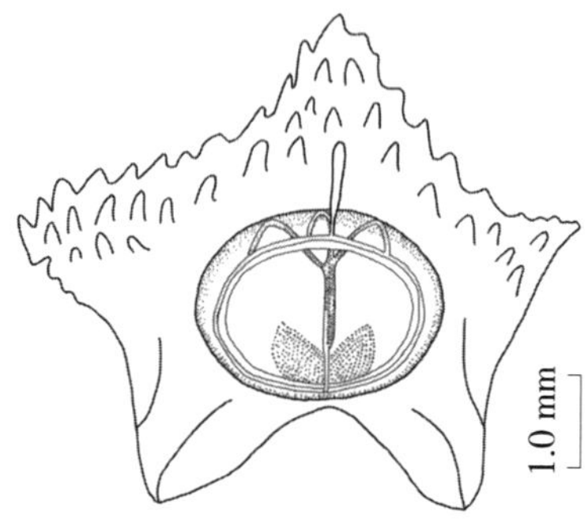

图 5.627　疣拟蹄水母 ***Vogtia spinosa***
泳钟背面观（仿张金标，2005）

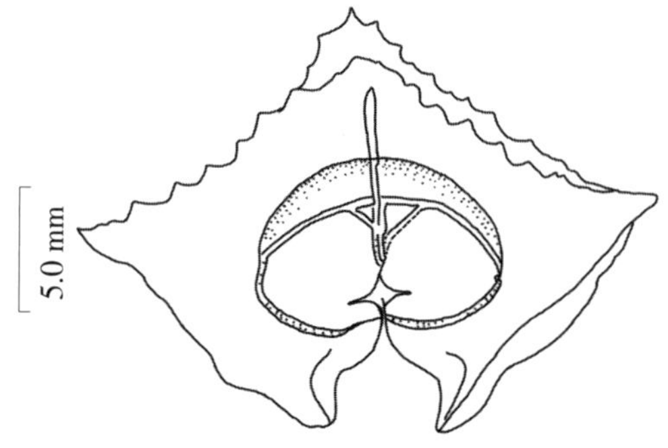

图 5.628　五棘拟蹄水母 ***Vogtia pentacantha***
泳钟背面观（仿张金标，2005）

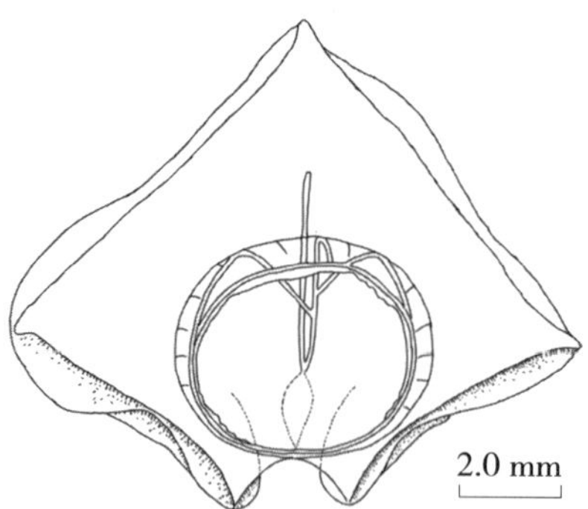

图 5.629　齿棱拟蹄水母 ***Vogtia serrata***
泳钟背面观（仿张金标，1984）

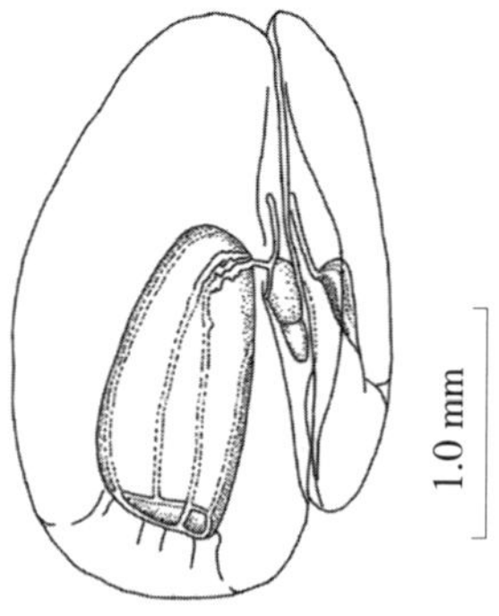

图 5.630　支管双钟水母 ***Amphicaryon ernesti***
泳钟侧面观（仿张金标，2005）

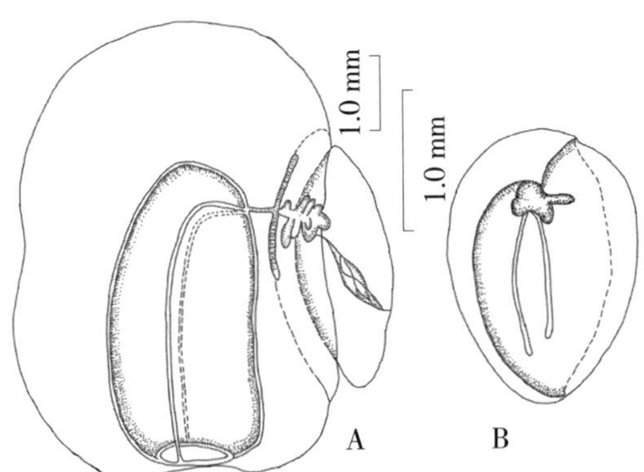

图 5.631 尖囊双钟水母 ***Amphicaryon acaule***
（仿张金标，2005）
A. 永久性幼泳钟；B. 保护叶

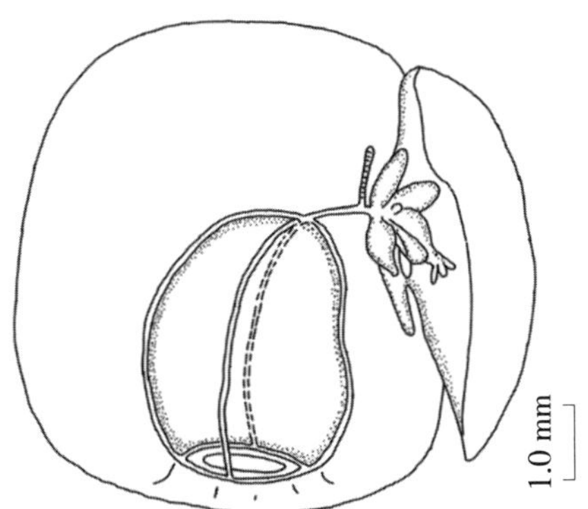

图 5.632 盾状双钟水母 ***Amphicaryon peltifera***
泳钟侧面观（仿张金标，2005）

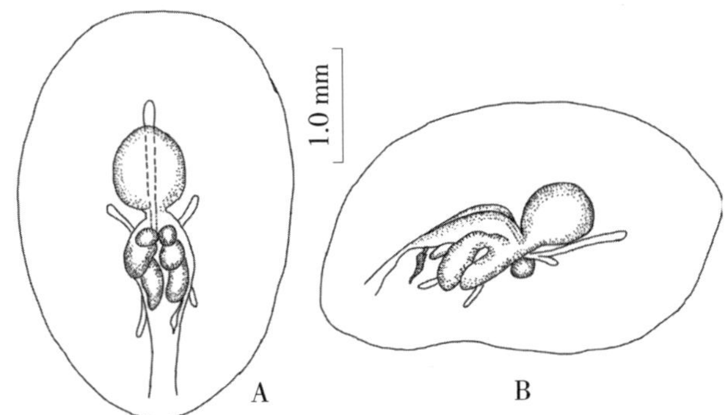

图 5.633 链钟水母 ***Desmophyes annectens***
（仿张金标，2005）
A. 叶状体背面观；B. 叶状体侧面观

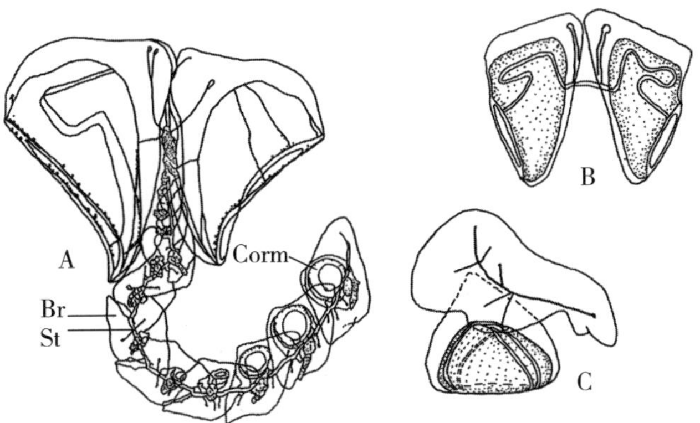

图 5.634 粉红百合水母 ***Lilyopsis rosea***
（A 仿 Carré & Carré，1995；B，C 仿 Pygh，1990a）
A. 多营养体期；B. 泳钟体侧面观；C. 叶状体
Corm. 合体群；Br. 叶状体；St. 干茎

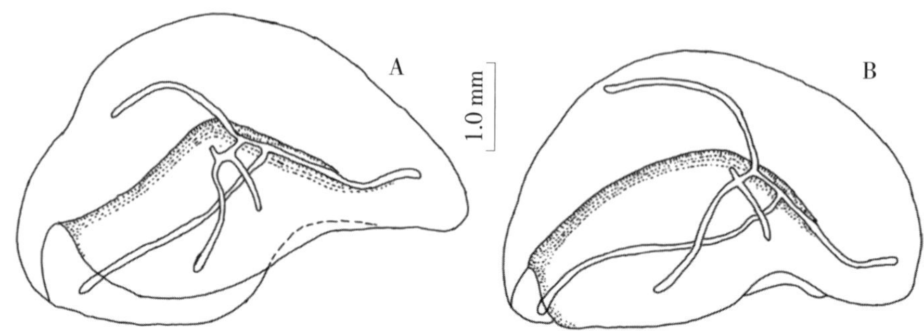

图 5.635 网管帕腊水母 ***Praya reticulata***
（仿张金标，2005）
A，B 保护叶（叶状体管的两种模式）

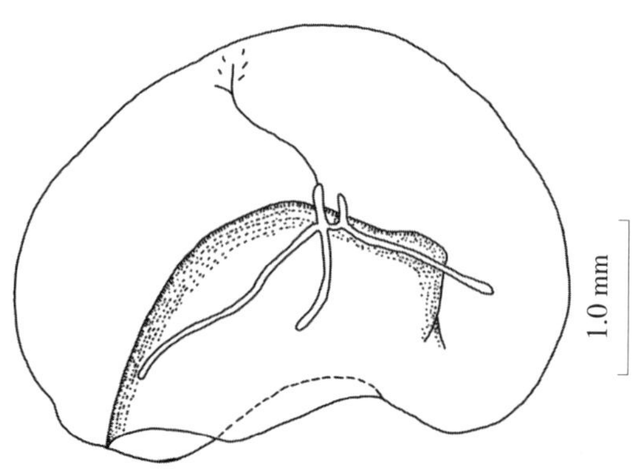

图 5.636 不定帕腊水母 ***Praya dubia***
保护叶（仿张金标，2005）

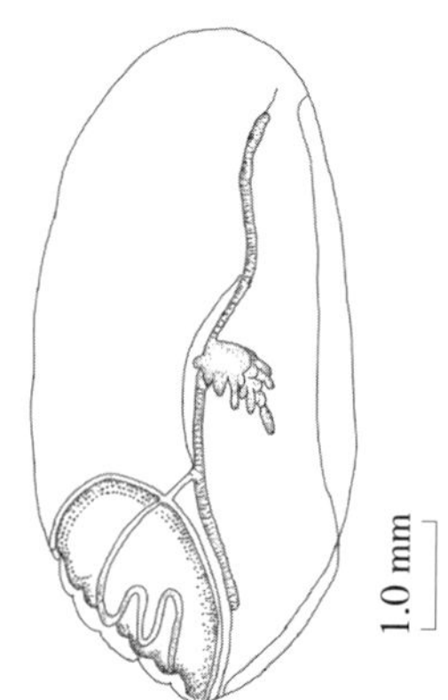

图 5.637 船形玫瑰水母 ***Rosacea cymbiformis***
泳钟侧面观（仿张金标，2005）

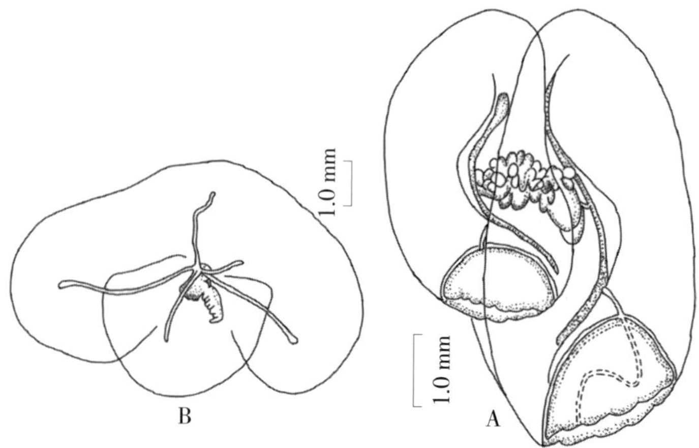

图 5.638 褶玫瑰水母 ***Rosacea plicata***
A. 泳钟侧面观（仿张金标，2005）；B. 保护叶（仿许振祖、张金标，1978）

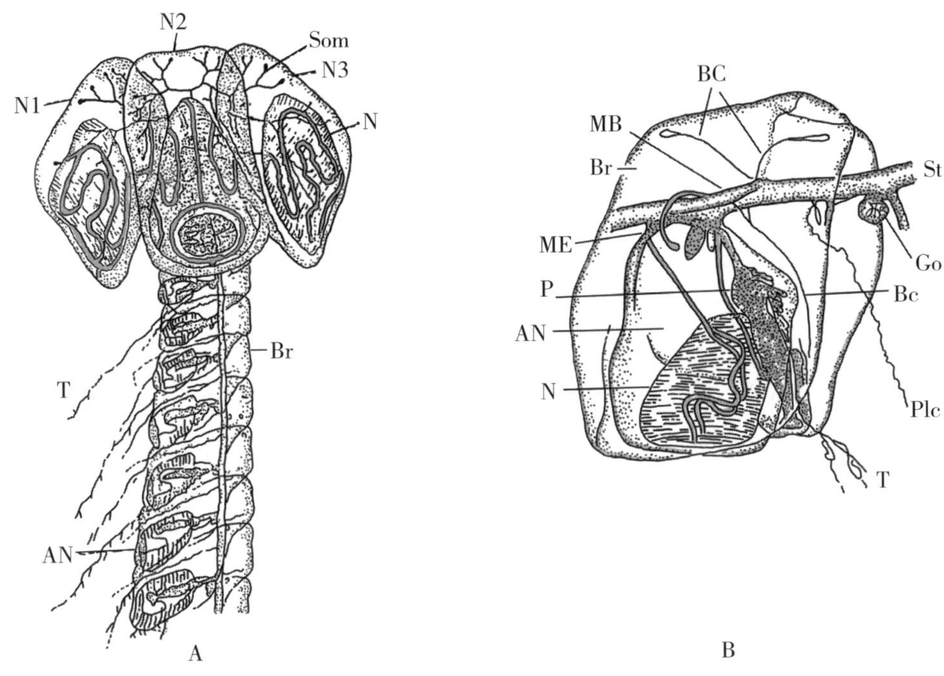

图 5.639 华美花冠水母 ***Stephanophyes superba***
（仿 Totton，1965）
A. 多营养体期；B. 单干群
N1，N2，N3. 泳钟体；N. 泳囊；Som. 体囊；T. 触手；Br. 叶状体；
AN. 无性泳钟体；BC. 叶状体囊；MB. 叶状体连接肌；
St. 葡茎；ME. 无性泳钟体连接肌；Go. 生殖泳钟；P. 指状体

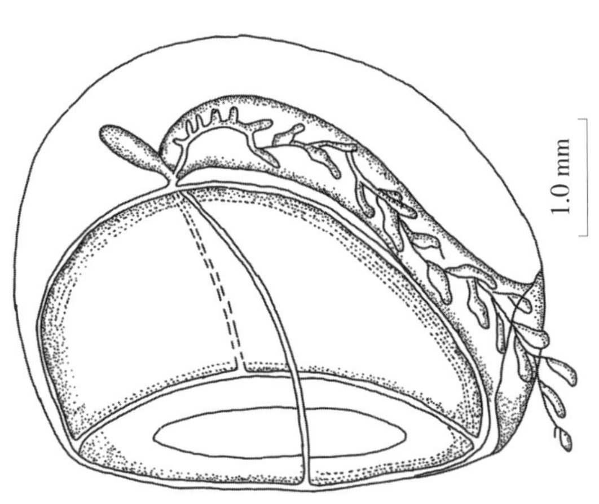

图 5.640 细球水母 ***Sphaeronectes gracilis***
泳钟侧面观（仿张金标，2005）

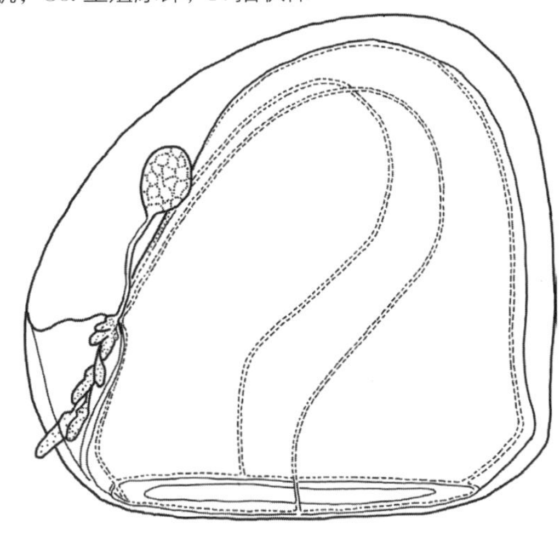

图 5.641 弱球水母 ***Sphaeronectes fragilis***
泳钟体侧面观（仿 Carré，1968）

参考文献

同第4章“参考文献”。

第 6 章

水母鉴定形态特征术语图解 *

Chapter 6

Illustrations of the Morphological Terms of the Diagnostic Characters of the Medusae

* 许振祖、陈小银编著。首次发表。

6.1 不同水母亚纲形态特征图解
Illustration of the Morphological Characters of the Different Subclasses of Medusae

6.1.1 筐水母亚纲 Subclass Narcomedusae Haeckel，1879

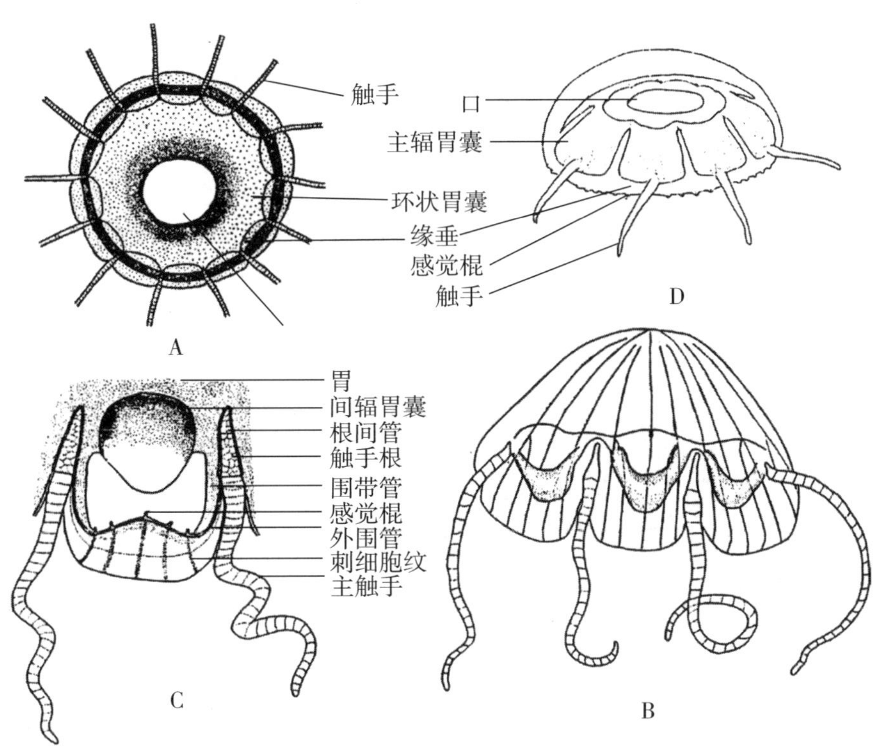

图 6.1　筐水母亚纲水母体的形态

（A~C 仿许振祖、张金标，1964，1978；D 仿许振祖、吴慧端，1994）

A. 太阳水母 *Solmaris leucostyla*（太阳水母科），示环状胃，无胃囊；B，C. 刺纹水母 *Octoporpa polystriata*（间囊水母科），示胃囊间辐位、外围管和刺细胞纹；D. 八囊摇篮水母 *Cunina octonaria*（主囊水母科），示主辐胃囊

6.1.2 硬水母亚纲 Subclass Trachymedusae Haeckel, 1866

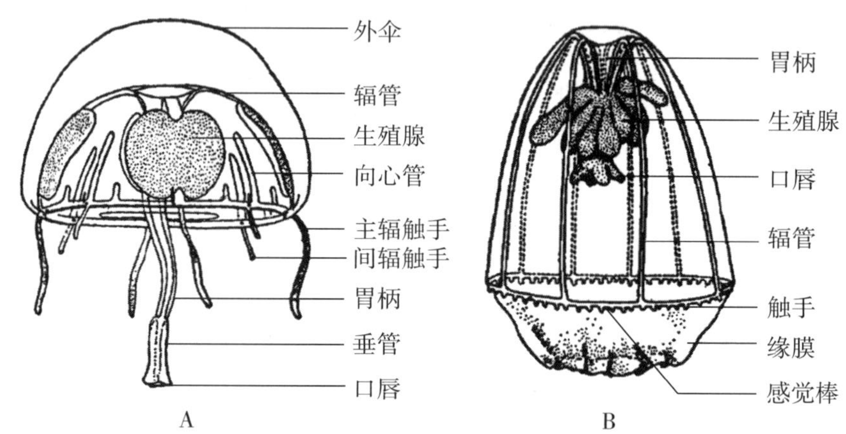

图 6.2　硬水母亚纲水母体的形态

（仿许振祖等，2014）

A. 四叶小舌水母 *Liriope tetraphylla*（怪水母科），示向心管，生殖腺扁平叶状；

B. 半口壮丽水母 *Aglaura hemistoma*（棍手水母科），示 8 条辐管，生殖腺腊肠状，位于胃柄上

6.1.3 花水母亚纲 Subclass Anthomedusae Haeckel, 1879

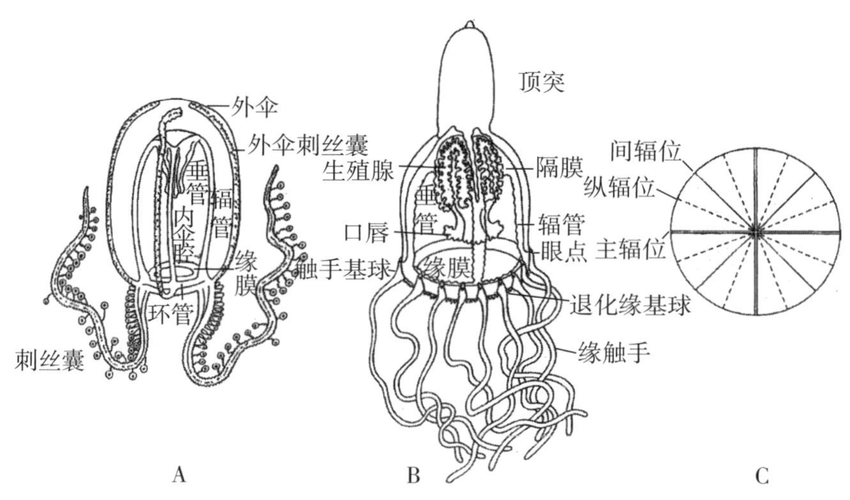

图 6.3　花水母亚纲水母体的形态

（A，B 仿 Mayer，1910；C 仿 Russell，1953）

A. 镰螅水母 *Zanclea* spp.（镰螅水母科），示外伞刺丝囊肋，具柄刺丝体；

B. 八瓣隔膜水母 *Leuckartiara octona*（面具水母科），示顶突、隔膜、退化缘基球；

C. 具有 4 条辐管水螅水母的辐射线定义图解

6.1.4 兰卡水母亚纲 Subclass Laingiomedusae Bouillon，1978

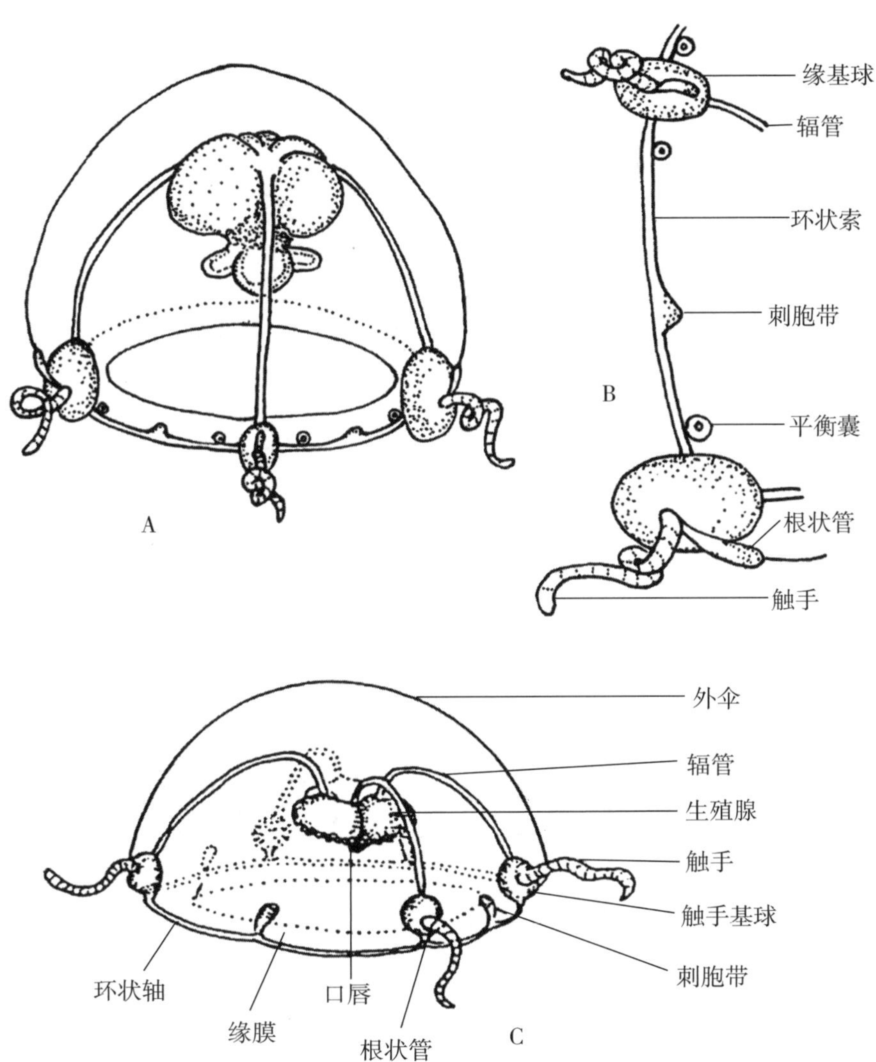

图 6.4　兰卡水母亚纲水母体的形态

（A，B 仿许振祖、黄加祺，2006；C 仿 Bouillon，1978）

A，B. 金德祥水母 *Jindexiangus statocystus*（马加水母科），示缘触手基球与缘环状索相连，根状管直接从触手基球背面伸出；C. 康德水母 *Kantiella enigmatica*（马加水母科），示缘触手基球与缘环状索分开，根状管直接与缘环状索相连

6.1.5 软水母亚纲 Subclass Leptomedusae Haeckel, 1866

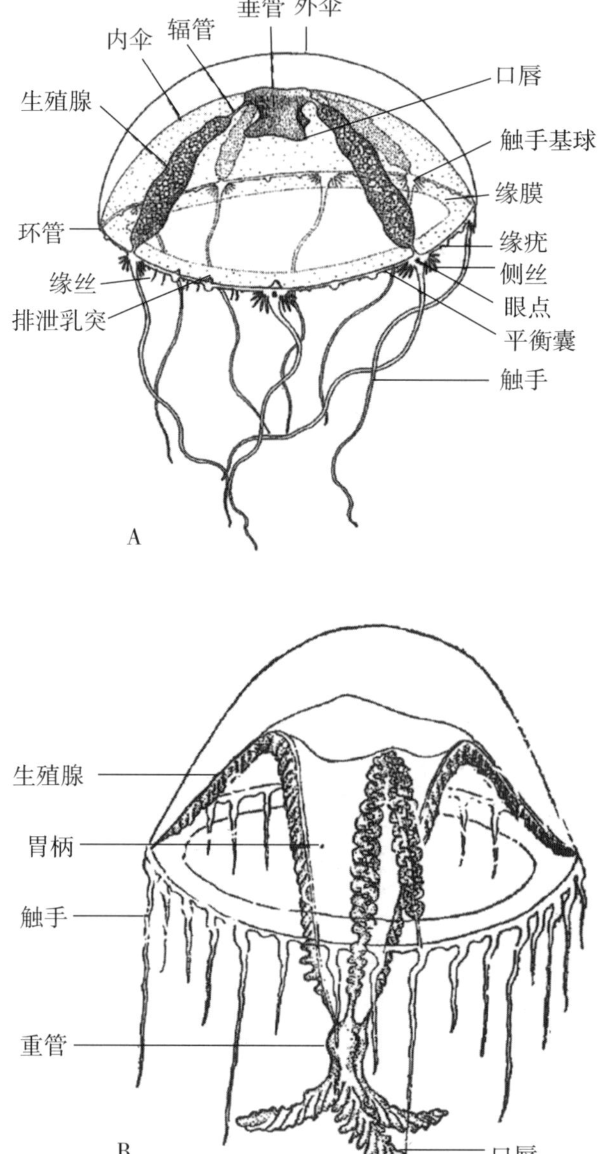

图 6.5 软水母亚纲水母体的形态

A.真唇水母*Eucheilota* spp.（触丝水母科），示侧丝、缘疣和平衡囊（仿许振祖等，2014）；
B.瘤手水母*Tima formosa*（和平水母科），示胃柄、生殖腺和口唇（仿高哲生等1958）

6.1.6 淡水水母亚纲 Subclass Limnomedusae Kramp, 1938

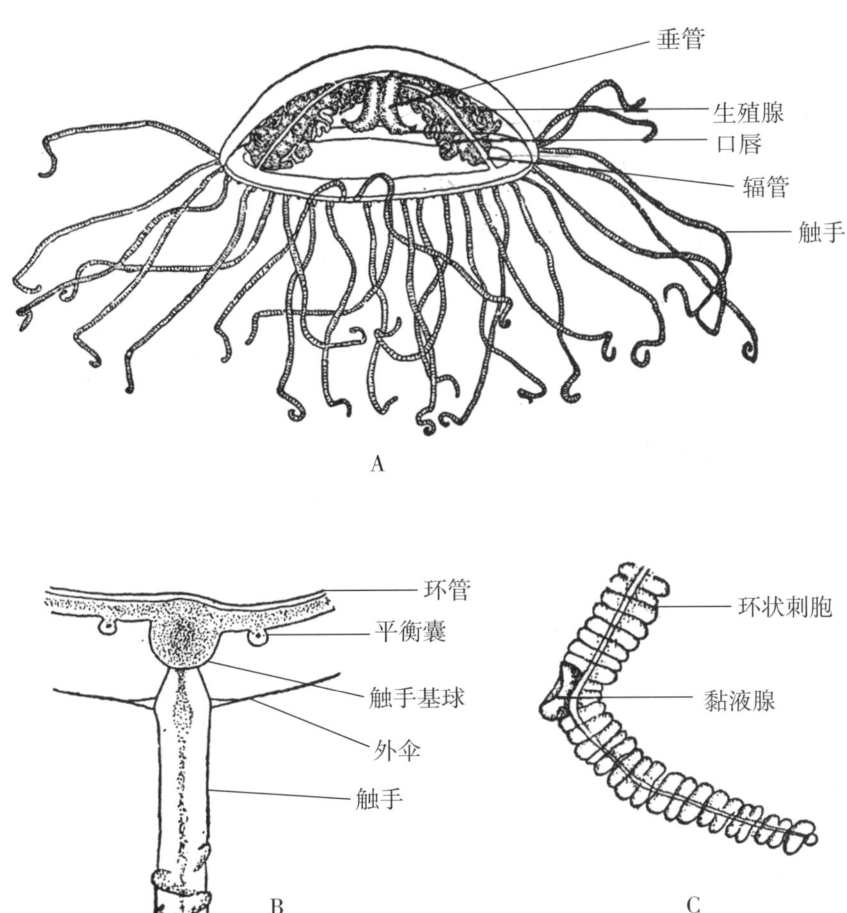

图 6.6　淡水水母亚纲水母体的形态

A. 钩手水母 *Gonionemus vertens* 侧面观（仿 Mager，1910）；B. 伞缘局部放大（花笠水母科），示触手基球和平衡囊（仿 Leloup，1952）；C. 触手局部，示环状刺胞和黏液腺（仿 Russell，1953）

6.1.7 管水母亚纲 Subclass Siphonophorae Eschscholtz, 1829

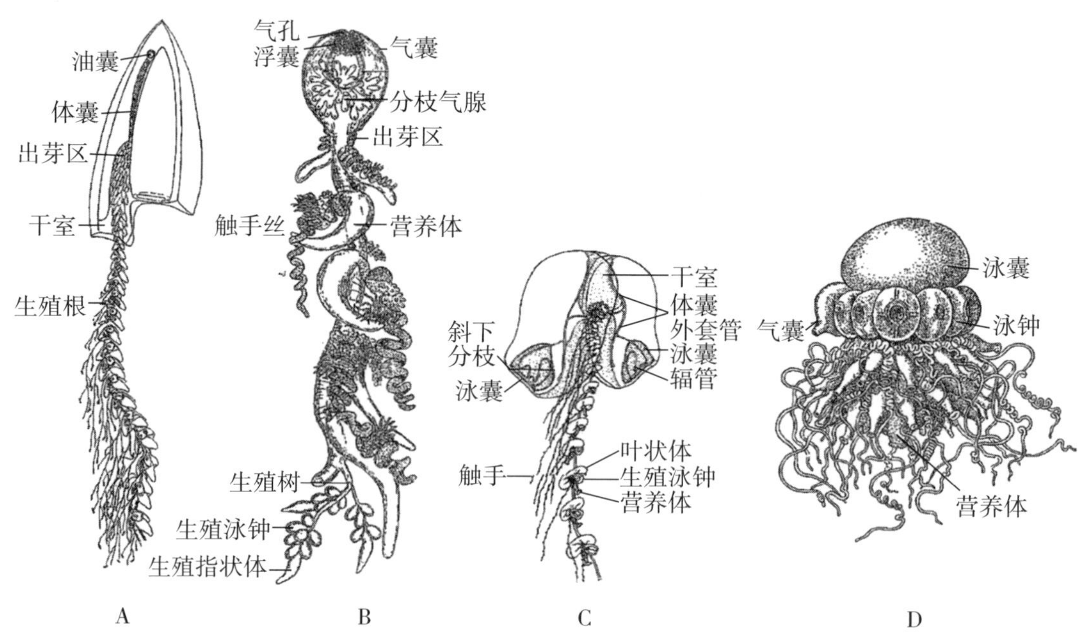

图 6.7 各种管水母形态类型

（A，B 仿 Hyman，1940；C 仿 Totton，1965；D 仿 Haeckel，1888）

A. 五角水母 *Muggiaea*（双生水母科，钟泳目）；B. 根水母 *Rhizophysa*（根水母科，囊泳目）；
C. 船形玫瑰水母 *Rosacea cymbiformis* 多营养体期，有 2 个相对的泳钟（帕腊水母亚科，钟泳目）；
D. 花冠水母 *Stephalia*（蔷薇水母科，胞泳目）

6.2 鉴定水母常用形态术语图解
Illustration of the Used Morphological Terms of the Diagnostic Medusae

6.2.1 水母伞部和口部形态

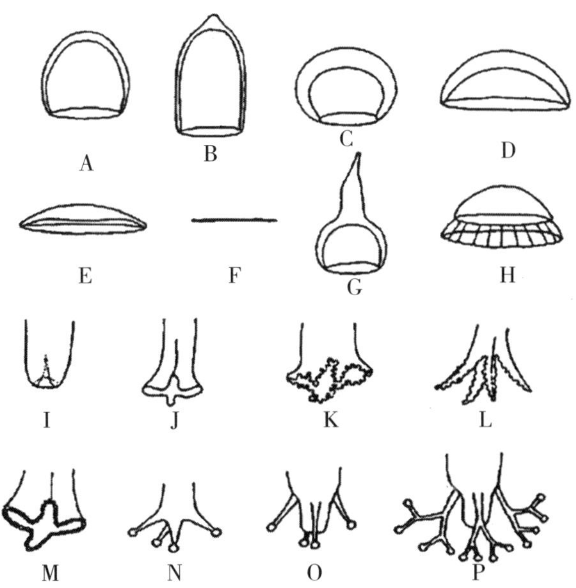

图 6.8　不同水母伞部和口部形态图解
（仿 Bouillon，et al.2000）
A~H 示不同水母伞形，其中 A. 萨氏水母 *Sarsia*（棍螅水母科），示钟形；B. 华丽水母 *Aglantha*（棍手水母科），示高钟形；C. 高手水母 *Bougainvillia*（高手水母科），示近球形；D. 似杯水母 *Phialella*（似杯水母科），示半球形；E. 多管水母 *Aequorea*（多管水母科），示透镜形；F. 薮枝螅水母 *Obelia*（钟螅水母科），示碟形；G. 双手水母 *Amphinema*（面具水母科），示圆顶形；H. 筐水母 Narcomedusae，示近扁平
I~P 示不同水母口形，其中：I. 萨氏水母 *Sarsia*（棍螅水母科），示口环形；J. 美螅水母 *Clytia*（钟螅水母科），示口唇简单；K. 科斯水母 *Cosmetira*（帽冠水母科），示口唇皱褶；L. 和平水母 *Eirene*（和平水母科），示唇缘钝齿状；M. 灯塔水母 *Turritopsis*（棒螅水母科），示唇缘具球形刺丝囊束；N. 介螅水母 *Hydractinia*（介螅水母科），示口唇延长成口腕；O. 单肢水母 *Nubiella*（高手水母科），示口触手简单；P. 高手水母 *Bougainvillia*（高手水母科），示口触手分枝

6.2.2 水母的生殖腺和触手形态

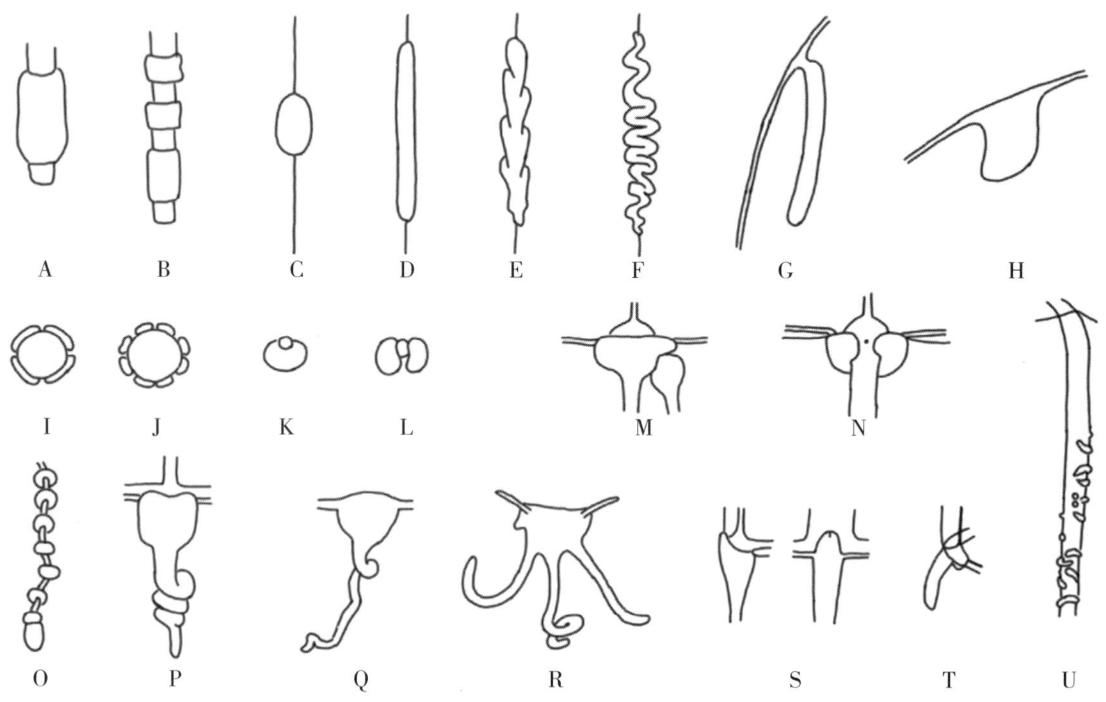

图 6.9 不同水母的生殖腺和触手形态图解

（仿Russell，1953）

A~L示不同水母生殖腺形态：A，B为垂管侧面观，其中A.萨氏水母*Sarsia*（棍螅水母科），示圆柱形；B.横萨水母*Stauridiosarsia*（棍螅水母科），示生殖腺分成一个环或更多个环

C~F示生殖腺在辐管上：C为卵圆形；D为线形；E为皱褶形；F为波浪形

G~H示生殖腺侧面观，其中G.华丽水母*Aglantha*（棍手水母科），示腊肠状生殖腺，悬垂在辐管内伞部；H.桃花水母*Craspedacusta*（花笠水母科），示囊状生殖腺悬在辐管上

I，J示垂管横切面，其中I.鳞茎高手水母*Bougaivillia muscus*（高手水母科），示生殖腺在间辐位；J.首要高手水母*B. principis*（高手水母科），示生殖腺在纵辐位

K，L示辐管生殖腺横切面，其中K.美螅水母*Clytia*（钟螅水母科），示生殖腺在辐管上发育；L.八管水母*Octocannoides*（八管水母科），示生殖腺分成两半

M~U示不同水母缘触手形态，其中M.芽斜球水母*Hybocodon prolifer*（筒螅水母科），示发达触手基球的侧面具1~3条触手或水母芽；N.萨氏水母*Sarsia*（棍螅水母科），示辐管通过中胶到触手基球胃室；O.珠手棒状水母*Corymorpha nutans*（棒状水母科），示触手上的刺丝囊呈念球状；P.科斯水母*Cosmetira pilosella*（帽冠水母科），示触手螺旋盘绕；Q.半球美螅水母*Clytia hemisphaerica*（钟螅水母科），示触手基球呈锥状；R.不列颠高手水母*Bougainvillia britannica*（高手水母科），示缘触手连续发育在基球外缘；S.八瓣隔膜水母*Leuckartiara octona*（面具水母科），示触手基球扁平，延长成背距；T.六枝管水母*P. stellala*（枝管水母科），示触手无膨大基球；U.棉絮水母*Gossea*（花笠水母科），示无触手基球

6.2.3 各种水母伞缘的构造

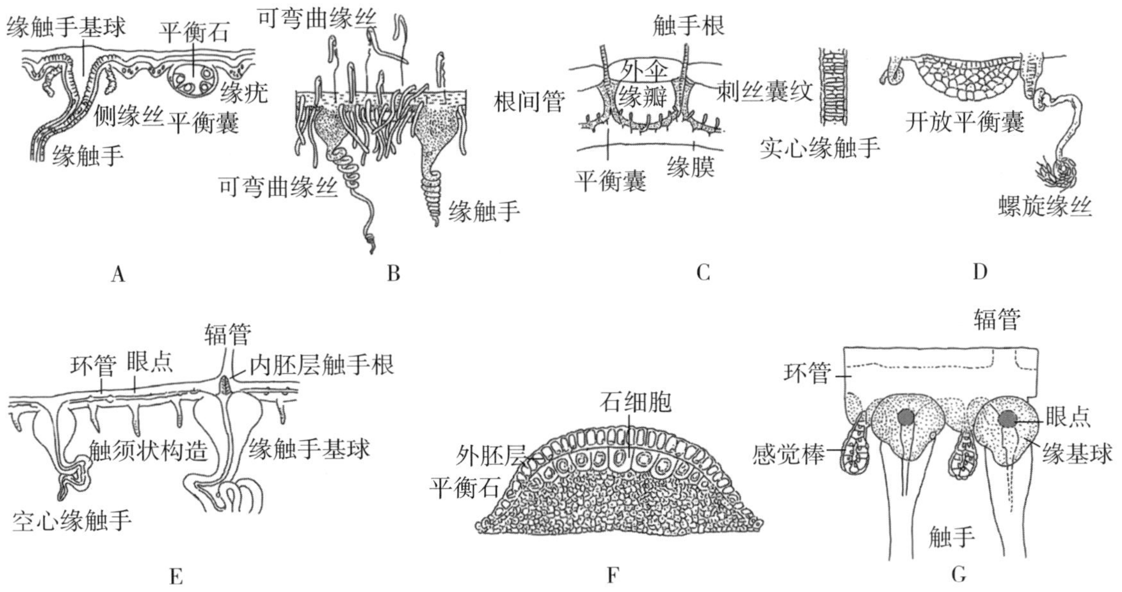

图 6.10 各种水母伞缘构造的图解

（A，C，E仿Mayer，1910；B，D仿Russell，1953；F仿Hertwig & Hertwing，1878；G仿Kramp，1919）

A. 青色真瘤水母 *Eutima coerulea*（和平水母科），示关闭式平衡囊、缘疣和侧缘丝；

B. 科斯水母 *Cosmetira pilosella*（帽冠水母科），示可弯曲缘丝；

C. 锈色坚固水母 *Pegantha rubiginosa*（太阳水母科），示缘瓣、根间管和刺丝囊纹；

D. 布朗拟帽冠水母 *Mitrocomella brownei*（帽冠水母科），示开放平衡囊和缘丝；

E. 小紫胃水母 *Orchistoma pileus*（紫胃水母科），示触须状构造；

F. 帽冠水母 *Mitrocoma*（帽冠水母科），示开放平衡囊；

G. 感棒水母 *Laodicea*（感棒水母科），示感觉棒

6.2.4 水母的感觉器官的构造

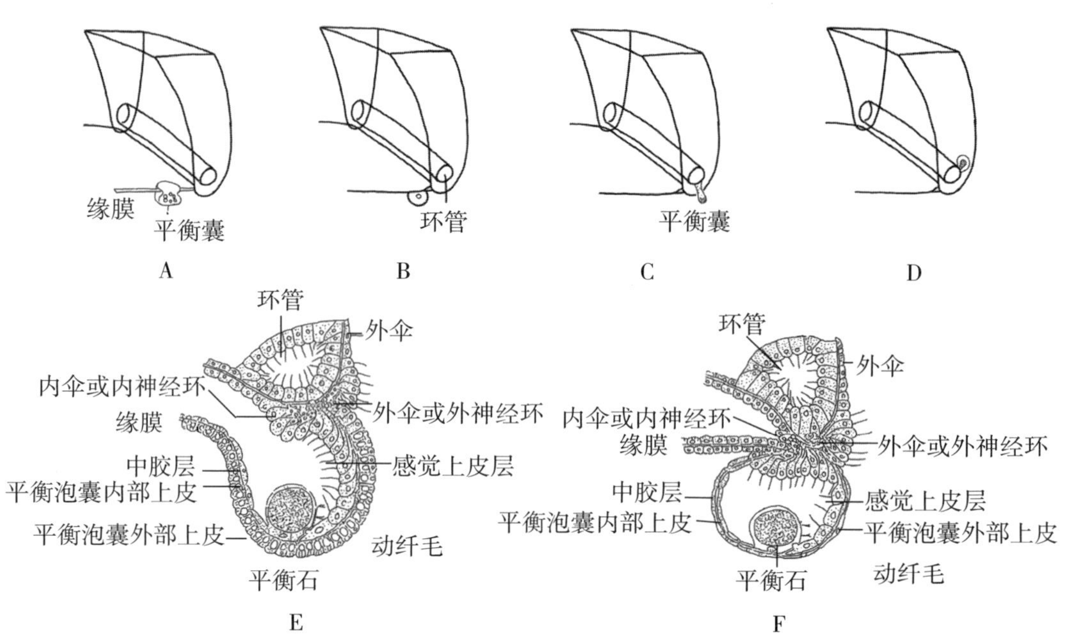

图 6.11　水母的组织学感觉器官的构造

（A~D 仿 Russell，1953；E，F 仿 Singla，1975）

A~D 不同类型的平衡囊，其中 A. 开放型平衡囊，示平衡囊向缘膜内凹陷，在内伞侧开放；
B. 关闭型平衡囊，示缘膜完全封闭，平衡囊开孔，使平衡囊呈球形或卵形，并悬挂于缘膜正面；
C. 游离感觉棒，示感觉棒或平衡囊伸出伞缘，呈触手状；
D. 内包感觉棒，示感觉棒或平衡囊没有伸出伞缘，而被外胚层细胞包着；
E. 开放型平衡囊辐切面，示平衡囊的位置凹陷于缘膜内；
F. 关闭型平衡囊辐切面，示平衡囊被缘膜封闭

6.2.5 管水母的各种浮囊体形态

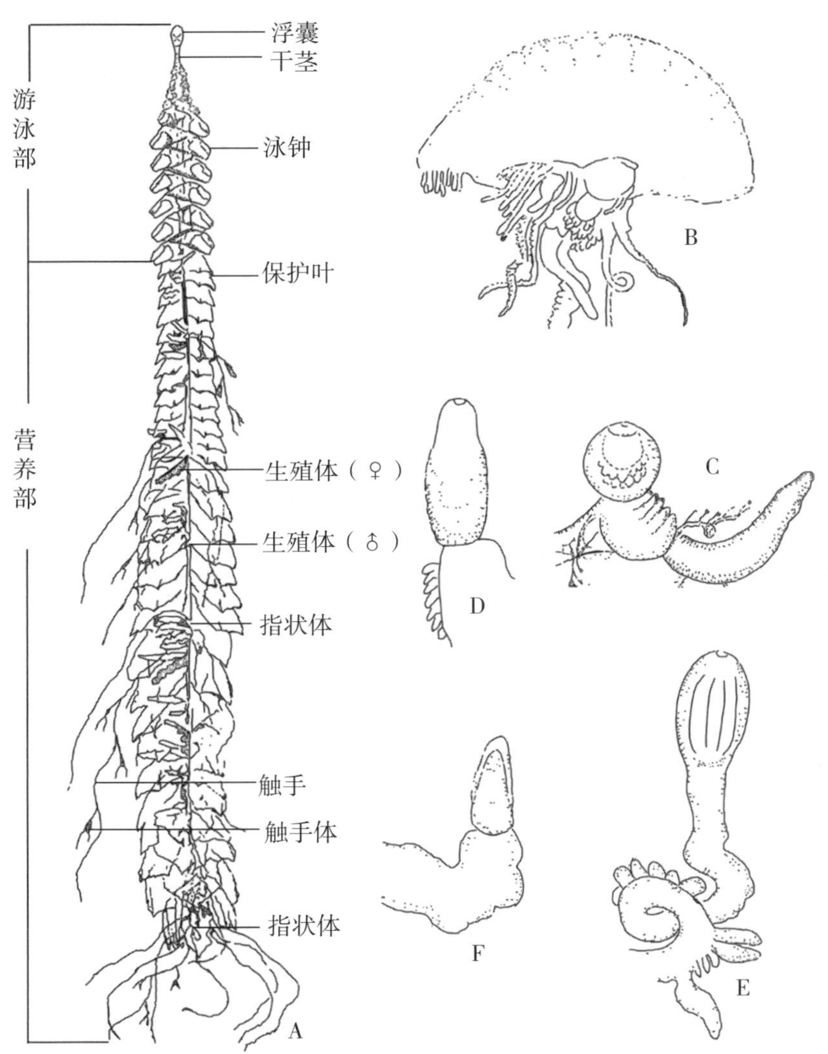

图 6.12 管水母各种浮囊体形态图解

（A，B 仿 Totton，1965；C~F 仿张金标，2005）

A. 华丽盛装水母 *Agalma elegans*，示椭圆形浮囊；B. 僧帽水母 *Physalia physalis*，示僧帽状浮囊；C. 丝根水母 *Rhizophysa filiformis*，示卵圆形浮囊；D. 海冠水母 *Halistemma rubrum*，示椭圆形浮囊；E. 性轭小型水母 *Nanomia bijuga*，示椭圆形浮囊；F. 鳃泳水母 *Nectalia logigo*，示弹头形浮囊

6.2.6 胞泳目管水母的各种泳钟形态

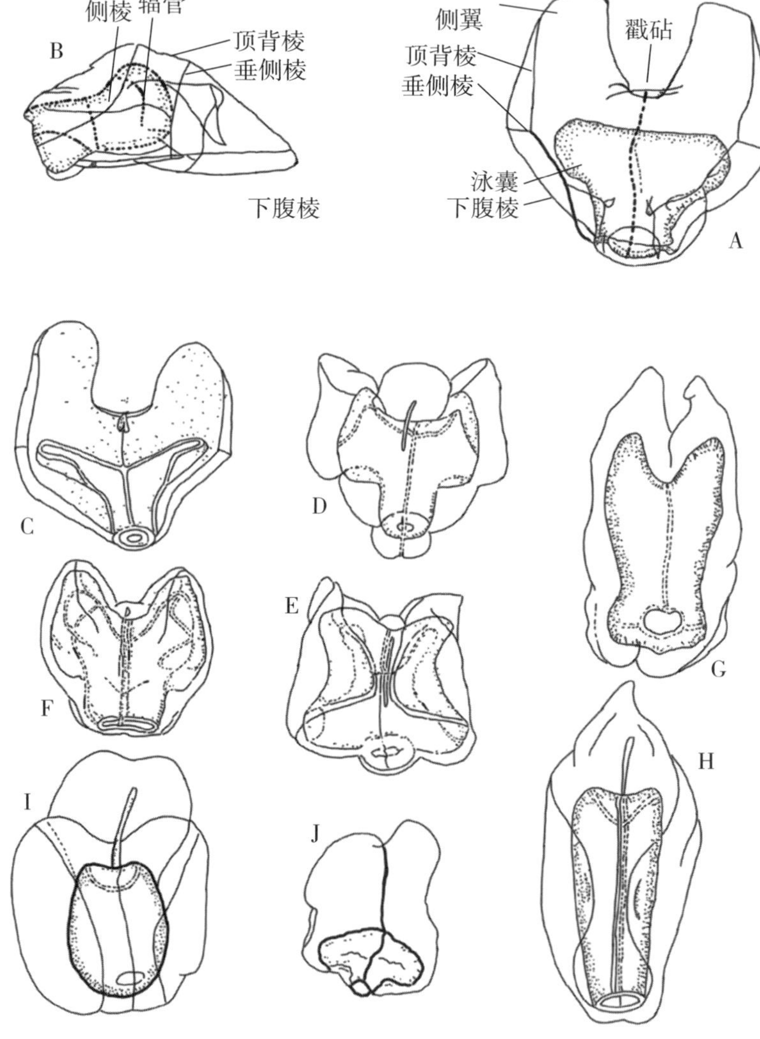

图 6.13　胞泳目管水母各种泳钟形态图解

（A，B 仿 Totton，1965；C 仿许振祖，1965；D~H 仿张金标，2005）

A，B. 华丽盛装水母 *Agalma elegans*，示泳钟腹面观、背面观形态构造；
C. 盛装水母 *Agalma okeni*，示泳钟泳囊 Y 形；D. 海冠水母 *Halistemma rubrum*，示泳钟短翼；
E. 性轭小型水母 *Nanomia bijuga*，示泳钟近方形；F. 气囊水母 *Physophora hydrostatica*，示泳钟近圆形；
G. 袋囊水母 *Tottonia contorta*，示泳钟呈袋囊状；H. 舟形水母 *Bargmannia elongata*，示泳钟为舟状；
I. 歪钟水母 *Forskalia edwardsi*，示泳钟不对称；J. 瓜果水母 *Melophysa melo*，示泳钟为领状

6.2.7 双生水母科和多面水母科多营养体的形态

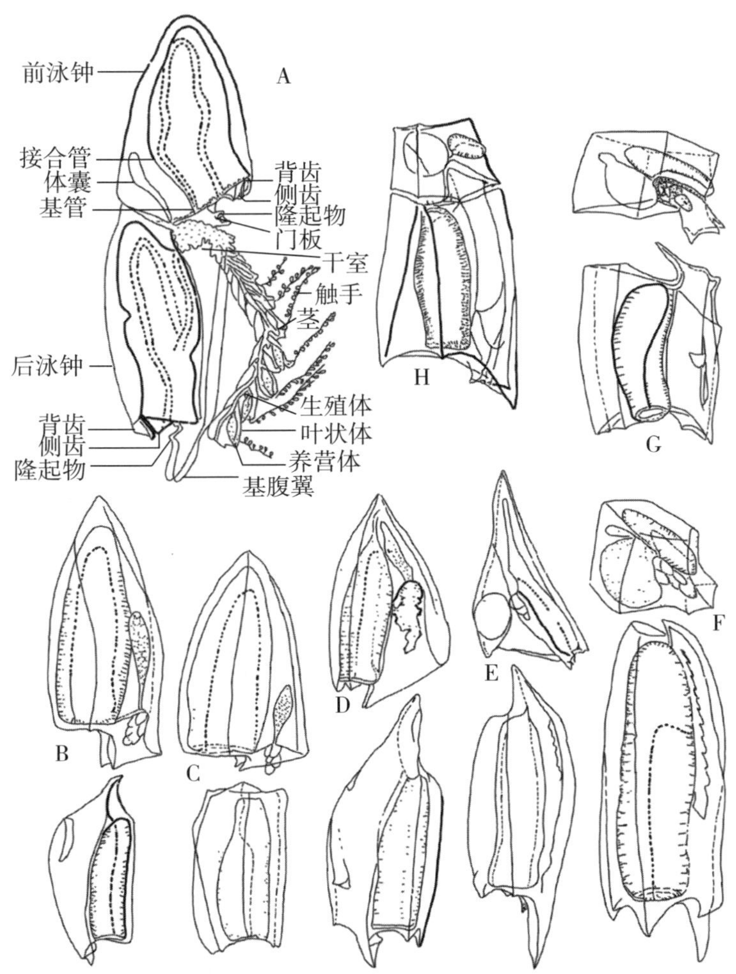

图 6.14　双生水母科和多面水母科多营养体的各种形态图解

（A 仿 Carré，1979；G 仿许振祖、张金标，1978；H 仿 Totton，1965；其余仿张金标，2005）

A. 四齿无棱水母 *Sulculeolaria quadrivalvis*，示前、后泳钟完全重叠，表面光滑无棱及形态构造；

B. 扭歪爪室水母 *Chelophyes contorta*，示前泳钟背棱未达泳钟顶点，干室顶向腹面上斜，室腔呈爪状；

C. 拟细浅室水母 *Lensia subtiloides*，示前泳钟干室与泳囊口在同一水平面；

D. 异双生水母 *Diphyes diapar*，示前泳钟泳囊口缘有齿状突，口板不分瓣；

E. 矢角舟水母 *Ceratocymba sagittata*，示前泳钟具一很长的尖状顶突；

F. 方拟多面水母 *Abylopsis tetragona*，示角柱状前泳钟，有 7 个面，无顶面，背、腹面为五角形；

G. 小拟多面水母 *Abylopsis eschscholtzi*，示背面为正五角形的前泳钟：

H. 巴斯水母 *Bassia bassensis*，示短角柱状前泳钟，有顶棱

6.2.8 双生水母科单营养体（保护叶和生殖泳钟）的形态

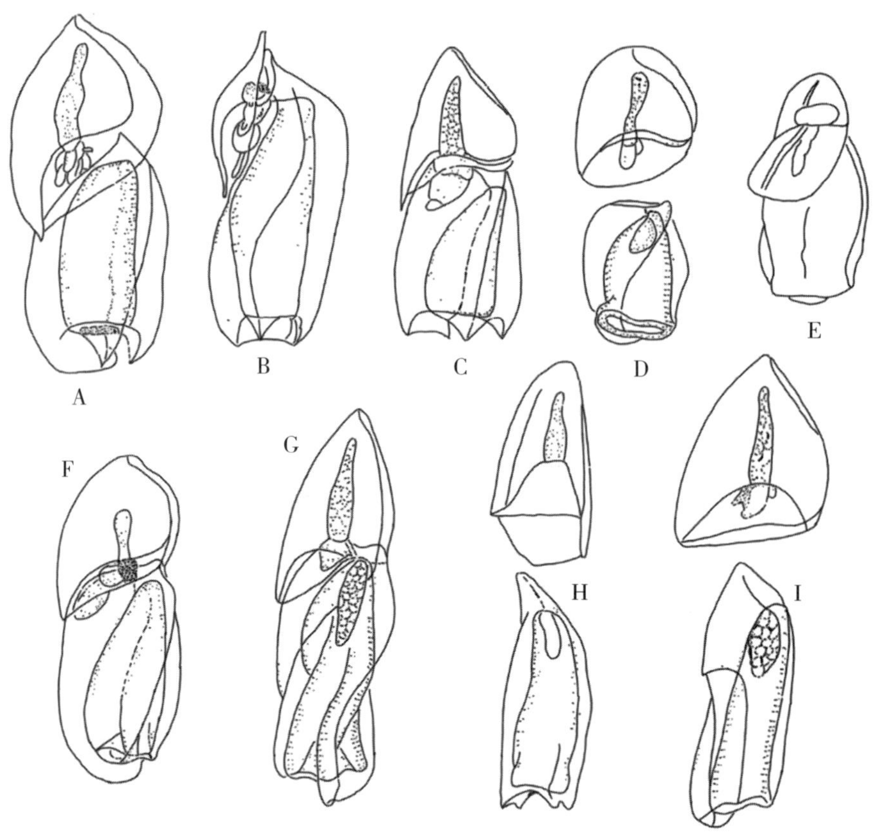

图 6.15　双生水母科单营养体各种形态图解

（A，D，G~I 仿张金标，2005；B，C，F 仿许振祖、张金标，1978；E 仿张金标、林茂，2001）

A. 双生水母 *Diphyes chamissonis*，示保护叶呈桃状，背面呈弧形，生殖泳钟呈四角锥状；

B. 拟双生水母 *Diphyes bojani*，示保护叶呈盾状，与生殖泳钟平行，生殖泳钟呈长四角柱状：

C. 异双生水母 *Diphyes dispar*，示保护叶呈桃状，背面较直，生殖泳钟呈四角柱状；

D. 大西洋五角水母 *Muggiaea alantica*，示保护叶呈桃状，生殖泳钟矮胖；

E. 北极单板水母 *Dimophyes arctica*，示保护叶呈僧帽状，颈盾长而宽，生殖泳钟呈圆柱状；

F. 拟细浅室水母 *Lensia subtiloides*，示保护叶呈僧帽状，颈盾长，下缘圆钝，叶状体囊呈槌状，生殖泳钟为保护叶的 2 倍高，泳囊口无齿；

G. 螺旋尖角水母 *Eudoxoides spiralis*，示保护叶呈锥状，体囊呈长柱状，颈盾缘无齿，生殖泳钟呈螺旋状；

H. 尖角水母 *E. mitra*，示保护叶呈圆锥状，生殖泳钟呈四角柱状；

I. 爪室水母 *Chelophyes appendiculata*，示保护叶呈桃状，颈盾小而圆，生殖泳钟呈四角柱状

6.2.9 多面水母科和双体水母科管水母的保护叶形态

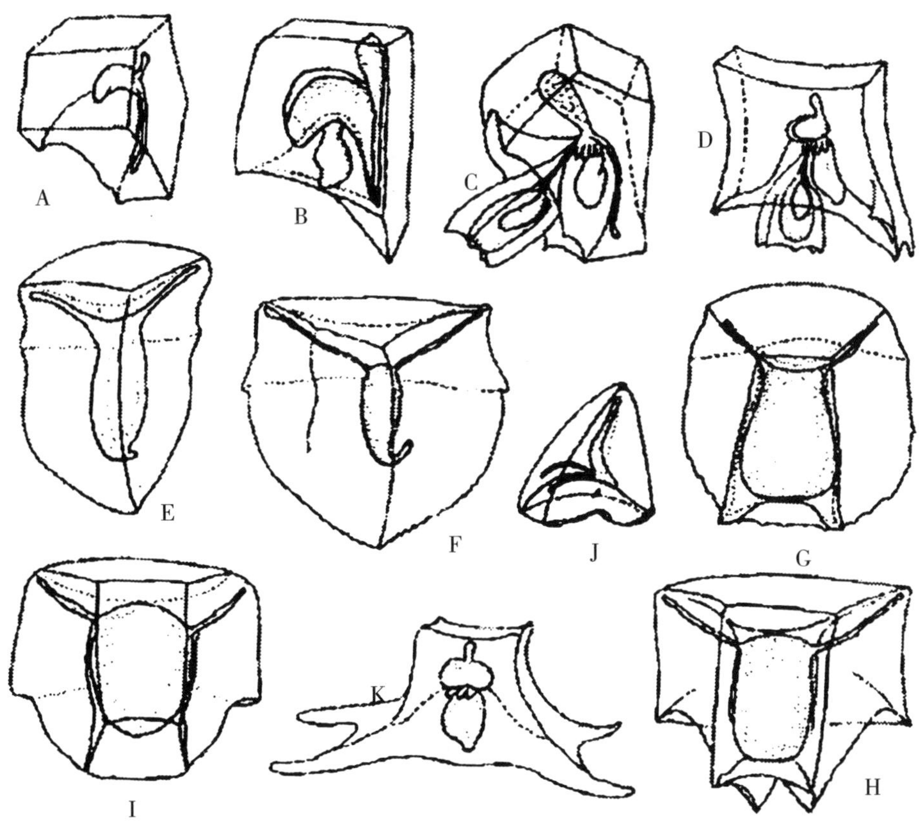

图 6.16 多面水母科和双体水母科各种保护叶形态图解
（A，B，E，K 仿许振祖 & 张金标，1964，1978；C，D 仿许振祖，1965；
F~H 仿张金标，1984，2005；I 仿林茂，1990）
A. 小拟多面水母 *Abylopsis eschscholtzi*，示保护叶背面呈五角形；
B. 方拟多面水母 *Ab. tetragona*，示保护叶呈四角柱状，背面呈长五角状；
C. 巴斯水母 *Bassia bassensis*，示保护叶呈正立方体状；
D. 晶莹九角水母 *Ennengonum hyalinum*，示保护叶呈正立方体状；
E. 四角舟水母 *Ceratocymba leuckarii*，示保护叶呈宽膜状；
F. 齿角舟水母 *Cer. dentata*，示保护叶像厚盾，顶面为梯形；
G. 双翼多面水母 *Abyla bicarinata*，示保护叶呈梯形锥体，所有顶背面、侧面、基面均近梯形；
H. 顶大多面水母 *A. schmidri*，示保护叶近似厚立方体，顶面为梯形；
I. 横棱多面水母 *A. haeckeli*，示保护叶呈立方晶体状，6 个面；
J. 色斑异塔水母 *Heteropyramis maculata*，示保护叶呈金字塔状，4 条棱在顶部汇合；
K. 长棱九角水母 *Enneagonum searsae*，示保护叶呈截顶梯形锥体，顶面为方形，基角末端向上弯

参考文献

[1] 许振祖.海南岛及邻近海区浮游动物的调查研究Ⅰ.水螅水母类［J］.厦门大学学报，1966，12（1）：90–110.

[2] 许振祖，吴慧端.厦门港三叶坚固水母的寄生生活史研究［J］.台湾海峡，1998，17（1）：82–86.

[3] 许振祖，张金标.福建沿海水母类的调查研究Ⅱ.南部沿海水螅水母、管水母和栉水母类的分类［J］.厦门大学学报，1964，11（3）：120–149.

[4] 许振祖，张金标.粤东—闽南近海的浮游水螅水母类、管水母类和钵水母类［J］.厦门大学学报（自然科学版），1978，17（4）：19–63.

[5] 许振祖，黄加祺.福建沿海兰卡水母亚纲和花水母亚纲新属新种新记录记述（刺胞动物门水螅水母纲）［J］.厦门大学学报（自然科学版），2006，45（增刊2）：233–249.

[6] 许振祖，黄加祺，林茂，等.中国刺胞动物门水螅虫总纲［M］.北京：海洋出版社，2014：1–946.

[7] 张金标.西太平洋热带水域的钟泳亚目管水母［C］.西太平洋热带水域浮游生物论文集.北京：海洋出版社，1984：52–86.

[8] 张金标.中国海洋浮游管水母类［M］.北京：海洋出版社，2006：1–157.

[9] 张金标，林茂.北冰洋加拿大海盆南缘的管水母类及其分布［J］.极地研究，2001，13（4）：253–263.

[10] 林茂.我国首次发现两种罕见深水双体水母［J］.海洋通报，1990，9（1）：93–96.

[11] 郑重，李少菁，许振祖.海洋浮游生物学［M］.北京：海洋出版社，1984：1–653.

[12] 高哲生，李凤鲁，张云美，等.山东沿海水螅水母的研究（一）［J］.山东大学学报，1958，（1）：75–118.

［13］BOUILLON J.*Hydroméduses de la mer de Bismarck （Papouasie，Nouvelle-Guinée）.Partie II：Limnomedusa，Narcomedusa，Trachymedusa et Laingiomedusa*（*sous-classe nov.*）［J］.*Cahiers de Biologie Marine*，1978，19（6）：473–483，pl.1.

［14］BOUILLON J，GRAVILI C，PAGÈS F，GILI J–M，BOERO F.*An introduction to Hydrozoa*［J］.*Mémoires du Muséum national d'Histoire naturelle*，2006，194：1–591.

［15］BOUILLON J，BOERO F.*Phylogeny and classification of Hydroidomedusae*［J］.*Thalassia Salentina*，2000，24：1–296.

［16］CARRÉ C.*Sur le genre SulculeolariaBlainville，1834 （Siphonophora，Calycophorae，Diphyidae）*［J］.*Annalesde I'Institut Océanographique*，*Paris*，1979，55（1）：27–48.

［17］HYMAN L H.*The Invertebrates*：*Protozoa through Ctenophora*［M］.McGraw-Hill，London，1940：726.

［18］LELOUP E.*Coelentérés Faune de Belgique*［M］.Brussel：Institut Royal des Sciences naturelles de Belgigue，1952：1–283.

［19］MAYER A G.*Medusae of the world*［M］.Washington：Carnegie Institution，1910，Vols.1，Ⅱ，*The Hydromedusae*：1–498，pls.1–55；Vol.Ⅲ，*The Scyphomedusae*：499–735，pls.56–76.

［20］RUSSELL F S.*The medusae of the British Isles.Anothomedusae*，*Leptomedusae*，*Limnomedusae*，*Trachymedusae and Narcomedusae*［M］.London：Cambridge University Press，1953：1–530，pls 1–36.

［21］SCHUCHRT P.*The marine fauna of New Zealand.Athecate hydroids and their medusae*（*Cnidaria*，*Hydrozoa*）［J］.*New Zealand Oceanographic Institute Memoir*，1996，106：1–159.

［22］SINGLA C L.*Statocysts of Hydromedusae*［J］.*Cell Tissue Research*，1976，158：391–407.

［23］TOTTON A K.*A synopsis of the Siphonophora*［M］.London：British Museum of Natural History，1966：1–230

附录　海洋浮游水母拉丁文—中文学名检索表

（按字母顺序排列）

Abyla 多面水母属

Abyla bicarinata 双翼多面水母

Abyla brownia 小双翼多面水母

Abyla haeckeli 横棱多面水母

Abyla ingeborgae 狭腹多面水母

Abyla schmidti 顶大多面水母

Abyla trigona 三角多面水母

Abylidae 多面水母科

Abylinae 多面水母亚科

Abylopsinae 拟多面水母亚科

Abylopsis 拟多面水母属

Abylopsis eschscholtzi 小拟多面水母

Abylopsis tetragona 方拟多面水母

Acromitus tankahkeei 嘉庚水母

Axtinulidae 辐射水母亚纲

Acyptolaria 无隐管螅属

Aegina 间囊水母属

Aegina citrea 四手间囊水母

Aeginidae 间囊水母科

Aeginura 拟间囊水母属

Aeginura grimaldii 八手拟间囊水母

Aequorea 多管水母属

Aequorea aequorea 多管水母（已被订正为 *Aequorea forskalea* 福斯多管水母）

Aequorea atrikeelis 黑背多管水母

Aequorea australis 澳洲多管水母

Aequorea coerulescens 青色多管水母

Aequorea conica 锥形多管水母

Aequorea forskalea 福斯多管水母

Aequorea globosa 球形多管水母

Aequorea gongqiuhongae 龚氏多管水母

Aequorea macrodactyla 大型多管水母

Aequorea nanhainensis 南海多管水母

Aequorea papillata 乳突多管水母

Aequorea paratetranema 拟四手多管水母

Aequorea parva 细小多管水母

Arctapodema 多手水母属
Arctapodema ampla 多手水母
Arctapodema antarctica 南极多手水母
Athorybia 花篮水母属
Athorybia rosacea 玫瑰花篮水母
Athorybiidae 花篮水母科
Aurelia 海月水母属
Aurelia aurita 海月水母(或称月亮水母)
Australomedusidae 澳洲水母科
Automedusa 自育水母纲
Bargmannia 舟形水母属
Bargmannia elongata 舟形水母
Bassia 巴斯水母属
Bassia bassensis 巴斯水母
Beroe cucumis 瓜水母
Bimeria 双节螅属
Bimeria amoyensis 厦门双节螅（已被订正为 *Bimeria vestita* 被双节螅）
Bimeria vestita 被双节螅
Blackfordia 指突水母属
Blackfordia manhattensis 指突水母
Blackfordia polytentaculata 多手指突水母
Blackfordia virginica 弗州指突水母
Blackfordiidae 指突水母科
Bougainvillia 高手水母属
Bougainvillia aurantiaca 橙黄高手水母
Bougainvillia autumnalis（已被订正为 *Bougainvillia muscus* 鳞茎高手水母）
Bougainvillia bitentaculata 双手高手水母
Bougainvillia britannica 不列颠高手水母
Bougainvillia carolinensis 加罗高手水母
Bougainvillia chenyapingae 萍高手水母
Bougainvillia flavida（已被订正为 *Bougainvillia muscus* 鳞茎高手水母）
Bougainvillia frondosa 羽叶高手水母
Bougainvillia fulva 褐高手水母
Bougainvillia lamellata 瓣高手水母
Bougainvillia leizhouensis 雷州高手水母
Bougainvillia longistyla 长柄高手水母
Bougainvillia maniculata 玛尼高手水母
Bougainvillia muscus 鳞茎高手水母
Bougainvillia niobe 纵芽高手水母
Bougainvillia papillaris 乳突高手水母
Bougainvillia paraplatygaster 拟扁胃高手水母
Bougainvillia platygaster 扁胃高手水母
Bougainvillia principis 首要高手水母
Bougainvillia ramosa 束状高手水母（已被订正为 *Bougainvillia muscus* 鳞茎高手水母）
Bougainvillia reticulata 网状高手水母
Bougainvillia superciliaris 盾形高手水母
Bougainvillia vervoorti 十字高手水母
Bougainvillidae 高手水母科
Bythocellata 深眼水母属
Bythocellata bulbiformis 基球深眼水母
Bythocellata cruciformis 十字深眼水母
Bythotiara 深帽水母属
Bythotiara apicigastera 顶胃深帽水母

Bythotiara depressa 缩口深帽水母

Bythotiara murrayi 莫氏深帽水母

Bythotiaridae 深帽水母科

Calycella hispida 多刺小杯螅

Calycella syringa 丁香小杯螅

Calycophorae 钟泳目

Calycopsis 萼水母属

Calycopsis bigelowi 多手萼水母

Calycopsis papillata 乳状萼水母

Campanularia 钟螅属

Campanularia everta 外翻钟螅

Campanularia groenlandica 格陵兰钟螅

Campanularia integra 舌状钟螅（已被订正为 *Orthopyxis integra* 舌状无垂水母）

Campanularia verticillata 轮钟螅

Campanulariidae 钟螅水母科

Campanulina panicula 圆锥钟线螅

Capitata 头螅水母目

Cassiopea andromeda 安氏仙后水母（俗称倒立水母）

Cassiopea xamachana 仙后水母（俗称倒立水母）

Catablema 全水母属

Catablema vesicarium 囊状全水母

Catostylus mosaicus 嵌合端棍水母

Ceratocymba 角舟水母属

Ceratocymba dentata 齿角舟水母

Ceratocymba intermedia 中型角舟水母

Ceratocymba leuckarti 四角舟水母

Ceratocymba sagittata 矢角舟水母

Cestum sp. 带水母

Chelophyes 爪室水母属

Chelophyes appendiculata 爪室水母

Chelophyes contorta 扭歪爪室水母

Chironex fleckeri 澳洲箱水母

Chrysaora fuscescens 褐色金黄水母（或称太平洋海荨麻水母）

Chrysaora melanaster 啡金黄水母（或称啡海刺水母）

Chuniphyes 角锥水母属

Chuniphyes moserae 钝齿角锥水母

Chuniphyes multidentata 多齿角锥水母

Cirrhitiara 丝帽水母属

Cirrhitiara simplex 简丝帽水母

Cirrholovenia 卷丝水母属

Cirrholovenia polynema 多手卷丝水母

Cirrholovenia reticulata 网状卷丝水母

Cirrholovenia tetranema 四手卷丝水母

Cirrholoveniidae 卷丝水母科

Cladonema 枝手水母属

Cladonema mayeri 梅尔枝手水母（已被订正为 *Cladonema radiatum* 辐状枝手水母）

Cladonema radiatum 辐状枝手水母

Cladonema uchidai 内田枝手水母

Cladonemalidae 枝手水母科

Cladosarsia 枝萨水母属

Cladosarsia gulangensis 鼓浪枝萨水母

Cladosarsia quanzhouensis 泉州枝萨水母

Cladosarsia simplex 简单枝萨水母

Clausophyes 双体水母属

Clausophyes galeata 盔形双体水母

Clausophyes moserae 中粗双体水母

Clausophyes ovala 卵形双体水母

Clausophyidae 双体水母科

Clava multicornis 多角棒螅

Clavidae 棒螅水母科

Climacocodon 顶手水母属

Climacocodon ikarii 顶手水母

Clupea pallasi 太平洋鲱

Clytia 美螅水母属

Clytia ambigua 疑美螅水母

Clytia cylindrica 已被订正为 *Clytia gracilis* 细美螅水母

Clytia discoidum 已被订正为 *Clytia folleata* 单囊美螅水母

Clytia folleata 单囊美螅水母

Clytia globosa 球形美螅水母

Clytia gracilis 细美螅水母

Clytia gulangensis 鼓浪屿美螅水母

Clytia hemisphaerica 半球美螅水母

Clytia hummelincki 胡米美螅水母

Clytia linearis 线美螅水母

Clytia macrogonia 大腺美螅水母

Clytia malayense 马来美螅水母

Clytia mccradyi 子茎美螅水母

Clytia minuta 已被订正为 *Clytia hemisphaerica* 半球美螅水母

Clytia rangiroae 兰吉美螅水母

Clytia rardentata 已被订正为 *Clytia hemisphaerica* 半球美螅水母

Clytia simplex 简美螅水母

Clytia stechowi 施氏美螅水母

Clytia uchidai 乌氏美螅水母

Clytia viridicans 美螅水母

Clytia xiamenensis 厦门美螅水母

Cnidaria 刺胞动物门

Cnidocodon 刺铃水母属

Cnidocodon leopoldi 刺铃水母

Cnidocodon ocellata 眼刺铃水母

Cnidocodon xiamenensis 厦门刺铃水母

Codonorchis 拟双手水母属

Codonorchis acalcaratus 无距拟双手水母

Codonorchis calcariformis 距拟双手水母

Codonorchis nanhainensis 南海拟双手水母

Colobonema 短手水母属

Colobonema igneum 红色短手水母

Colobonema sericeum 虹彩短手水母

Conica 锥螅水母目

Conothyrae clarki 克氏殖口螅

Cordagalma 心钟水母属

Cordagalma cordiformis 心钟水母

Cordylophora caspia 滨水瘤螅

Cordylophora lacustria 淡水棒螅

Corymorpha 棒状水母属

Corymorpha nutans 珠手棒状水母

Corymorphidae 棒状水母科

Coryne 棍螅水母属
Coryne crassa 粗棍螅水母
Coryne gracilis 细棍螅水母
Coryne japonica 长手棍螅水母（已被组合为 *Stauridiosarsia japonica* 长手横萨水母）
Coryne jeffersoni 双球棍螅水母
Coryne nipponica 日本棍螅水母（已被组合为 *Stauridiosarsia nipponica* 日本横萨水母）
Coryne pusilla 小棍螅水母
Coryne producta 延长棍螅水母（已被组合为 *Stauridiosarsia producta* 延长横萨水母）
Corynidae 棍螅水母科
Cosmetira 科斯水母属
Cosmetira pilosella 科斯水母
Costa 肋突水母属
Costa nanhaiensis 南海肋突水母
Cotylorhiza tubeculata 蛋黄水母
Craspedacusta 桃花水母属
Craspedacusta sinensis 中华桃花水母
Craspedacusta sowerbyi 索氏桃花水母
Crossota 棕壶水母属
Crossota alba 白壶水母
Crossota brunnea 棕壶水母
Cryptolaria pectinata 栉状隐管螅
Crystallophyes 晶体水母属
Crystallophyes amygdalina 晶体水母
Cubzoa 方水母纲
Cunina 摇篮水母属
Cunina duplicata 倍摇篮水母
Cunina frugifera 果状摇篮水母
Cunina octonaria 八囊摇篮水母
Cunina peregrine 异摇篮水母
Cunina proboscidea 吻摇篮水母
Cuninidae 主囊水母科
Cyanea capillata 发状霞水母（或称幽灵水母、狮鬃水母）
Cyanea nozakii 白色霞水母
Cypridina hilgendofii 希根海萤
Cystonectae 囊泳目
Cytacididae 刺胞水母科
Cytaeis 刺胞水母属
Cytaeis tetrastyla 刺胞水母
Desmophyes 链钟水母属
Desmophyes annectens 链钟水母
Dichotomia 管叉水母属
Dichotomia cannoides 管叉水母
Dicodonium 双球水母属
Dicodonium jeffersoni 双球水母
Dimophyes 单板水母属
Dimophyes arctica 北极单板水母
Diphasia 双唇螅属
Diphasia dubia 不定双唇螅
Diphasia orientalis 东方双唇螅
Diphasia thornelyi 索氏双唇螅
Diphyes 双生水母属
Diphyes appendiculata 已被订正为 *Chelophyes appendiculata* 爪室水母

Ectopleura minerva 顶管外肋水母
Ectopleura nanhaiensis 南海外肋水母
Ectopleura radiate 辐射外肋水母
Ectopleura sacculifera 囊外肋水母
Ectopleura sanshaensis 三沙外肋水母
Ectopleura triangularis 三角外肋水母
Ectopleura xiamenensis 厦门外肋水母
Ectopleura xuxuanae 萱外肋水母
Eirene 和平水母属
Eirene averuciformis 无疣和平水母
Eirene brevigona 短腺和平水母
Eirene brevistylis 短柄和平水母
Eirene brevistyloides 拟短柄和平水母
Eirene ceylonensis 锡兰和平水母
Eirene chiaochowensis 胶州和平水母
Eirene compressa 侧扁和平水母
Eirene conica 锥形和平水母
Eirene elliceana 埃利和平水母
Eirene gibbosa 囊状和平水母
Eirene globogonia 球腺和平水母
Eirene hexanemalis 六辐和平水母
Eirene jiyuensis 鸡屿和平水母
Eirene kambara 蟹形和平水母
Eirene lacteoides 拟柄突和平水母
Eirene macrogonia 大腺和平水母
Eirene menoni 细颈和平水母
Eirene octonemalis 八辐和平水母
Eirene palkensis 帕克和平水母
Eirene pyramidalis 塔形和平水母
Eirene tenuis 细腺和平水母
Eirene viridula 绿色和平水母
Eirene xiamenensis 厦门和平水母
Eirene zhanjiangensis 湛江和平水母
Eirenidae 和平水母科
Eleutheria dichotoma 叉离生水母
Endocysta 内包水母属
Endocysta octonema 八手内包水母
Enneagonum 九角水母属
Enneagonum hyalinum 晶莹九角水母
Enneagonum searsae 长棱九角水母
Erenna 埃伦水母属
Erenna richardi 理查埃伦水母
Erennidae 埃伦水母科
Eucheilota 真唇水母属
Eucheilota bakeri 贝克真唇水母
Eucheilota bitentaculata 双手真唇水母
Eucheilota carinata 隆脊真唇水母
Eucheilota convoluta 扭真唇水母
Eucheilota diademata 已被订正为 *Eutima krampi* 黑疣真瘤水母
Eucheilota duodecimalis 十二囊真唇水母
Eucheilota hongkongensis 香港真唇水母
Eucheilota macrogona 大腺真唇水母
Eucheilota menoni 黑球真唇水母
Eucheilota multicirris 多丝真唇水母
Eucheilota paradoxica 奇异真唇水母
Eucheilota spp. 真唇水母
Eucheilota taiwanensis 台湾真唇水母（已被

Halitiarella apica 顶拟海帽水母
Halitiarella gastrolobus 胃叶拟海帽水母
Halitiarella minutum 细拟海帽水母（已被订正为 *Merga minutum* 细潜水母）
Halitiarella nudibulbus 裸球拟海帽水母
Halitiarella ocellata 眼拟海帽水母
Halitrephes 海生水母属
Halitrephes maasi 马氏海生水母
Halmomises 海蒙水母属
Halocordyle armata 武装海笔螅水母（已被订正为 *Pennaria armata* 武装笔螅水母）
Halocordyle grandis 粗海笔螅水母（已被订正为 *Pennaria grandis* 大笔螅水母）
Halocordyle tiarella 已被订正为 *Pennaria disticha* 两列笔螅水母
Halocordyle vitrea 玻璃海笔螅水母（已被订正为 *Pennaria vitrea* 玻璃笔螅水母）
Halocoryne 盐棍螅水母属
Halocoryne frasca 弗雷盐棍螅水母
Halocoryne orientalis 东方盐棍螅水母
Halopsis 盐生水母属
Halopsis nanhaiensis 南海盐生水母
Halopteris 海翼螅属
Halopteris disphana 透明海翼螅
Hartlaubella gelatinosa 胶哈钟螅
Hebella 柄杯螅水母属
Hebella dissymetrica 已被订正为 *Eugymnanthea japonica* 日本螅贝水母
Hebella scandens 攀缘柄杯螅水母
Hebellidae 柄杯螅水母科
Helgicirrha 侧丝水母属
Helgicirrha apapillata 无突侧丝水母
Helgicirrha brevistyla 短柄侧丝水母
Helgicirrha cornelii 柯氏侧丝水母
Helgicirrha gemmifera 芽侧丝水母
Helgicirrha malayensis 马来侧丝水母
Helgicirrha medusifera 母芽侧丝水母
Helgicirrha ovalis 卵形侧丝水母
Helgicirrha schulzei 苏氏侧丝水母
Helgicirrha sinuatus 波腺侧丝水母
Heteropyramis 异塔水母属
Heteropyramis maculata 色斑异塔水母
Heterotiara 异形水母属
Heterotiara anonyma 隐异形水母（已被订正为 *Protiaropsis anonyma* 隐原拟帽水母）
Heterotiara minor 小异形水母（已被订正为 *Protiaropsis minor* 小原拟帽水母）
Hexalovenia 六触丝水母属
Hexalovenia dayaensis 大亚湾六触丝水母
Hippopodiidae 马蹄水母科
Hippopodius 马蹄水母属
Hippopodius hippopus 马蹄水母
Homoconema 同手水母属
Homoconema platygonon 扁腺同手水母
Hormiphora palmata 球栉水母
Hybocodon 斜球水母属
Hybocodon amoyensis 厦门斜球水母
Hybocodon apiciloculatus 顶室斜球水母

Hybocodon atentaculatus 无手斜球水母
Hybocodon forbesii 粗端斜球水母（已被订正为 *Mayeri forbesi* 粗端梅尔水母）
Hybocodon octopleurus 八肋斜球水母
Hybocodon prolifer 芽斜球水母
Hydractinia 介螅水母属
Hydractinia apicata 顶突介螅水母
Hydractinia carnea 肉质介螅水母
Hydractinia constrictura 缢介螅水母
Hydractinia dongshanensis 东山介螅水母
Hydractinia echinata 介螅水母
Hydractinia guangxiensis 广西介螅水母
Hydractinia leizhouensis 雷州介螅水母
Hydractinia minuta 芽介螅水母（已被订正为 *Podocorynoides minima* 小拟介穗水母）
Hydractinia moniliformis 念珠介螅水母
Hydractinia phyllosoma 叶状介螅水母
Hydractinia polytentaculata 多手介螅水母
Hydractinia recurvatus 反曲介螅水母
Hydractinia simplex 简单介螅水母
Hydractinia spiralis 螺旋介螅水母（已被订正为 *Hydractinia taiwanensis* 台湾介螅水母）
Hydractinia taiwanensis 台湾介螅水母
Hydractinia tournieri 图尔介螅水母
Hydractinia vacuolata 泡状介螅水母
Hydractiniidae 介螅水母科
Hydrallmania distans 展奥鞘螅
Hydrichthella 鱼螅水母属
Hydrichthella epigorgia 珊表鱼螅水母
Hydrichthella ocellata 眼鱼螅水母
Hydrocoryne 拟棍螅水母属
Hydrocoryne condensa 厚伞拟棍螅水母
Hydrocoryne longitentaculata 长手拟棍螅水母
Hydrocoryne macrogastera 大胃拟棍螅水母
Hydrocoryne miurensis 广口拟棍螅水母
Hydrocorynidae 拟棍螅水母科
Hydroidomedusae 水螅水母纲
Hydrozoa 水螅虫纲
Irenium 伊能水母属
Irenium polynemum 多手伊能水母
Irenopsis hexanemalis 已被订正为 *Eirene hexanemalis* 六辐和平水母
Janiopsis 珍妮水母属（已被并入 *Merga* 潜水母属）
Janiopsis apicispottis 顶斑珍妮水母（已被组合为 *Merga apicispottis* 顶斑潜水母）
Janiopsis brevispura 短距珍妮水母（已被组合为 *Merga brevispura* 短距潜水母）
Janiopsis macrobulbasa 大球珍妮水母（已被组合为 *Merga macrobulbasa* 大球潜水母）
Janiopsis unguliformis 蹄形珍妮水母（已被组合为 *Merga unguliformis* 蹄形潜水母）
Jindexiangus 金德祥水母属
Jindexiangus statocystus 金德祥水母
Kanaka 堪拿水母属

Kanaka pelagica 大洋堪拿水母
Kantiella 康德水母属
Kantiella enigmatica 康德水母
Kantiella prismaticus 棱形康德水母
Koellikerina 八束水母属
Koellikerina bouilloni 博氏八束水母
Koellikerina constricta 缢八束水母
Koellikerina diforficulata 双叉八束水母
Koellikerina fasciculata 八束水母
Koellikerina heteronemalis 异手八束水母
Koellikerina multicirrata 多手八束水母
Koellikerina octonemalis 八手八束水母
Koellikerina staurogaster 十字八束水母
Koellikerina taiwanensis 台湾八束水母
Lafoea 管螅属
Lafoea benthophila 深适管螅
Lafoea dumosa 植丛管螅
Laingiomedusae 兰卡水母亚纲
Laingiidae 兰卡水母科
Laingia 兰卡水母属
Laodicea 感棒水母属
Laodicea indica 印度感棒水母
Laodicea undulata 波状感棒水母
Laodiceidae 感棒水母科
Laomedea 长钟螅属
Laomedea calceolifera 履状长钟螅
Laticanna 宽管水母属
Laticanna nanhaiensis 南海宽管水母
Latitiara 宽帽水母属
Latitiara orientalis 东方宽帽水母
Lensia 浅室水母属
Lensia achilles 阿奇浅室水母
Lensia ajax 阿贾浅室水母
Lensia baryi 粗体浅室水母
Lensia campanella 拟铃浅室水母
Lensia canopusi 粗管浅室水母
Lensia challengeri 异板浅室水母
Lensia conoidea 锥体浅室水母
Lensia cordata 心形浅室水母
Lensia cossack 微脊浅室水母
Lensia exeter 埃克浅室水母
Lensia fowleri 低体浅室水母
Lensia grimaldi 十棱浅室水母
Lensia hardy 哈迪浅室水母
Lensia hostile 奥斯浅室水母
Lensia hotspur 小体浅室水母
Lensia leloupi 细条浅室水母
Lensia lelouveteau 多棱浅室水母
Lensia meteori 垂板浅室水母
Lensia multicristata 七棱浅室水母
Lensia multicristatoides 拟七棱浅室水母
Lensia subtilis 细浅室水母
Lensia subtiloides 拟细浅室水母
Lensia tottoni 短棱浅室水母
Leptomedusae 软水母亚纲
Leuckartiara 隔膜水母属
Leuckartiara fujianensis 福建隔膜水母
Leuckartiara gardineri 圆隔膜水母

Malagazzia curviductum 弯管玛拉水母
Malagazzia cyphogonia 曲玛拉水母
Malagazzia monocanalis 单管玛拉水母
Malagazzia taeniogonia 带腺玛拉水母
Malagazziidae 玛拉水母科
Margalefia 马尔水母属
Margalefia intermedia 中型马尔水母
Margelina 玛吉水母亚目
Margelopsidae 玛吉水母科
Margelopsis 玛吉水母属
Margelopsis haeckeli 拟玛吉水母
Marrus 马鲁水母属
Marrus antarcticus 南极马鲁水母
Marrus orthocanna 直蕉马鲁水母
Marrus orthocannoides 拟直蕉马鲁水母
Mastigias papua 巴布亚硝水母（或称八爪水母）
Mayeri 梅尔水母属
Mayeri forbesi 粗端梅尔水母
Mayeri intergona 间腺梅尔水母
Melicertidae 海神水母科
Melicertissa 梅利水母属
Melicertissa orientalis 东方梅利水母
Melicertoides 拟海神水母属
Melicertoides octolabiatis 八唇拟海神水母
Melicertoides octolatiatis 八棱拟海神水母
Melicertum 海神水母属
Melicertum octocostatum 八棱海神水母
Melicertum ovalis 卵形海神水母
Melophysa 瓜果水母属
Melophysa melo 瓜果水母
Merga 潜水母属
Merga apicirubellus 顶红潜水母
Merga apicispottis 顶斑潜水母
Merga brevispura 短距潜水母
Merga bulbosa 球潜水母
Merga crassocanalis 粗管潜水母
Merga longicosta 长肋潜水母
Merga macrobulbosa 大球潜水母
Merga minutum 细潜水母
Merga nanhaiensis 南海潜水母
Merga nanshaensis 南沙潜水母
Merga tergestina 顶实潜水母
Merga unguliformis 蹄形潜水母
Millepora dichotoma 分叉多孔螅
Millepora exaesa 节块多孔螅
Millepora intricata 错综多孔螅
Millepora latifolia 阔叶多孔螅
Millepora platyphylla 扁叶多孔螅
Mitrocomella 拟帽冠水母属
Mitrocomella brownei 布朗拟帽冠水母
Mitrocomella grandis 大拟帽冠水母
Mitrocoma 帽冠水母属
Mitrocomidae 帽冠水母科
Modeeria 和螅水母属
Modeeria rotunda 圆形和螅水母
Moerisia 摩勒水母属
Moerisia inkermanica 摩勒水母

Nubiella medusifera 母芽单肢水母

Nubiella mitra 帽单肢水母

Nubiella oralospinella 口刺单肢水母

Nubiella papillaris 乳突单肢水母

Nubiella paramitra 拟帽单肢水母

Nubiella sinica 中华单肢水母

Nubiella spura 距单肢水母

Nubiella terminaliknoba 端球单肢水母

Nubiella tubularia 管单肢水母

Nudibranchs 裸鳃类

Obelia 薮枝螅水母属

Obelia dichotoma 双叉薮枝螅水母

Obelia geniculata 曲膝薮枝螅水母

Obelia longissima 长手薮枝螅水母

Obelia spp. 薮枝螅水母

Oceania 海洋水母属

Oceania armata 囊海洋水母

Octocanna polynema 已被订正为 *Octophialucium indicum* 印度八拟杯水母

Octocannoides 八管水母属

Octocannoides ocellata 眼八管水母

Octocannoides taeniogonia 带腺八管水母

Octocannoides tetranema 四手八管水母

Octocannoididae 八管水母科

Octophialucium 八拟杯水母属

Octophialucium aphrodite 阿弗罗八拟杯水母

Octophialucium bigelowi 贝氏八拟杯水母

Octophialucium funerarium 宽八拟杯水母

Octophialucium huangweiae 薇八拟杯水母

Octophialucium indicum 印度八拟杯水母

Octophialucium medium 中型八拟杯水母

Octophialucium sinensis 中华八拟杯水母

Octophialucium solidum 坚实八拟杯水母

Octoporpa polystriata 刺纹水母

Octorchis gegenbauri 已被订正为 *Eutima gegenbauri* 八蕊真瘤水母

Octotiara 八帽水母属

Octotiara russelli 八帽水母

Octovannuccia 八辐水母属

Octovannuccia zhangjinbiaoi 张金标八辐水母

Ocyropsis sp. 碟水母

Odessia 奥德水母属

Odessia microtentaculata 小手奥德水母

Olindias formosa 花笠水母（或称花帽水母）

Olindiidae 花笠水母科

Orchistoma pileus 小紫胃水母

Orthopyxis 无垂水母属

Orthopyxis compressa 缩无垂水母

Orthopyxis fujianensis 福建无垂水母

Orthopyxis integra 舌状无垂水母

Ostroumovia inkermanica 许振祖，1965 已被订正为 *Moerisia inkermanica* 摩勒水母

Ostroumovia inkermanica 黎爱韶，陈清潮，1991 已被订正为 *Paralovenia latigaster* 宽胃拟触丝水母

Otoporpa 刺纹水母属

Otoporpa polystriata 多刺纹水母

Protiaropsis minor 小原拟帽水母

Protiaropsis pedunculata 柄原拟帽水母

Protiaropsis tetranema 四手原拟帽水母

Ptychogastria 皱胃水母

Pseudoclytia 假美螅水母属

Pseudoclytia hexacanalis 六辐假美螅水母

Pseudoclytia pentata 五假美螅水母

Pseudorathkea 拟唇腕水母属（已被订正为 *Allorathkea* 异唇腕水母属）

Pseudorathkea macrogastrica 大胃拟唇腕水母（已改隶 *Allorathkea macrogastrica* 大胃异唇腕水母）

Pseudotiara 伪帽水母属

Pseudotiara octonema 八手伪帽水母

Pseudotiara tropica 热带伪帽水母

Ptychogastria 皱胃水母

Ptilocodiidae 柔毛螅水母科

Pycnotheca mirabilis 奇异坚鞘螅

Ramus 枝手水母属（已被订正为 *Cnidocodon* 刺铃水母属）

Ramus xiamenensis 厦门枝手水母（已被订正为 *Cnidocodon xiamenensis* 厦门刺铃水母）

Ransonia 柄腺水母属

Ransonia krampi 克朗柄腺水母

Rathkea 唇腕水母属

Rathkea octopunctata 八斑唇腕水母

Rathkeidae 唇腕水母科

Renilla reniformis 海三叶堇

Rhabdoon 无球水母属

Rhabdoon apiciloculus 顶室无球水母

Rhabdoon armata 具刺无球水母

Rhabdoon laticosta 宽肋无球水母

Rhabdoon rees 里斯无球水母

Rhabdoon singulare 单手无球水母

Rhizocaulus 根茎螅属

Rhizocaulus verticillatus 轮根茎螅

Rhizophysa 根水母属

Rhizophysa eysenhardti 粗丝根水母

Rhizophysa filiformis 丝根水母

Rhizophysidae 根水母科

Rhopalonema 棍手水母属

Rhopalonema funerarium 墓形棍手水母

Rhopalonema velatum 宽膜棍手水母

Rhopalonematidae 棍手水母科

Rhopilema esculentum 海蜇

Rhopilema hispidum 黄斑海蜇

Rosacea 玫瑰水母属

Rosacea cymbiformis 船形玫瑰水母

Rosacea plicata 褶玫瑰水母

Salacia 海女螅属

Salacia sibogae 西伯嘎海女螅

Sarsia 萨氏水母属

Sarsia apicula 短锥萨氏水母

Sarsia bohaiensis 渤海萨氏水母

Sarsia japonica 长手萨氏水母（被订正为 *Coryne japonica* 长手棍螅水母，而 *Coryne japonica* 长手棍螅水母已被组合

Solmundella bitentaculata 两手筐水母
Sphaerocorynida 球棍螅水母亚目
Sphaerocorynidae 球棍螅水母科
Sphaeronectes 泳球水母属
Sphaeronectes fragilis 弱球水母
Sphaeronectes gracilis 细球水母
Sphaeronectidae 泳球水母科
Stauridiosarsia 横萨水母属
Stauridiosarsia apicíloflata 顶平横萨水母
Stauridiosarsia baukalion 波克横萨水母
Stauridiosarsia japonica 长手横萨水母
Stauridiosarsia nipponica 日本横萨水母
Stauridiosarsia ophiogaster 长管横萨水母
Stauridiosarsia producta 延长横萨水母
Stauridiosarsia quanzhouensis 泉州横萨水母
Stauridiosarsia xiamensis 厦门横萨水母
staurocladia portmanni 波特曼十字枝手水母
Staurodiscus 十盘水母属
Staurodiscus arcuatus 弓状十盘水母
Staurodiscus cirrus 有丝十盘水母
Staurodiscus crassonema 粗手十盘水母
Staurodiscus gotoi 十盘水母
Staurodiscus latibulbus 宽球十盘水母
Staurodiscus multicanalis 多管十盘水母
Staurodiscus neustona 漂浮十盘水母
Staurodiscus polynema 多手十盘水母
Staurodiscus tetrastaurus 四十盘水母
Staurodiscus vietnamensis 越南十盘水母
Staurostoma 十胃水母属
Staurostoma sp. 十胃水母
Steenstrupia nutans 已被订正为 *Corymorpha nutans* 珠手棒状水母
Stegopoma bathyale 深海盖果螅
Stephalia 花冠水母
Stephanophyes 花冠水母属
Stephonophyes superba 华美花冠水母
Stomotoca 圆口水母属
Stomotoca atra 黑圆口水母
Stomotoca physophorum 气囊圆口水母（已被订正为 *Amphinema physophorum* 气囊双手水母）
Stylaster flabelliformis 扇形柱星螅
Stylaster pulcher 佳丽柱星螅
Stylaster scabiosus 粗糙柱星螅
Stylogastria 柄胃水母属
Stylogastria polycystis 多囊柄胃水母
Sugiura 秀氏水母属
Sugiura chengshanense 嵊山秀氏水母
Sugiura heternema 异手秀氏水母
Sugiuridae 秀氏水母科
Sulculeolaria 无棱水母属
Sulculeolaria angusta 狭无棱水母
Sulculeolaria bigelowi 宽板无棱水母
Sulculeolaria biloba 双叶无棱水母
Sulculeolaria brintoni 手套无棱水母
Sulculeolaria chuni 长囊无棱水母
Sulculeolaria monoica 五齿无棱水母
Sulculeolaria quadrivalvis 四齿无棱水母

Turritopsis 灯塔水母属

Turritopsis dohrnii 多赫灯塔水母

Turritopsis lata 短柄灯塔水母（已被订正为 *Turritopsis nutricula* 灯塔水母）

Turritopsis nutricula 灯塔水母

Urashimea globsa 已被订正为 *Tiaricodon coeruleus* 帽铃水母

Vallentinia 瓦伦水母属

Vallentinia gabriellae 加布瓦伦水母

Vannuccia forbesii 粗端范氏水母（已被订正为 *Mayeri forbesi* 粗端梅尔水母）

Varitentaculata 异手水母属

Varitentaculata yantaiensis 烟台异手水母

Velella 帆水母属

Velella velella 帆水母

Vogtia 拟蹄水母属

Vogtia glabra 光滑拟蹄水母

Vogtia microsticella 小口拟蹄水母

Vogtia pentacantha 五棘拟蹄水母

Vogtia serrata 齿棱拟蹄水母

Vogtia spinosa 疣拟蹄水母

Zanclea 镰螅水母属

Zanclea apicata 顶突镰螅水母

Zanclea apophysis 托镰螅水母

Zanclea costata 嵴状镰螅水母

Zanclea macrocystae 大囊镰螅水母

Zanclea medusapolypata 母螅镰螅水母

Zanclea protecta 护镰螅水母

Zanclea spp. 镰螅水母

Zancleida 镰螅水母亚目

Zancleidae 镰螅水母科

Zancleopsidae 似镰螅水母科

Zancleopsis 似镰螅水母属

Zancleopsis claviformis 棒状似镰螅水母

Zancleopsis dichotoma 双叉似镰螅水母

Zancleopsis elegans 美丽似镰螅水母

Zancleopsis gotoi 戈托似镰螅水母

Zancleopsis oblongus 椭圆似镰螅水母

Zancleopsis symmetrica 对称似镰螅水母

Zancleopsis tentaculata 触手似镰螅水母

Zhangiella 张氏水母属

Zhangiella bitentaculata 双手张氏水母

Zhangiella condensum 厚伞张氏水母

Zhangiella dongshanensis 东山张氏水母

Zhangiella nanhainense 南海张氏水母

Zygocanna 枝多管水母属

Zygocanna apapillatus 无突枝多管水母

Zygocanna planatus 平枝多管水母

Zygocanna vagans 枝多管水母

Zygophylax 合螅属

Zygophylax africana 非洲合螅

Zygophylax pacifica 太平洋合螅